建筑室内装饰构造

吕文卉　赵李娟　著

吉林出版集团股份有限公司
全国百佳图书出版单位

图书在版编目（CIP）数据

建筑室内装饰构造 / 吕文卉，赵李娟著 . -- 长春 :
吉林出版集团股份有限公司，2024.1
ISBN 978-7-5731-4530-7

Ⅰ . ①建… Ⅱ . ①吕… ②赵… Ⅲ . ①室内装饰 - 构
造 Ⅳ . ① TU767

中国国家版本馆 CIP 数据核字 (2024) 第 037447 号

JIANZHU SHINEI ZHUANGSHI GOUZAO

建筑室内装饰构造

著　　者　吕文卉　赵李娟
责任编辑　杨　爽
装帧设计　优盛文化

出　　版　吉林出版集团股份有限公司
发　　行　吉林出版集团社科图书有限公司
地　　址　吉林省长春市南关区福祉大路 5788 号　邮编：130118
印　　刷　河北万卷印刷有限公司
电　　话　0431-81629711（总编办）
抖 音 号　吉林出版集团社科图书有限公司　37009026326

开　　本　710 mm × 1000 mm　1 / 16
印　　张　18.25
字　　数　245 千
版　　次　2024 年 1 月第 1 版
印　　次　2024 年 1 月第 1 次印刷

书　　号　ISBN 978-7-5731-4530-7
定　　价　88.00 元

前 言

随着人们审美的变化以及建筑装饰材料的推陈出新，建筑室内装饰的新工艺与构造方法也不断涌现。本书具有覆盖面广、系统性强、深入浅出、内容实用的特点，进一步完善细化了建筑室内装饰构造的分类，增添了更多绿色、低碳的新型材料及其构造与施工工艺的介绍，以适应当前“建筑室内装饰”设计与行业发展的实际应用需要。

本书的内容包括建筑室内楼地面的装饰，墙面的装饰，顶棚的装饰，门窗的装饰，楼梯、自动扶梯及电梯的装饰构造，其他相关装饰的构造。内容从简单到复杂、从单一到综合，遵循室内装饰施工图设计能力形成过程的内在逻辑。

在编写过程中，本书充分考虑到各类读者的使用需求，在内容上以装饰形式和构造原理为主，施工工艺和材料性能为辅。为了更好地帮助读者理解，书中配有一定数量的建筑室内装饰构造图及实例，深入浅出，图文并茂，具有较强的可操作性和实用性。

本书由湖北汽车工业学院的吕文卉和赵李娟撰写，分为 8 章，其中吕文卉撰写第 1 ～ 4 章，赵李娟撰写第 5 ～ 8 章。

本书参阅了大量国内外公开出版的书籍，在此向相关作者表示衷心的谢意！虽经反复推敲和校对，但由于编者经验不足，书中难免有不妥之处，敬请广大读者不吝指正，以期进一步完善。

吕文卉

2024 年 1 月

目 录

1

第 1 章　概论

1.1 建筑室内装饰构造相关概念

建筑室内装饰是建筑物主体工程完成后，为完善建筑室内的空间环境、使用功能，美化建筑室内空间构件及界面，采用装饰材料、家具与陈设、设备等构件，对建筑室内空间进行规划处理、设备安装以及对室内建筑构件表面进行装饰装修的过程。建筑室内装饰构造是落实建筑装饰设计构思的具体技术措施，对改善室内装饰工程的功能性、安全性、美观性、经济性等具有重要的作用。因此，建筑室内装饰构造设计是室内设计不可或缺的内容。

1.1.1 建筑物

建筑物的定义在《民用建筑设计术语标准》（GB/T 50504—2009）中有明确表示：建筑物指的是用建筑材料构筑的空间和实体，是供人们居住和进行各种活动的场所。

建筑物根据建筑的用途可分为居住建筑、公共建筑、工业建筑、农业建筑（见图 1–1 ～图 1–4）。

图 1–1 居住建筑

图 1-2　公共建筑

图 1-3　工业建筑

图 1-4　农业建筑

建筑物根据使用的建筑材料可分为钢结构建筑、钢筋混凝土结构建筑、砖混结构建筑以及砖木结构建筑。

建筑物根据结构类型可分为筒体结构建筑、框架结构建筑、剪力墙结构建筑以及框架－剪力墙结构建筑等。

建筑物根据耐火程度可分为一级耐火等级建筑、二级耐火等级建筑、三级耐火等级建筑、四级耐火等级建筑，其中一级耐火等级建筑的耐火程度是最高的。常见的一级耐火等级建筑有钢筋混凝土结构建筑、砖墙和钢筋混凝土结构组成的混合结构建筑；常见的二级耐火等级建筑有砖墙和钢结构屋架组成的混合结构建筑、钢筋混凝土柱和钢结构屋架组成的混合结构建筑；常见的三级耐火等级建筑有砖墙和木质屋顶组成的砖木结构建筑；常见的四级耐火等级建筑有难燃烧墙体和木质屋顶组成的可燃结构建筑。

1.1.2 建筑物组成构件

通常情况下，建筑物的组成构件包括承重基础、楼板地面、墙、屋顶、梁、柱、门窗以及各种附属结构等。而建筑的装饰构造包括楼地面、内外墙面、屋面、顶棚、柱面、楼梯、门窗、隔墙与隔断等（见图1-5）。

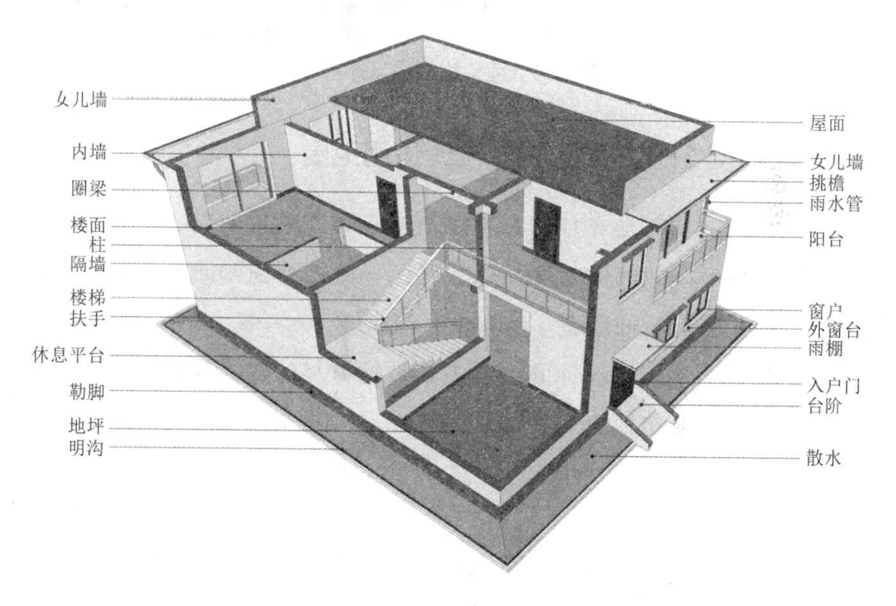

（a）建筑物构成截面 1

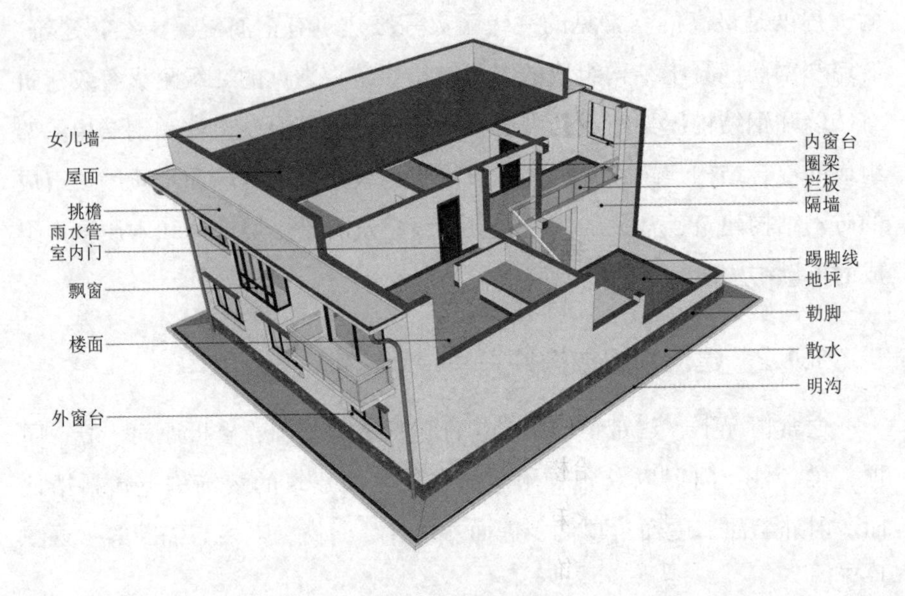

（b）建筑物构成截面 2

图 1-5　建筑物构成示意图

1.1.3　建筑室内装饰构造设计适用范围

建筑室内装饰构造设计的对象包括室内建筑的楼地面、墙柱面、顶棚、门窗、楼梯以及墙面与地面结合部位、墙面与顶棚面结合部位等建筑细部装饰和室内装饰造型。

建筑室内装饰构造设计的主要内容包括材料的选择与搭配、材料的连接与固定、构造实施的工艺与方法等。

1.2 建筑室内装饰构造的组成、作用及分类

1.2.1 建筑室内装饰构造的组成及作用

1. 楼地面

楼地面是建筑物底部地坪层和楼板层上的表面装饰，它承接人或家具等荷载，并将荷载传给楼板或地坪结构层。楼地面构造应注意考虑其隔声、耐磨、防潮、防水和保温等特点，并根据房间的不同用途，结合地区条件，合理地选择装饰材料、构造方案及施工方法。

2. 墙面

墙面是建筑物墙体表面装饰，有内墙面和外墙面两种。墙面处在人们的正常视线范围，因此是建筑室内外装饰工程中的重点部位。墙面具有保护墙体、装饰室内空间及调节空间的声、光、热、防水等作用。

3. 顶面

建筑室内顶面是指楼板层下部、室内顶部的表面装饰。顶面主要起装饰作用，同时具有隔声，隔热，保温，掩藏水、暖、电管线及调整建筑内部空间比例关系等作用。

4. 门窗

门是建筑空间与空间之间的分隔与联系的配件；窗是采光、通风及内外空间的分隔配件，门窗配件的装饰性很强，在工程中所占位置比较重要。对于一些有特殊要求的房间，其装饰构造还应考虑隔声、防火、

隔热、保温等问题。

5. 楼梯

楼梯装饰包括楼梯构件的造型和构件表面的装饰。楼梯是建筑物的垂直交通构件，疏散功能强，因此装饰构造设计应考虑防滑、防火以及其他安全方面的问题。

6. 隔断

隔断是对室内空间进行分隔与联系的手段，不同分隔的方式最终是为了获得围与透的最佳组合，既使空间之间巧妙联系，又满足不同空间的功能需求。现代建筑中可以将隔断作为室内空间分隔的设计手段，丰富室内空间层次。

1.2.2 建筑室内装饰构造的基本类型

1. 覆盖式装饰构造

覆盖式装饰构造，也被称为饰面构造，指的是将某种材料覆盖在构件的外表面，起美化和保护作用的构造。该构造主要解决建筑中两个层面的连接问题，如在砖墙面上加木护壁板等。根据装饰材料的类型与特性，覆盖式装饰构造可以分为罩面类、贴面类、钩挂类（见表 1-1）。

覆盖式装饰构造的基本要求如下：

（1）饰面材料与构件表面要紧紧黏合，不会轻易开裂和掉落。

（2）饰面材料的厚度和层次要十分恰当。

（3）在构件表面覆盖饰面材料时要反复、分层操作，以确保覆盖面平整、均匀。

表 1-1 覆盖式构造分类

构造类型 墙面		图示		构造特点
		地面		
罩面	涂料	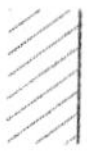		将油漆等液态涂料喷涂于材料表面
	抹灰	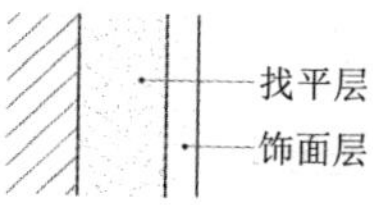 找平层 饰面层	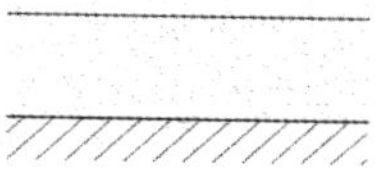	抹灰砂浆是由白灰、水泥等胶凝材料，细砂、石屑、木屑等细骨料及水混合而成
贴面	铺面	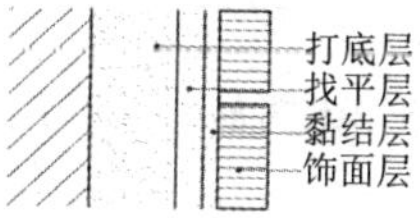 打底层 找平层 黏结层 饰面层	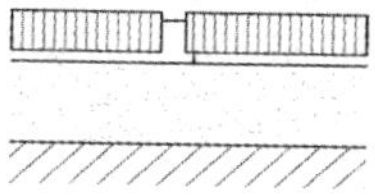	铺面材料品种繁多，包括各类面砖、瓷砖等，多用水泥砂浆铺贴
	粘贴	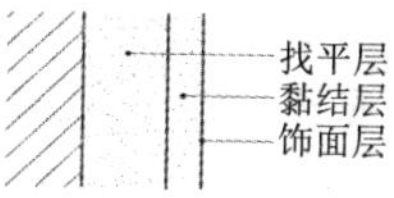 找平层 黏结层 饰面层	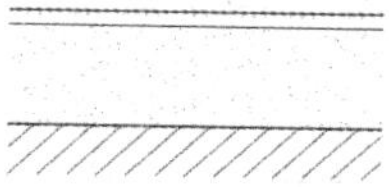	粘贴饰面材料多以壁纸、壁布配以胶水裱糊
	钉嵌	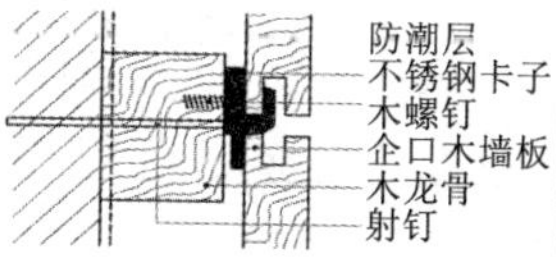 防潮层 不锈钢卡子 木螺钉 企口木墙板 木龙骨 射钉	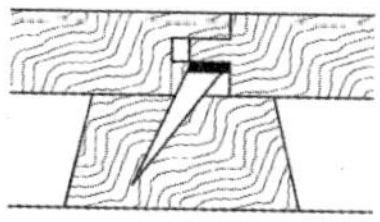	钉嵌是指将木板、石棉板、石膏板等材料直接钉于基层，或用压条、嵌条、涂料粘贴等方式固定
钩挂	扎结	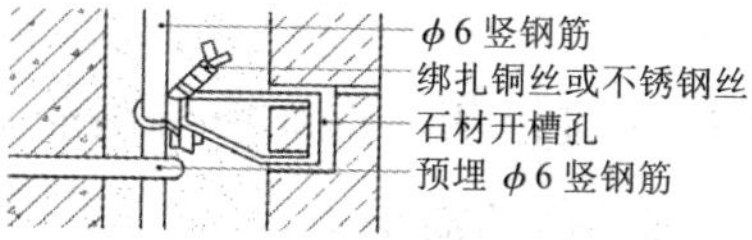 ϕ6 竖钢筋 绑扎铜丝或不锈钢丝 石材开槽孔 预埋 ϕ6 竖钢筋		在花岗石等饰面材料上留取槽口，将固定于基层的铁钩卡入槽内以固定
	钩结	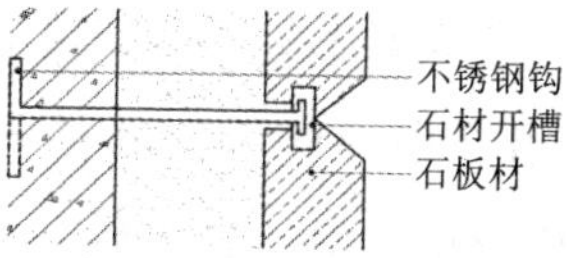 不锈钢钩 石材开槽 石板材		在花岗石、空心砖等饰面块材上留槽口，将与结构固定的铁钩在槽内搭住

2. 结构式装饰构造

采用格栅或构架等骨架结构将装饰表面构造层与建筑构件连接在一起的构造形式称为结构式装饰构造。根据装饰结构受力特点不同，结构式装饰构造可以分为竖向支撑结构、水平悬挑结构和垂直悬吊结构等类型（见表1–2）。

结构式装饰构造的基本要求如下：

（1）支撑结构中要保证结构骨架的稳定性。

（2）注意构件连接的牢固性。

（3）合理安排材料与基层间距。

表1–2　结构式构造分类

构造类型	图　示	材　料	构造特点
竖向支撑		钢、木（砖）	多用于楼地面装饰中，结构中主要承受材料的垂直压力
水平悬挑		钢、混凝土（木）	多用于墙面装饰，通过中间的杆件拉起或撑起外部装饰材料
垂直悬吊		钢、木	多用于顶棚装饰，通过中间的吊架拉起下部装饰材料

3.装配式装饰构造

装配式装饰构造是指通过组装，构成各种制品或设备，并将其拼装，以满足使用功能及装饰功能的需求。

装配式装饰配件的成型方式如下：

（1）塑造与浇铸。采用合理的塑造方式使石膏、石灰、水泥等材料转变为各式各样的花饰和花格；对于铝、铜、钢、铁等质地坚硬的材料，可使用浇铸的方式制成各式各样的零件和花饰。

（2）加工与拼接。将塑钢或铝合金材质的门窗、金属薄板、人造板材、木制品等进行合理的加工和拼装。

（3）搁置与砌筑。将玻璃、陶瓷、水泥等材质的成品通过叠砌胶结的方式组合在一起。

装配式装饰配件在制作和现场施工过程中需要组装，并与建筑构件结合成为整体，其自身拼装及与建筑构件的连接方式主要有黏结、钉合、榫接、焊接等（见表 1–3）。

表 1–3 装配式装饰配件自身拼装及与建筑构件的连接方式

类别	方式	图示	构造特点
黏结	以高分子胶、动物胶、植物胶等材料将配件固定	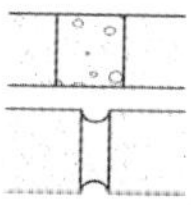	材料种类繁多，可根据不同的经济要求、防水要求等选择材料
钉合	钉	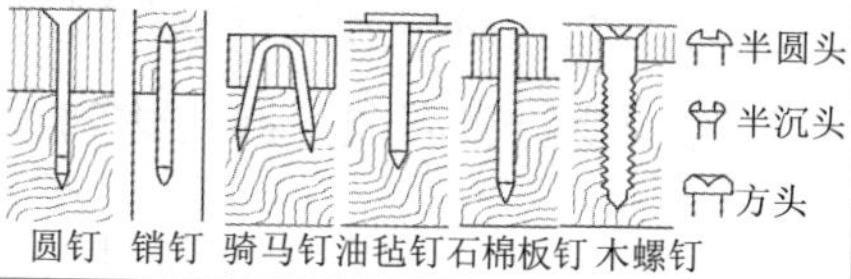 圆钉 销钉 骑马钉 油毡钉 石棉板钉 木螺钉 半圆头 半沉头 方头	适用于木制品、金属薄板、石棉制品、石膏板等
	螺栓	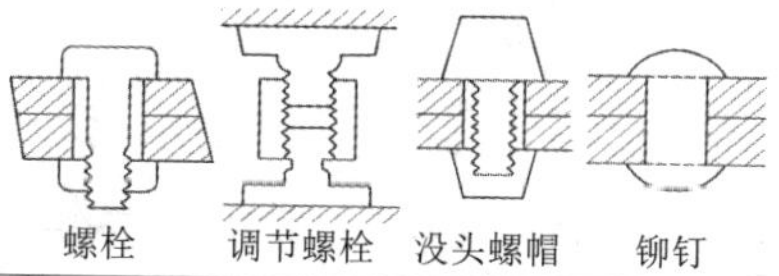 螺栓 调节螺栓 没头螺帽 铆钉	适用于固定构件、调节距离等
	膨胀螺栓	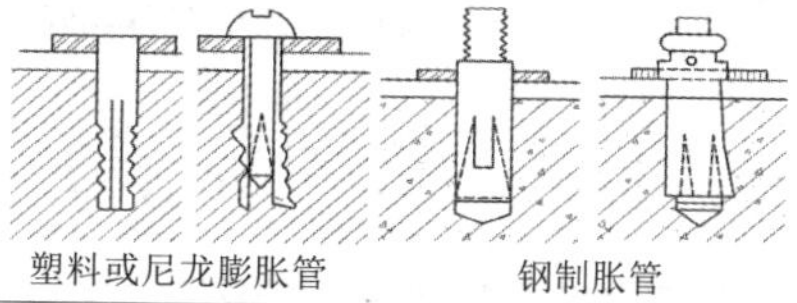 塑料或尼龙膨胀管 钢制胀管	可代替预埋件，旋紧时膨胀固定构件
榫接	将连接处加工成榫头、榫眼或榫槽，依靠材料之间的摩擦力实现材料与构件的连接固定	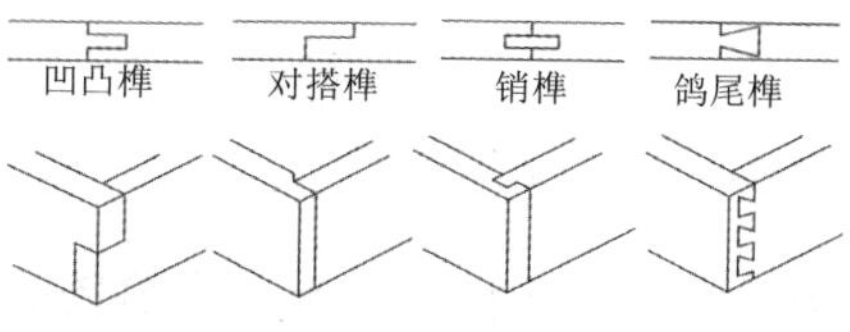 凹凸榫 对搭榫 销榫 鸽尾榫	多用于木制品等其他可凿、可削材料
焊接	以加热、高温或者高压的方式接合金属或其他热塑性材料	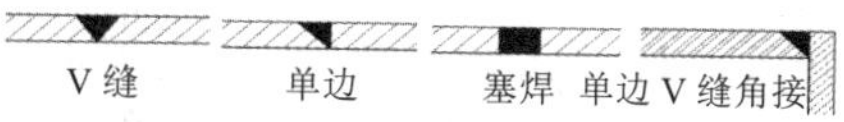 V 缝 单边 塞焊 单边 V 缝角接	适用于金属等可熔材料
卷口		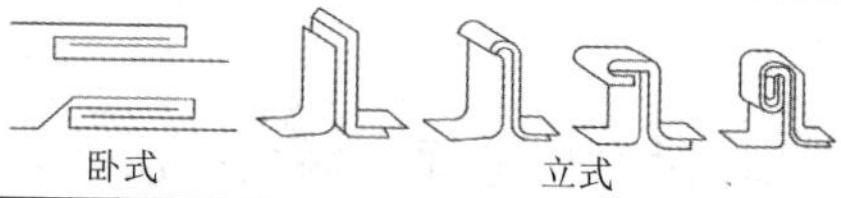 卧式 立式	适用于薄钢板、铝板、薄铜板等的接合

1.3 建筑室内装饰构造的设计原则

1.3.1 确保方案的安全稳固

1. 结构安全

建筑室内装饰构件与建筑主体结构之间往往承载各种负荷，必须保证构件节点之间、构件之间、材料之间的强度、刚度、稳定性，加强结构的稳固性，从而避免安全隐患问题，同时达到经久耐用的装饰效果。

2. 防火安全

在建筑室内装饰中，往往会大量使用木材、织物等易燃材料，使得建筑的火灾风险提高。因此，在进行建筑室内装饰设计时，必须充分考虑防火要求，合理选择材料，合理布置装饰构件，消除火灾隐患，确保建筑的防火安全。

1.3.2 正确分析和解决功能需求

1. 保护建筑构件

建筑室内装饰是在建筑构件的基础上进行的，所以要先解决建筑构件的保护问题。通常采用涂装、抹灰等覆盖性的装饰手段对建筑构件进行处理，以提高建筑构件的防锈、防腐、防磨损能力。

2. 保证使用功能

建筑室内装饰中可以通过对楼地面、墙面、顶棚等部分的饰面装饰来营造良好的室内环境效果，因此在设计中要选择美观适宜的饰面材料，充分考虑声学、光学、热工学等物理环境，为使用者营造整洁舒适的室内环境。

在设计过程中，应充分考虑现有建筑内部的空间环境，结合使用者生产、生活需求，合理设计和制作一些实用设施，如壁柜、隔板、台面等。对空间进行巧妙规划和利用可以给使用者的生产、生活带来极大便利。

1.3.3 选择合理的构造用材

1. 符合环保要求

目前，人们的生活质量以及环保意识不断提高，其对装饰材料的环保安全要求也日益增长。设计者在选择装饰材料时，必须充分考查材料的环保指标，不能使用挥发有毒气体的油漆、涂料和化纤制品，以及放射性超过国家标准的石材，避免对使用者造成伤害。同时，要尽可能多地使用低污染、可回收、可循环利用的环保材料，提高设计的环保性。

2. 准确把握材料的特性

设计者要正确认识装饰材料的各项属性，如保温、隔热、隔声、防潮、防火等，根据具体的装饰需求选择相应的装饰材料。同时，要了解材料的强度、刚度、耐火、耐久等性能，有效保证建筑构造的安全性。

3. 注重材料的美观性

在保证功能与安全需求的同时，装饰设计的审美效果也是重点，设计者应认真考虑装饰材料的纹理、色泽、质感等外观特征，发挥材料的装饰效果，保证室内装饰效果的艺术美感。

1.3.4 充分考虑施工与维修

建筑室内装饰设计中还包括工程细部的制作工艺和构造做法的部分，需要绘制施工图来辅助设计的实施。在设计过程中，应充分考虑实际操作的可行性，综合各种因素，如季节天气、场地条件等，并且根据实际条件对设计方案进行灵活调整，这样才能保证设计的顺利实现。另外，要考虑后期的维护和更换，所以要在装饰面层内部和外表面预留一定的空间作为管线和进出口的位置。

1.3.5 控制工程造价

建筑室内装饰装修项目往往会有预算标准，按照预算标准完成装饰装修工程，是设计者应遵循的原则。因此，设计者要根据建筑物的性质、装饰等级及使用者的经济能力等条件进行综合考量。首先设定装饰标准，然后挑选材料，设计一个完美的构造，最后在保证审美效果和装饰装修功能的基础上，合理控制项目工程造价。

1.4 建筑物装饰防水工程

室内防水工程的施工和建设是房屋装修中的重要环节，在室内装修的防水工程施工中，要全面考虑室内防水工程施工的施工环境，并科学地制订室内防水工程建设方案，以保证室内防水工程建设的质量和使用寿命。

1.4.1 建筑室内装饰防水材料的环保要求

在具体的施工中，要确保施工材料的环保性，在充分保证施工人员安全和户主健康的条件下进行有效的防水工程施工。可选取优质的聚乙烯丙纶防水材料和配套黏结复合施工，或者利用各种化学防水涂料对室内进行防水施工。目前，市面上的防水涂料有许多，但是用于室内，特别是厨房、浴室和卫生间的防水涂料多使用以聚氨酯为主的聚合物涂料。在室内防水工程的施工上，使用化学涂料时要注意施工的工艺流程，合理施工才能够有效地保证防水工程的质量。

1.4.2 建筑室内防水工程施工的技术要求

在室内防水工程施工中，首先要加强防水基层的建造，用高浓度的防水砂浆涂抹地面，并抹平压光，这样可以大大改善地面积水和水渗漏的问题。其次，在房屋结构比较复杂的墙角等地方，可以对地面和墙体做上附加层或防水层，从而在地面找到平层，保证室内防水工程施工的顺利展开和质量。

在使用化学涂膜施工前，应对施工基层表面进行彻底的清理，以防产生防水层空鼓的现象。在防水涂膜做好之后，应向地面面层蓄水，并观察是否存在水渗漏的现象，以此保证防水工程施工的质量。

室内顶棚的防水措施也要引起重视，尤其是在有沐浴设施的浴室内，要增加顶棚表面的防水层厚度，避免室内漏水情况的出现，延长防水层的使用寿命。

在整个防水施工完成之后，还要对施工的质量进行检验，通过对防水面进行 24 h 蓄水，来观察是否有水渗漏的现象，在确认无误之后，才能进行下一步的装修工作。

1.5 建筑物装饰防火设计

1.5.1 建筑装饰材料的燃烧性能等级及应用范围

建筑装饰材料根据功能和作用区域的不同可分为装饰织物、隔断装饰材料、顶棚装饰材料、墙面装饰材料、地面装饰材料以及其他装饰材料等。

建筑装饰构造设计要根据建筑的防火等级选择相应的材料。建筑装饰材料燃烧性能包含 A、B_1、B_2、B_3 四个等级，如表 1–4 所示。不同类别、规模、性质的建筑内部各部位的材料燃烧性能要求不同（见表 1–5 ～表 1–7）。

表 1–4　建筑装饰材料燃烧性能等级

等　级	装饰材料燃烧性能
A	不燃性
B_1	难燃性
B_2	可燃性
B_3	易燃性

表 1–5　单层、多层民用建筑内部各部位建筑装饰装修材料的燃烧性能等级

<table>
<tr><th rowspan="3">建筑物及场所</th><th rowspan="3">建筑规模、性质</th><th colspan="8">装饰装修材料燃烧性能等级</th></tr>
<tr><th rowspan="2">顶棚</th><th rowspan="2">墙面</th><th rowspan="2">地面</th><th rowspan="2">隔断</th><th rowspan="2">固定家具</th><th colspan="2">装饰织物</th><th rowspan="2">其他装饰材料</th></tr>
<tr><th>窗帘</th><th>帷幕</th></tr>
<tr><td rowspan="2">候机楼的候机大厅、商店、餐厅、贵宾候机室、售票厅等</td><td>建筑面积 ＞ 10 000 m² 的候机楼</td><td>A</td><td>A</td><td>B_1</td><td>B_1</td><td>B_1</td><td>B_1</td><td>—</td><td>B_1</td></tr>
<tr><td>建筑面积 ≤ 10 000 m² 的候机楼</td><td>A</td><td>B_1</td><td>B_1</td><td>B_1</td><td>B_2</td><td>B_2</td><td>—</td><td>B_2</td></tr>
<tr><td rowspan="2">汽车站、火车站、轮船客运站的候车（船）室、餐厅、商场等</td><td>建筑面积 ＞ 10 000 m² 的车站、码头</td><td>A</td><td>A</td><td>B_1</td><td>B_1</td><td>B_2</td><td>B_2</td><td>—</td><td>B_1</td></tr>
<tr><td>建筑面积 ≤ 10 000 m² 的车站、码头</td><td>B_1</td><td>B_1</td><td>B_1</td><td>B_2</td><td>B_2</td><td>B_2</td><td>—</td><td>B_2</td></tr>
<tr><td rowspan="2">影院、会堂、礼堂、剧院、音乐厅</td><td>＞ 800 座位</td><td>A</td><td>A</td><td>B_1</td><td>B_1</td><td>B_1</td><td>B_1</td><td>B_1</td><td>B_1</td></tr>
<tr><td>≤ 800 座位</td><td>A</td><td>B_1</td><td>B_1</td><td>B_1</td><td>B_1</td><td>B_1</td><td>B_1</td><td>B_2</td></tr>
</table>

续 表

建筑物及场所	建筑规模、性质	装饰装修材料燃烧性能等级							
		顶棚	墙面	地面	隔断	固定家具	装饰织物		其他装饰材料
							窗帘	帷幕	
体育馆	＞3 000 座位	A	A	B_1	B_1	B_1	B_1	B_1	B_2
	≤ 3 000 座位	A	B_1	B_1	B_1	B_2	B_2	B_1	B_2
商场营业厅	每层建筑面积＞3 000 m^2 或总建筑面积＞9 000 m^2 的营业厅	A	B_1	A	A	B_1	B_1	—	B_2
	每层建筑面积 1 000 ～ 3 000 m^2 或总建筑面积 3 000 ～ 9 000 m^2 的营业厅	A	B_1	B_1	B_1	B_2	B_1	—	—
	每层建筑面积＜3 000 m^2 或总建筑面积＜9 000 m^2 的营业厅	B_1	B_1	B_1	B_2	B_2	B_2	—	—
饭店、旅馆的客房及公共活动用房等	设有中央空调系统的饭店、旅馆	A	B_1	B_1	B_1	B_2	B_2	—	B_2
	其他饭店、旅馆	B_1	B_1	B_2	B_2	B_2	B_2	—	—
歌舞厅、餐馆等娱乐、餐饮建筑	营业面积＞100 m^2	A	B_1	B_1	B_1	B_2	B_1	—	B_2
	营业面积≤ 100 m^2	B_1	B_1	B_1	B_2	B_2	B_2	—	B_2
幼儿园、托儿所、医院病房楼、疗养院	无	A	B_1	B_1	B_1	B_2	B_1	—	B_2
展览馆、博物馆、图书馆、档案馆、资料馆等	国家级、省级	A	B_1	B_1	B_1	B_2	B_1	—	B_2
	省级以下	B_1	B_1	B_2	B_2	B_2	B_2	—	B_2

续 表

建筑物及场所	建筑规模、性质	装饰装修材料燃烧性能等级							
		顶棚	墙面	地面	隔断	固定家具	装饰织物		其他装饰材料
							窗帘	帷幕	
办公楼、综合楼	设有中央空调系统的办公楼、综合楼	A	B_1	B_1	B_1	B_2	B_2	—	B_2
	其他办公楼、综合楼	B_1	B_1	B_2	B_2	B_2	—	—	—
住宅	高级住宅	B_1	B_1	B_1	B_1	B_2	B_2	—	B_2
	普通住宅	B_1	B_2	B_2	B_2	B_2	—	—	—

表 1-6　高层民用建筑内部各部位建筑装饰装修材料的燃烧性能等级

建筑物及场所	建筑规模、性质	装饰装修材料燃烧性能等级									
		顶棚	墙面	地面	隔断	固定家具	装饰织物				其他装饰材料
							窗帘	帷幕	床罩	家具包布	
高级旅馆	＞800座位的观众厅、会议厅	A	B_1	B_1	B_1	B_1	B_1	B_1	—	B_1	B_1
	≤800座位的观众厅、会议厅	A	B_1	B_1	B_1	B_2	B_1	B_1	—	B_2	B_1
	其他部位	A	B_1	B_1	B_2	B_2	B_1	B_2	B_1	B_2	B_1
商业楼、展览楼、综合楼、商住楼、医院病房楼	一类建筑	A	B_1	B_1	B_1	B_2	B_1	B_1	—	B_2	B_1
	二类建筑	B_1	B_1	B_2	B_2	B_2	B_2	B_2	—	B_2	B_2
电信楼、财贸金融楼、邮政楼、广播电视楼、电力调度楼、防灾指挥调度楼	一类建筑	A	A	B_1	B_1	B_1	B_1	B_1	—	B_2	B_1
	二类建筑	B_1	B_1	B_2	B_2	B_2	B_1	B_2	—	B_2	B_2

续 表

建筑物及场所	建筑规模、性质	装饰装修材料燃烧性能等级									
		顶棚	墙面	地面	隔断	固定家具	装饰织物				其他装饰材料
							窗帘	帷幕	床罩	家具包布	
教学楼、办公楼、科研楼、档案楼、图书馆	一类建筑	A	B_1	B_1	B_1	B_2	B_1	B_1	—	B_1	B_1
	二类建筑	B_1	B_1	B_2	B_1	B_2	B_1	B_2	—	B_2	B_2
住宅、普通旅馆	一类普通旅馆高级住宅	A	B_1	B_2	B_1	B_2	B_1	—	B_1	B_2	B_1
	二类普通旅馆高级住宅	B_1	B_1	B_2	B_2	B_2	B_2	—	B_2	B_2	B_2

注：建筑物的类别、规模、性质应符合《高层民用建筑设计防火规范》（GB 50016—2014）的有关规定。

表 1-7 地下民用建筑内部各部位建筑装饰装修材料的燃烧性能等级

建筑物及场所	装饰装修材料燃烧性能等级						
	顶棚	墙面	地面	隔断	固定家具	装饰织物	其他装饰材料
休息室和办公室等 旅馆的客房及公共活动用房等	A	B_1	B_1	B_1	B_1	B_1	B_2
娱乐场所、旱冰场等 舞厅、展览厅等 医院的病房、医疗用房等	A	A	B_1	B_1	B_1	B_1	B_2
电影院的观众厅 商场的营业厅	A	A	A	B_1	B_1	B_1	B_2
停车库 人行通道 图书资料库、档案库	A	A	A	A	A	—	—

1.5.2 建筑室内装饰防火设计要求

（1）在选择建筑装饰材料时应遵循《建筑内部装修设计防火规范》（GB 50222—2017）对建筑装修的相关要求。

（2）如果墙面或顶棚表面想要使用泡沫状塑料或多孔塑料，则该区域面积必须小于墙面或顶棚整体面积的 1/10，且厚度要小于或等于 15 mm。

（3）如果房间没有窗户，房间内部的装饰材料应选择比表 1-5 中燃烧性能等级更高一级的材料，原本就应使用 A 级装饰材料的除外。

（4）档案室、资料室、图书室以及文物存放房间在选择装饰材料时应考虑使用区域，地面装饰材料的燃烧性能最低是 B_1 级，墙面和顶棚装饰材料的燃烧性能应为 A 级。

（5）电话总机房、中央控制室、大中型电子计算机房等拥有贵重设备、特殊设备的房间在选择装饰材料时应考虑使用区域，地面及其他装修使用的装饰材料的燃烧性能最低是 B_1 级，墙面和顶棚装饰材料的燃烧性能应为 A 级。

（6）空调机房、通风机房、排烟机房、变压器室、配电室、消防水泵房、固定灭火系统钢瓶间等房间都应使用燃烧性能为 A 级的装饰材料。

（7）防烟楼梯间、封闭楼梯间、无自然采光楼梯间等房间的地面、墙面、顶棚都应使用燃烧性能为 A 级的装饰材料。

（8）如果建筑物中存在自动扶梯、开敞楼梯、走马廊、中庭等连通上下层的区域，其墙面、顶棚使用的装饰材料的燃烧性能应为 A 级，其他区域使用的装饰材料的燃烧等级最低为 B_1 级。

（9）防烟分区挡烟垂壁的装饰材料的燃烧性能应为 A 级。

（10）抗震缝、伸缩缝、沉降缝等位于建筑内部的变形缝两侧的基层使用的装饰材料的燃烧性能应为 A 级，表面使用的装饰材料的燃烧性能最低为 B 级。

（11）建筑内部安装配电箱区域使用的装饰材料的燃烧性能最低为 B_1 级。

（12）由于照明灯具在点亮时会放出大量的热，所以应尽量避免将灯具的高温区域与装饰材料直接接触，尤其是非 A 级装饰材料，中间应增加散热、隔热装置，起保护作用。灯具装饰材料的燃烧性能最低为 B_1 级。

（13）公共建筑内部出现标本、模型、雕塑、壁挂时应尽量使用燃烧性能高于 B_3 级的装饰材料，如果只能使用该级别样品，则需要远离热源和火源。

（14）地表建筑安全出口和疏散走道的门厅的顶棚装饰材料应选择燃烧等级为 A 级的材料，其余区域的装饰材料的燃烧性能最低为 B_1 级。

（15）设置在建筑内部的消火栓的门应保持醒目，其周边区域在选择装饰材料时应注意颜色与门颜色相逆，以进一步凸显消火栓的位置。

（16）位于建筑内部的安全出口、疏散指示标志、消防设施都不能被空间装饰遮挡，更不能妨碍疏散走道、消防设施的使用。如果确实需要改动，则须严格遵循国家消防相关法规和规范的要求。

（17）建筑物内的厨房的地面、墙面、顶棚选择的装饰材料的燃烧性能应为 A 级。

（18）部分科研实验室、餐厅等需要长期、频繁使用带有明火设备的房间应选择燃烧性能比相关规定更高一级的材料，但原本就使用 A 级装饰材料的除外。

2

第 2 章　建筑室内楼地面的装饰构造

2.1　建筑室内楼地面装饰概述

2.1.1　楼地面装饰构造的组成

楼地面是建筑物底层地面（地面）和楼层地面（楼面）的总称。建筑室内楼地面构造组成如图 2-1 所示。

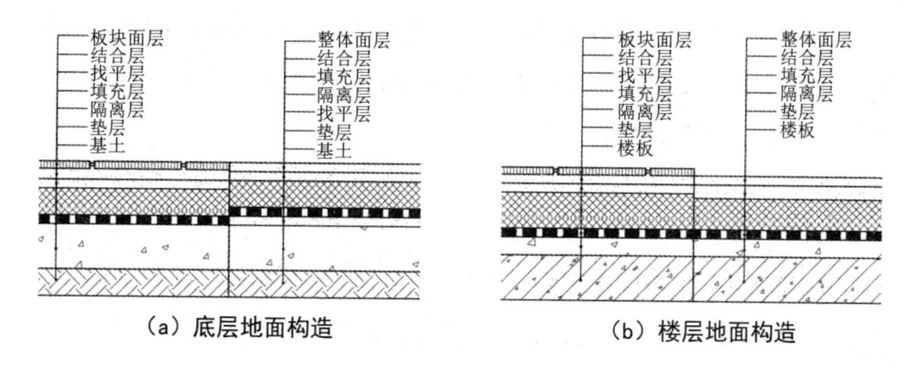

（a）底层地面构造　　（b）楼层地面构造

图 2-1　楼地面构造组成

2.1.2　楼地面装饰构造的要求

建筑室内楼地面装饰构造主要指楼地面面层的装饰构造。楼地面面层是与人、家具、设备直接接触的装饰表层，承受各种物理和化学作用，且在人的视线范围内所占比例较大，因此在整个建筑装饰工程中有着重要的地位。

建筑室内楼地面装饰构造必须满足以下要求：

1. 耐久性

楼地面面层装饰应具有足够的强度，不易被磨损、破坏，表面应平整、不起尘，满足耐久性要求。

2. 安全性

楼地面面层装饰应充分考虑防滑、防火、防潮、耐腐蚀、电绝缘性好等安全要求，以保证安全性。

3. 舒适性

楼地面装饰要注意保证居住的舒适性，既要具备优良的隔声、隔热、保温性能，又要保证建筑物具有优秀的采光性能，同时要保证室内和室外干净、整洁、卫生。

4. 审美性

楼地面的装饰不仅要满足功能性，还要重视审美性。楼地面面层的色彩、图案、质感效果的设计应与墙面、顶棚、家具及设备巧妙结合，以创造出优美、和谐的建筑室内环境，满足人们的审美需求。

2.1.3 楼地面装饰构造的分类

楼地面装饰构造依据面层材料和施工方法可分为以下三大类：

（1）整体面层楼地面。水泥砂浆楼地面、混凝土楼地面、现浇水磨石楼地面、环氧涂料楼地面、水泥基自流平楼地面、自流平环氧胶泥楼地面、树脂亚麻楼地面、橡胶板楼地面、地毯楼地面等。

（2）板块面层楼地面。预制水磨石板楼地面、大理石板楼地面、花岗石板楼地面、陶瓷锦砖楼地面、微晶石板楼地面、玻璃板楼地面、通体砖楼地面、防滑地砖楼地面等。

（3）木、竹面层楼地面。木马赛克楼地面、单层长条松木楼地面、硬木企口席纹拼花楼地面、强化复合木地板楼地面、长条硬木楼地面、软木楼地面、实木复合地板楼地面、竹地板楼地面等。

建筑室内楼地面的装饰构造千变万化，设计时既要考虑装饰材料色彩、肌理产生的不同视觉效果，又要综合考量材料的摩擦系数、导热性、平整度、隔声降噪等性能。因此，在设计实践中，设计者往往需要将以上各种构造形式灵活组合，以收到最佳的装饰效果。

2.2　整体面层楼地面构造

2.2.1　现浇水磨石楼地面

现浇水磨石楼地面是采用大理石、透明玻璃、陶瓷颗粒、金属颗粒、贝壳、石英石等骨料与水泥浆或高分子树脂相混合，经过现场浇筑（摊铺）、研磨、抛光等工艺打造出的一种整体无缝装饰材料。现浇水磨石楼地面面层应在完成顶棚和墙面抹灰后进行施工。

水磨石楼地面的构造一般分为三层，垫层用60 mm厚C10混凝土，结合层用10～20 mm厚1∶3水泥砂浆找平，面层铺厚度为10～15 mm水磨石（见图2–2）。应注意水磨石面层不得掺砂，否则容易产生空隙。底层和面层之间刷素水泥浆结合层。所用水泥为普通水泥或白水泥、彩色水泥，石粒按直径分为大八厘（8 mm）、中八厘（6 mm）、小八厘（4 mm）、一分半（15 mm）、大二分（20 mm）等，也可用破碎大理石（直径大于30 mm）、碎彩色玻璃等来构成不同风格的花纹，但应注意石粒直径与面层厚度的比例要恰当，一般最大粒径应比水磨石面层厚度小1～2 mm。

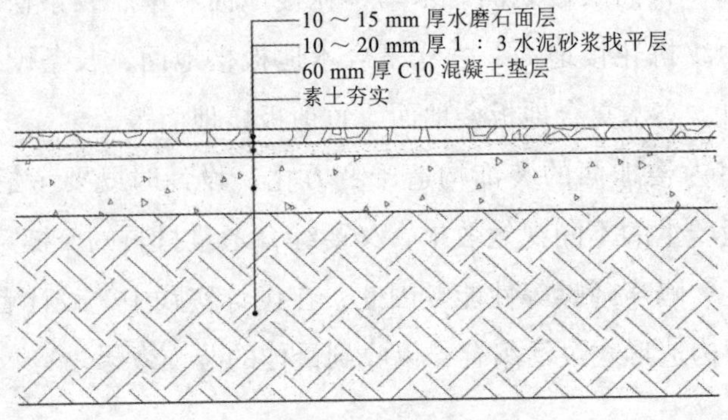

（a）现浇水磨石地面构造

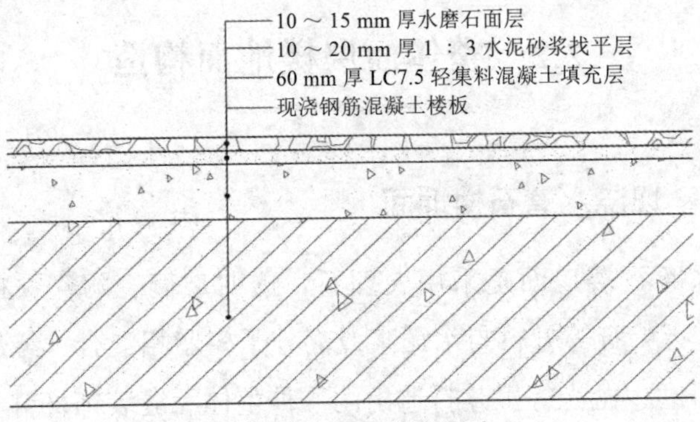

（b）现浇水磨石楼面构造

图 2-2　水磨石楼地面构造

现浇水磨石地面通常会设置分格条，分格条材料为玻璃条、金属条、塑料条等。可以对分格条形式进行设计，如雕刻出各种具有装饰性的花纹和图案，这同时解决了面层开裂及相关施工、维修的问题。分格条的长度以分格尺寸定，高度随水磨石面层的高度而定。分格条应用 1 ：1 水泥砂浆固定。水泥砂浆应形成八字角，高应比分格条高度低 3 mm（见图 2-3）。分格条嵌入应平直，交接处要平整严密，镶嵌牢固。

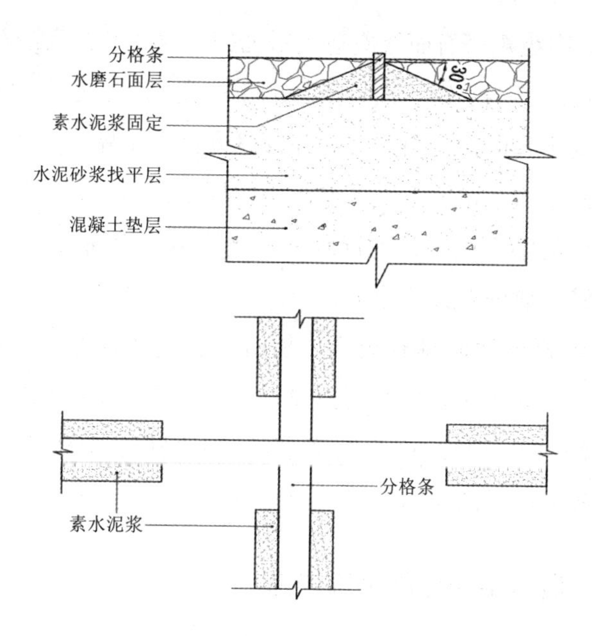

图 2-3　现浇水磨石楼地面分格条设置

在对水磨石进行开磨工序时，需要先对其进行试磨，确保水磨石表面的石粒不会随着摩擦发生移动。通常情况下，水磨石的开磨工序时间为 2 ～ 3 d。水磨石面层必须保持光滑，这个过程需要不同型号的磨光机进行多次磨光处理。第一遍磨光处理应选择 60 ～ 90 号粗金刚石磨，磨光过程需要及时加水，以确保水磨石面层平整、均匀，同时让所有的分格条外露。第一遍磨光处理后需要先用泥浆冲洗，然后用同色的水泥浆覆盖水磨石表层，填补其磨纹和凹痕，最后洒水养护。2 ～ 3 d 后对其进行第二遍磨光处理，此次磨光需采用 90 ～ 120 号金刚石磨，与第一遍磨光处理不同的只有将整个面层表面磨至完全光滑这一条，其他都完全相同。再过 2 ～ 3 d 后进行第三遍磨光处理，此次磨光需采用 180 ～ 200 号金刚石磨，不仅要将面层表面磨至光滑、平整，还要保证不存在任何的孔洞或砂眼，更重要的是要尽可能地显露表层的石粒，然后用水进行冲洗，涂抹草酸溶液，清除油污。第四遍用 240 ～ 300 号油石磨，研磨至出白浆、表面光滑后，用水冲洗、晾干。普通水磨石面层磨光遍数不应少于三遍，高级水磨石面层应适当增加磨光遍数及提高油石的号数。

在其他可能影响水磨石面层质量的工序完成后，还需要对其进行上蜡，这层蜡既能起保护作用，也能保证其光滑。上蜡时，需要使用薄布包裹蜡块慢慢涂抹，蜡层不宜太厚。当蜡层干透后，再使用包裹麻布或细帆布的木块的磨石机对其进行研磨（此处不使用油石），直到光滑洁亮为止。上蜡后铺锯末进行养护。

现浇水磨石楼地面具有耐磨、易清洁、整体性好、色彩图案组合多样的特点。在施工过程中，可按设计要求合理地选择色彩及图案。因此，尽管现浇水磨石楼地面存在工序多、工期长、湿作业量大等不足，但目前仍有较为广泛的应用。

2.2.2 自流平楼地面装饰构造

自流平楼地面也是一种新型的楼地面装饰，它是由有机材料或无机胶凝材料为基材复合超塑剂等外加剂制成的，它的材料分类、适用范围、性能特点如表 2-1 所示。

表 2-1　自流平楼地面材料分类、适用范围、性能特点

分类	定义	适用范围	性能特点
水泥基自流平楼地面	水泥基自流平楼地面是由水泥基胶凝材料、细骨料、填料及添加剂等组成，与水（或乳液）搅拌后具有流动性或稍加辅助性铺后流动找平形成的整体无缝地面	适用于室内停车库、图书馆、展厅、餐厅、商场、办公室等的楼地面面层	具有抗压、抗折，不易开裂，耐磨环保，有一定防潮性能，不耐水等特点，可实现大面积无缝地面装饰效果
聚氨酯自流平楼地面	聚氨酯自流平楼地面是由无溶剂聚氨酯自动找平形成的整体无缝地面	适用于机房、实验室、体育场馆、超净厂房等的楼地面面层	具有耐磨性、耐酸碱性、耐油性好，弹性和吸振性好，固化温度范围宽等优点

续　表

分　类	定　义	适用范围	性能特点
环氧树脂自流平楼地面	环氧树脂自流平楼地面是由经过增韧改性形成的热固性环氧树脂快速流平后形成的整体无缝地面	适用于创意型室内地面、轻载工业地面，如实验室、制药厂房等洁净区域的楼地面面层，不适用于防火等级高、有重载车辆频繁出入易造成地面划损的场所	具有良好的抗冲击性能和弹性，与水泥基体黏结强度高，无剥落、龟裂、起壳和变形等缺陷，易清洁

1. 自流平楼地面构造

自流平楼地面通常由基层、自流平界面剂及各类自流平地面涂层材料组成。自流平楼地面构造如图 2-4 所示。

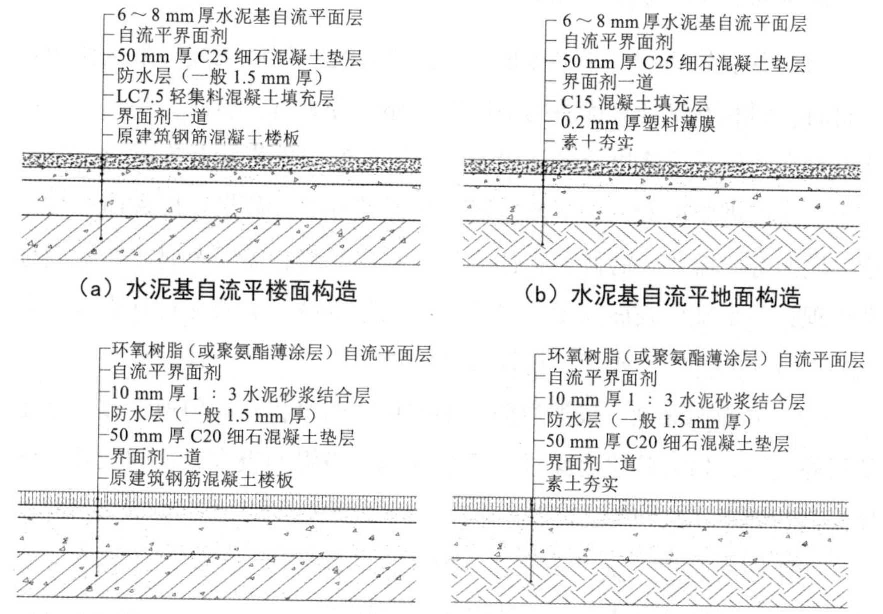

（a）水泥基自流平楼面构造　（b）水泥基自流平地面构造

（c）环氧树脂（聚氨酯）自流平楼面构造　（d）环氧树脂（聚氨酯）自流平地面构造

图 2-4　自流平楼地面构造

2. 自流平楼地面施工要点

水泥自流平楼地面施工需要在楼地面结构以及基层施工、验收后开始，施工稳定最好保持在 10 ～ 25 ℃，环境湿度不能超过 80%。需要注意的是，自流平地面施工时一般不能停顿、中断，不能同步进行其他工序，要根据施工现场条件、施工设备以及人员提前划定作业区域，同时要结合地面的具体形状、材料性能以及设计要求保留一定数量的伸缩缝，如地面面积太大时，可以 10 m×10 m 为基础保留 5 ～ 8 mm 宽伸缩缝，防止地面后期出现开裂。伸缩缝的保留一般是使用轮盘锯在地面上开槽，要深入填充层，在清除缝内残渣后使用弹性勾缝剂填平。

3. 自流平楼地面施工工序

（1）基层处理。自流平楼地面一般会选择水泥砂浆或混凝土作为基层材料，因其不仅具有优质的坚固性，还十分紧密，但此类基层表面可能会存在污渍、浮浆以及各类松散物，这些都可能影响装饰材料的黏结效果，所以需要彻底清洁基层表面，且保持开放。如果基层表面存在凹槽、坑洞等，需要及时修补；如果地面存在裂缝，需要及时参照地面标准处理；如果基层表面强度不足或存在大量空鼓，必须在对其进行专业化处理后才能施工，或者重新打造基层。

（2）界面剂涂刷。根据界面剂的使用说明书将其均匀地涂抹在施工基层外表面，如果基层表面过于粗糙或具有极强的吸水性，则需要加强界面剂的处理。

（3）浆料制备。浆料必须充分搅拌，在保证均匀的同时不能存在结块，然后通过机械泵或人工搅拌输送到用料处。

（4）浇筑。当基层表面最外侧的界面剂完全干透后，就可以用浆料进行浇筑。在浇筑浆料的过程中，工人可以使用刮刀等手动工具对浆料进行引流和推平处理，尤其是浆料堆积处，必须进行人工振捣，这样既能保证浆料的厚度，使浆料均匀铺开，也能大幅度增加浆料的覆盖区域。如果浆料铺开后出现气泡，可以用针形滚筒消除。

（5）成品保护。施工完成后的地面应做好成品保护。

2.2.3　整体式弹性楼地面装饰构造

弹性楼地面是指地面材料在受压后产生一定程度的变形，当荷载消除后，材料能很快恢复到原有厚度的楼地面。弹性楼地面材料包括聚氯乙烯（PVC）地板、橡胶地板和亚麻地板。弹性楼地面材料的优点有很多，如材质更轻、遇水不易发生滑动、图案和花色繁多、脚感舒适等，这类材料既耐磨又耐污染，出现污渍很容易清洁，更重要的是安装十分便捷，深受人们喜爱。

1. 弹性楼地面材料介绍

（1）弹性楼地面材料常用种类。

①聚氯乙烯（PVC）地板。PVC 地板的主要原材料是 PVC 和 PVC 共聚树脂，其搭配着色剂、稳定剂、增塑剂、填料等辅助材料经挤压、延挤、涂敷工艺等生产出来。

②橡胶地板。橡胶地板的主要原材料包含合成橡胶、天然橡胶以及各种高分子材料等。这种地面的原材料可以进行回收。

③亚麻地板。亚麻地板是由亚麻籽油、松香、石灰石、黄麻、木粉和颜料六种天然原材料经物理方法合成的。产品生产过程中不添加任何增塑剂、稳定剂等化学添加剂，比较环保。

（2）弹性楼地面材料常用规格。

①卷材规格：1 200 ～ 2 000 mm（宽）×16 000 ～ 25 000 mm（长）×2 ～ 4 mm（高）。

②片材规格：300 mm×300 mm、608 mm×608 mm、152 mm×914 mm、457 mm×914 mm、304 mm×609 mm、457 mm×457 mm 等。

2. 弹性楼地面的施工工艺与流程

（1）基层检测。基层含水率应小于 3%。基层应平整、干燥、坚固，没有灰尘和污浊。

（2）基层预处理。首先，对整个楼地面的地坪进行磨光处理，去除地表残留的胶水、油漆等，如果地坪表面存在空鼓、疏松或凸起，必须进行修补和消除处理，有裂缝的地方也应采取修补措施。其次，用工业吸尘器进行吸尘清洁。

（3）预铺与裁割。在铺设板材之前，需要先将其搬至施工现场，放置 2 d 后再施工，这一举措是为了保证施工时板材的温度与施工现场一致。块材的铺设需要紧贴，接缝处要紧密贴合，卷材铺设前要用专业的修边器修剪卷材的毛边，铺设时需要先在两块材料搭接处重叠 25 mm，再进行切割。

（4）粘贴。在板材铺设完成后，需要使用专用的胶黏剂实现板材和基层的连接，胶黏剂不同，施工要求也不相同，需要严格遵循使用说明书的要求进行。块材的粘贴是从中间向两边翻起，清洁基层和板材背面后分别涂抹胶黏剂；卷材的粘贴是从卷材的一端折起，清洁基层和板材背面后在基层上用刮胶板刮抹胶黏剂。

（5）排气与滚压。粘贴后，需要先使用软木块轻轻挤压板材外表面，保证地面平整的同时，挤压出板材和基层之间的空气，然后使用 50 kg 或 75 kg 的钢压辊从地板上滚过，出现翘边时要及时修整，多余的胶黏剂要及时擦除。

3. 弹性楼地面材料装饰构造

弹性楼地面装饰构造如图 2-5 所示。

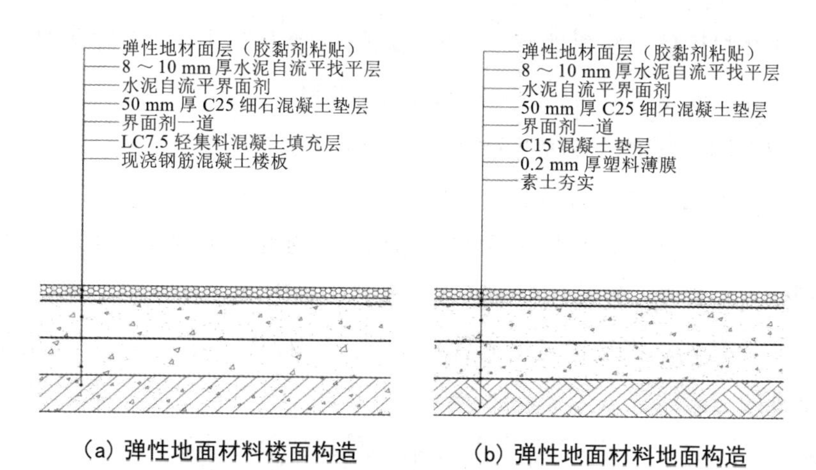

（a）弹性地面材料楼面构造　　（b）弹性地面材料地面构造

图 2-5　弹性楼地面装饰构造

2.2.4　地毯楼地面装饰构造

地毯楼地面是指以软性铺地织物装饰的楼地面，具有吸声、隔声、保温、抑尘的作用，且脚感舒适、美观豪华、施工简便快速。地毯楼地面的构造可分为面层织物、防松涂层、初级被衬和次级被衬。

1. 地毯分类

（1）地毯按材质可分为天然纤维地毯、合成纤维地毯、混纺地毯、塑料地毯。

①天然纤维地毯。织造地毯的材料主要来自植物或动物，如棉、麻、丝、毛等天然纤维。常见的高级地毯多为丝、毛织造。

②合成纤维地毯。合成纤维地毯即化纤地毯，是以丙纶、腈纶纤维为原料，经机织法制成面层，再与麻布底层加工成地毯。其品质与触感极似羊毛，耐磨且富有弹性，通过特殊处理，可防污、防静电、防虫。

③混纺地毯。混纺地毯常以毛纤维和各种合成纤维混纺而成。加入合成纤维后，地毯可以获得更强的耐磨性。

④塑料地毯。塑料地毯是以聚氯乙烯树脂为主材，辅以增塑剂等材料，经过混炼、塑制而成的一种新型材料地毯。

（2）地毯按铺设方法可分为固定式和活动式。

①固定式。地毯的固定方法有两种：一种是设置弹性衬垫用木卡条固定；另一种是无衬垫用胶黏剂黏结固定。为了防止地毯变形或卷曲，影响使用和美观，铺设地毯多采用固定式，如图 2–6 所示。

②活动式。将地毯直接搁置在基层上，铺设方法简单，容易更换。装饰性的工艺地毯一般采取活动式铺设，如图 2–7 所示。

图 2–6　固定式地毯铺设实例

图 2–7　活动式地毯铺设实例

（3）地毯按规格尺寸可分为成卷地毯、方块地毯。具体规格如表 2–2 所示。

表 2–2　地毯规格

地毯品种	成卷地毯		方块地毯
	长 /mm	宽 /mm	长 /mm× 宽 /mm
纯羊毛地毯	≤ 25 000	≤ 4 000	500×500、914×914、609.6×609.6
化纤地毯	5 000 ～ 43 000	1 400 ～ 4 000	

2. 成卷地毯满铺的铺装工艺与流程

（1）处理基层。首先将基层表面存在的杂物与灰尘清理干净，然后将基层表面凸出或凹陷的区域用水泥砂浆抹平。基层表面的含水量应小于等于 9%。

（2）钉木卡条倒刺板。为固定地毯，铺设过程中应在地面周边和柱脚的四周嵌钉上木卡条，板上的倒刺应向墙面倾斜，板面和墙面之间要保留地毯掩边的缝隙；如果地面为水泥或混凝土材质，地毯的固定应采用水泥高强钉，间距为 300 mm。当地毯面积过大时，单一木卡条可能无法受力，最好使用双排木卡条。

（3）铺衬垫。铺设地毯之前一般要先铺设一层衬垫，起防潮作用，而且应将弹性衬垫中含有胶粒的一面朝下铺设，衬垫四周与木卡条之间应保持 10 mm 的距离。为了保证衬垫不轻易发生移动，所有接缝、拼缝处都要用纸胶带黏合。

（4）裁剪地毯。地毯一般是以整卷的形式出现，需要工人根据房间的净尺寸和地面形状使用裁边机裁剪，裁剪地毯的长度最好比房间长度长 20 ～ 30 mm，宽度则以裁剪后尺寸为主。地毯拼缝处要先弹出地毯裁割线，然后保证切口整齐、平直，这样更方便拼接。如果地毯的材质为植绒或栽绒，则相邻两块地毯的裁口边最好保持“八”字形，这样能使地毯的绒毛紧紧靠拢在一起。为保证美观，房间内的地毯的绒毛走向应保持一致（最好背光，以防止色差）；如果地毯带有花纹，则应保证花纹拼接完整。

（5）铺地毯。地毯裁剪好就可以进行铺设了。将地毯的一端固定在木卡条上，然后用压毯铲将地毯的边缘卡入缝隙当中，这一步有两种操作方式，第一种是直接将地毯边缘卡入木踢脚的下方，第二种是将地毯的毛边掩入预留的缝隙当中。地毯铺设完成后，需要使用张紧器（也叫地毯撑子）将地毯紧贴在一起，具体步骤是将张紧器固定在地毯一侧，借助人力不断向另一侧推移，实现地毯张紧。当每张地毯张紧 1 000 mm 后，就可以打入钢钉（临时），以保证地毯稳固；当地毯的终端也被张紧后，就可以用木卡条固定地毯边缘。地毯的拼接一般都采用对缝拼接的形式，一幅地毯拼接完成后，在拼缝侧弹通线，作为第二幅地毯铺设张紧的标准线。第二幅地毯经张紧处理后要先对齐拼缝处的条格和花纹，然后用钢钉固定（临时）。如果地毯不太厚，在裁剪时可选择搭接裁割，即后一幅地毯搭盖在已经张紧好的前一幅地毯上，搭盖距离最少要有 30 ~ 40 mm，在接缝处弹线并用刀同时裁割两层地毯，这样裁剪后得到的地毯边缘好似紧密衔接，不会有拼接缝。

（6）接缝黏合。在铺设好的地毯接缝中间使用专用接缝胶带使两幅地毯黏结成统一整体。接缝也可采用缝合的方法，即把两幅地毯的边缘缝合连成整体。

3. 方块地毯的铺设形式与流程

（1）方块地毯铺设形式。方块地毯的核心是一个或多个方块图案单元，它的铺设也是将成组的方块图案单元按照一定顺序或者是无序地铺设成一种带有特殊图案的样式。不同的方块图案单元的铺装形式会给人完全不同的空间感受，而且同一质感的组合可通过肌理横直、纹理走向、肌理微差、凹凸变化实现。这种地毯的视觉效果和质感都是通过方块图案单元的自由组合形成的，其铺设形式如图 2-8 所示。

（a）顺向铺装

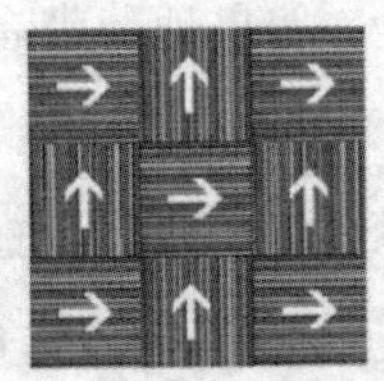
（b）直角转向铺装

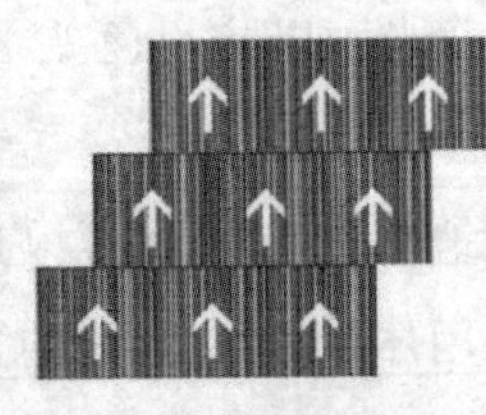
（c）水平错位铺装

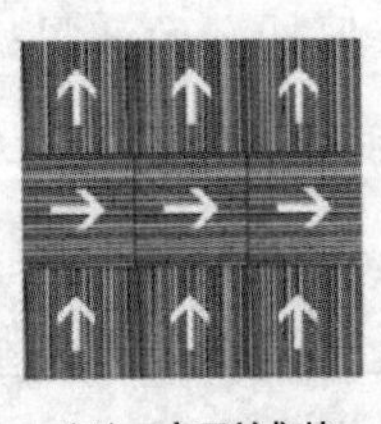
（d）序列铺装

图 2-8　方块地毯铺设形式示意

（2）方块地毯的铺装流程。

①清理基层。与满铺地毯的要求一致。

②弹控制线。按照房间的实际大小以及和方块地毯的具体尺寸在基层表面弹出方格控制线，线迹应准确。

③浮铺地毯。按控制线由中间开始向两侧铺设。铺放时地毯缝隙应

挤紧，块与块密合，不显拼缝。绒毛铺设方向或一致，或将一块绒毛顺光，另一块绒毛逆光，交错布置，明暗交叉铺设，增强艺术效果。

④黏结地毯。在基层上刷胶黏剂，按预铺位置压固地毯。地毯铺设完成后应加强成品保护。

4. 地毯边收口

在地毯铺设过程中如果遇到墙、柱，或者不同材料的连接，或者到达房间门口时，需要对地毯边缘进行收口和固定处理。

（1）当遇到墙和柱时，需要将地毯的毛边塞进木卡条与踢脚之间的缝隙内。

（2）当遇到不同材料在地面的连接处时，可以使用过渡材料实现收口和衔接。例如：当地毯与大理石地面相接时，可以使用铜条或不锈钢条作为收口和衔接。

（3）当遇到门口或出入口时，且地毯的标高与房间卫生间、门口、过道的标高不同时，应在地毯边缘加装收口条，这样既能防止地毯发生滑动，也能保证地毯美观，呈现完美的室内装饰效果。地毯接缝处的绒毛需要进行修理，以保证齐平。地毯中的临时钢钉在整体铺设完成后可以拔掉，要用软毛刷和吸尘器清洁地毯表面的杂物和灰尘。需要注意的是，在日常生活中要保护成品，以确保工程质量。

5. 地毯楼地面装饰构造

地毯楼地面装饰构造如图 2-9 所示。

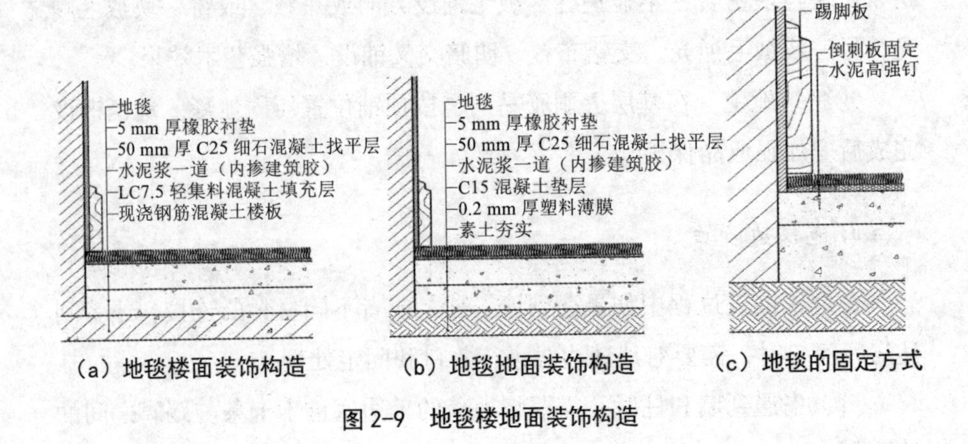

（a）地毯楼面装饰构造　（b）地毯地面装饰构造　（c）地毯的固定方式

图 2-9　地毯楼地面装饰构造

2.3　板块面层楼地面构造

用生产厂家定型生产的板块材料，在施工现场进行铺设和粘贴的楼地面面层称为板块面层楼地面。

2.3.1　地砖楼地面

地砖楼地面指采用陶瓷地砖、陶瓷锦砖（又称马赛克）、缸砖等板块材料铺设的面层，常见的板块材料有抛光同质地砖、无釉防滑地砖、无光釉面地砖和釉面地砖。地砖优点有很多，如防潮、无味、无毒、耐腐蚀、易清洁、美观等，具体分类如表 2-3 所示。

表 2-3　地砖种类、特点与适用范围

品　种	介　绍	性能特点	适用范围
陶瓷地砖	瓷质砖是以优质陶土为原料，加上其他材料后配成生料，经半干法压型，高温焙烧而成，分有釉和无釉两种。有釉的花色有红、白、浅黄、深黄等多种；无釉的地砖保持砖体本色，质感古朴自然	砖面平整，有光面和麻面。吸水率最大为 2%，烧结程度高，具有优良的耐酸碱性，耐磨性也极强，抗折强度不小于 25 MPa。其有各种形状、多种规格，可组成不同图案，施工方便	适用于人流量较大的地面、楼梯铺贴
仿古砖	仿古砖是上釉的瓷质砖。在烧制过程中，仿古砖经液压机压制，再经高温烧结，其强度较高，具有极强的耐磨性，经过精心研制的仿古砖兼具防水、防滑、耐腐蚀的特性	色彩丰富，有灰、黄色系，古典色系（包括红、咖啡、深黄色系），吸水率低，有凹凸不平的视觉感，有良好的防滑性能，纹理自然	适用于具有特殊风格要求的室内地面及外墙装饰
抛光地砖	抛光砖用黏土和石材的粉末经液压机压制、烧制而成，正面和反面色泽一致，不上釉料，烧好后，表面再经过抛光处理，光滑、漂亮，背面是砖的本色。抛光砖是通体砖的坯体，指表面经过打磨而成的一种光亮的砖	表面光洁、坚硬耐磨，表面有极微小气孔，易渗入灰尘、油污	适用于剧院、饭店、宾馆、商业大厦以及娱乐场所等室内建筑的大厅、走廊的地面、墙面
劈离砖	劈离砖是将原料粉碎，经炼泥、挤压成型、干燥后高温烧结而成，成型时为背面连接的双层砖，烧成的产品从中间劈成两片使用，是一种新型陶瓷墙地砖	吸水率不大于 8%，表面不挂釉的砖块整体风格粗犷，具有优质的耐磨性；表面有釉面的砖块具有丰富的花色，抗折强度大于 18 MPa	适用于室内和室外的地面、墙面铺贴，但釉面劈离砖只适用于室内地面
玻化砖	玻化砖是由石英砂、泥按照一定比例烧制而成，需要打磨光亮，但不需要抛光，表面如玻璃镜面一样光滑透亮，是所有瓷砖中最硬的一种	强度极高、吸水率低、抗冻性强、防潮防腐、耐磨耐压、耐酸碱、防滑	适用于室内地面铺贴
陶瓷锦砖	陶瓷锦砖又名马赛克或纸皮砖，是用优质瓷土磨细成泥浆，脱水至半干时压制成型，后入窑烧制而成，表面有挂釉和不挂釉两种，形状多样，可拼成各式各样织锦似的图案	质地坚实，经久耐用，耐酸、耐碱、耐火、耐磨、不透水、不滑、易清洗、色泽丰富，可根据设计组合各种花色品种，拼成各种花纹	适用于门厅、走廊、浴室、泳池等楼地面，但不宜大面积使用

1. 地砖铺贴图案的设计方法

铺贴地砖的方式并没有定式，可以按照顺序依次铺贴同型号的地砖，也可结合空间的特点、氛围以及设计主题，将标准地砖通过特殊裁切的方式裁成新规格的地砖进行铺贴，或通过调整不同型号地砖的铺贴顺序和方向产生不同的艺术效果。具体的设计方法如下：

（1）设计符合空间整体效果的地砖铺设形式。在地砖色彩的选择上，可以使用单一色彩，也可多种色彩进行搭配。在铺设过程中，一种或多种颜色或型号的地砖组合铺贴，可以达到突出特定空间区域的装饰效果。

（2）确定地砖的品种和型号。有时采用单一品种的单个型号就能达到设计效果，有时则需要多个品种、多个型号进行协调组合才能达到预期的装饰效果。

（3）采用多种铺设形式营造不同的地面装饰艺术效果，可以采用传统二方连续、四方连续、不规则跳跃的方式，或其他多种构成组合形式，并通过色彩、纹理对比与协调达到设计所需的艺术效果，最终确定实施方案，绘制施工图样。可以利用计算机控制与水刀切割技术，将地砖精确地切割成设计师想要的形状。

2. 地砖楼地面施工工艺

铺贴地砖一般可分为如下九个步骤：

（1）试拼。根据地砖的图样要求将房间的地砖按照纹理、颜色、图案进行试拼，成功后排序、编号，方便后续铺贴。

（2）弹线。先按“五米线”找水平，然后弹击互相垂直的控制十字线，这样能保证地砖的位置处于垂直、水平状态，还方便检查。

（3）试排。在房间两个相互垂直的方向铺干砂试排，检查地砖及石材等的缝隙，核对它们与墙体、柱子等部位的相对位置。

（4）清基层。先清洁混凝土基层，有凸出或凹陷的位置要及时修补，然后在地面上洒水，使其保持湿润，从而提高地砖与基层的黏结强度。

（5）铺砂浆。房间由内向外有序摊铺干硬性水泥砂浆（水泥与沙子的比例为 1 : 3），基层铺满后要先用刮尺刮平、压实，然后用抹子找平，砂浆厚度应比水平线定的找平层厚度稍高。

（6）铺贴地砖。在铺设地砖前先将地砖用水浸湿，然后清洁地砖背面，按照编号试铺在水泥砂浆上，确定图样完整后再在砖背面涂素水泥浆，正式开始铺贴。铺贴过程中，地砖的四个角要同时落下，保证其与水泥砂浆均匀接触，其标高应比标线高出 20 ～ 30 mm，在砖块外表面垫上木板，用木锤或橡胶锤轻轻敲击，用水平尺找平。

（7）灌浆、擦缝。地砖全部铺设完成后放置 1 ～ 2 d 再进行灌浆、擦缝，灌浆擦缝材料应选用与地面材料相同的 1 : 1 稀水泥浆。铺装完成 24 h 后需要在地砖表面洒水，2 d 之内严禁踩踏。

（8）清洁打蜡。对完工清洁后的地面进行打蜡，使其表面产生较好的光亮感。

（9）地砖铺贴的验收。地面地砖的铺装要牢固，位置要正确，保留流水坡；地砖的宽窄要均匀，接缝处要保持平直，且地砖棱角没有破损；地砖整体色泽和谐、图案精准、干净整洁；拉线检查误差应小于 2 mm，用 2 m 靠尺检查平整度误差应小于 1 mm。

3. 地砖楼地面装饰构造

普通地砖楼地面铺设通常分为三个层次，垫层为 60 mm 厚混凝土，结合层用 15 ～ 20 mm 厚的 1 : 3 干硬性水泥砂浆找平，面层铺设地砖并用勾缝剂填缝，浴室、厕所等房间地砖楼面需要增加防水层，常见的地砖楼地面构造如图 2-10 ～图 2-12 所示。

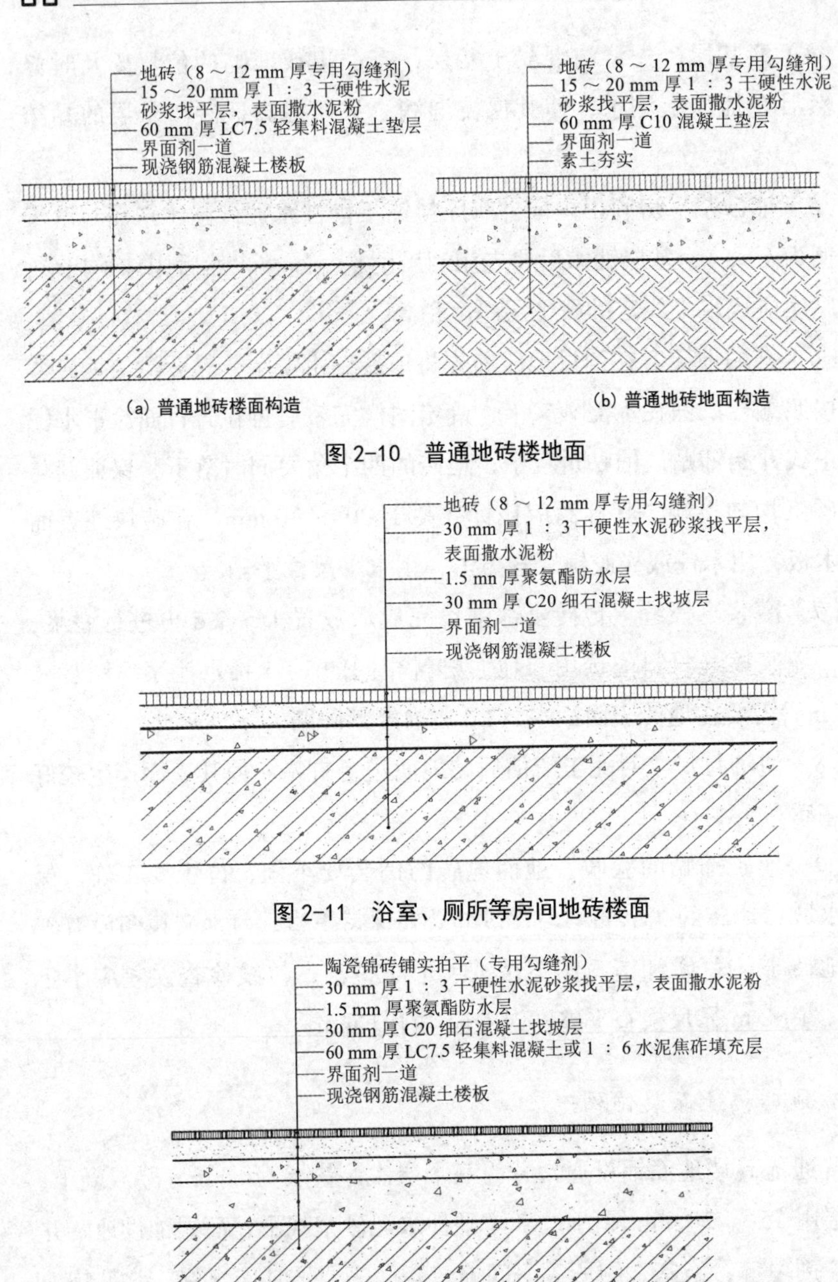

图 2-10　普通地砖楼地面

图 2-11　浴室、厕所等房间地砖楼面

图 2-12　陶瓷锦砖地面

2.3.2　石材楼地面

1. 石材楼地面的材料类型

石材楼地面有大理石、花岗石、人造石、碎拼大理石等几类。天然大理石有美丽的天然纹理，表面硬度不大，化学稳定性和大气稳定性较差，一般用于室内。天然花岗石硬度高，并且耐磨、耐压、耐腐蚀，适用于室内外地面。人造石材花纹图案可以人为控制，花色可以模仿大理石、花岗石，其抗污力、耐久性及可加工性均优于天然石材。碎拼大理石是用各种花色的大理石边角料，经挑选分类并加以整形后有规则或无规则地拼接铺贴于地面之上，具有美观大方、经济实用等优点。

2. 石材楼地面铺设的基本构造

石材楼地面铺设时，首先在混凝土基层表面刷素水泥浆界面剂一道，然后铺 60 mm 厚混凝土垫层，再用 15 ～ 20 mm 厚的 1 ∶ 3 干硬性水泥砂浆找平，最后按定位线铺石材。待全部材料干硬后用素水泥浆填缝嵌实，如图 2-13 所示。

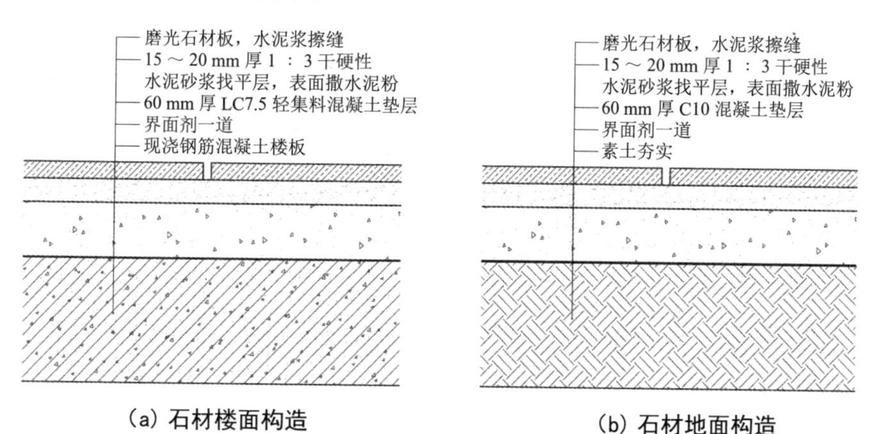

(a) 石材楼面构造　　(b) 石材地面构造

图 2-13　石材楼地面装饰构造

2.4 木楼地面构造

2.4.1 木楼地面特点

木楼地面是指面层由木地板、竹地板、软木地板等（包括免刨免漆类）铺钉或胶合而成的楼地面，具有自重轻、保温性好、有弹性、纹理美观、质感舒适等特点，常用于儿童房、卧室、健身房、比赛场、舞台等室内。

2.4.2 木楼地面类型

（1）按面层使用材料，有实木地板、强化复合地板、软木地板和竹材地板等。其形状有长条木地板、拼花木地板两种，组合造型丰富多样，既可用同一种木纹、花色的地板条组合，也可用不同木纹花色的地板条组合。木楼地面拼花组合造型如图 2-14 所示。

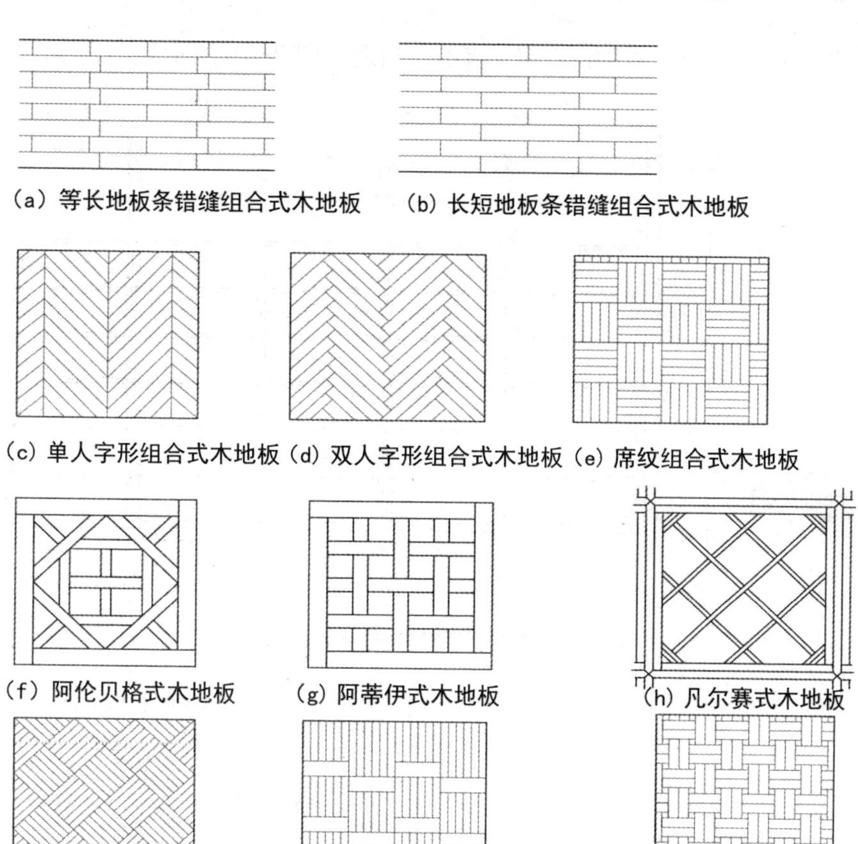

图 2-14　木地板拼花组合造型示意图

（2）按构造形式可分为架空式和非架空式两种。架空式木楼地面是指有地垄墙的木楼地面；非架空式木楼地面是指无地垄墙的木楼地面，可分为空铺式、实铺式和粘贴式三种。

2.4.3　木楼地面的基本构造

1. 架空式木地面

架空式木地面一般用于地面高差较大处（如会场主席台、舞台等）

的楼地面，平面布置如图 2-15 所示，构造如图 2-16 所示。

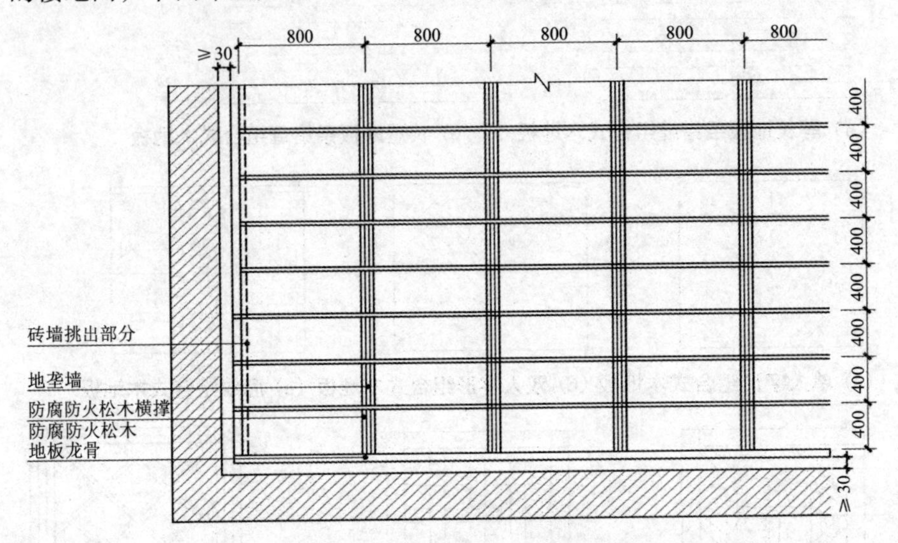

图 2-15 架空式木地面平面布置示意图

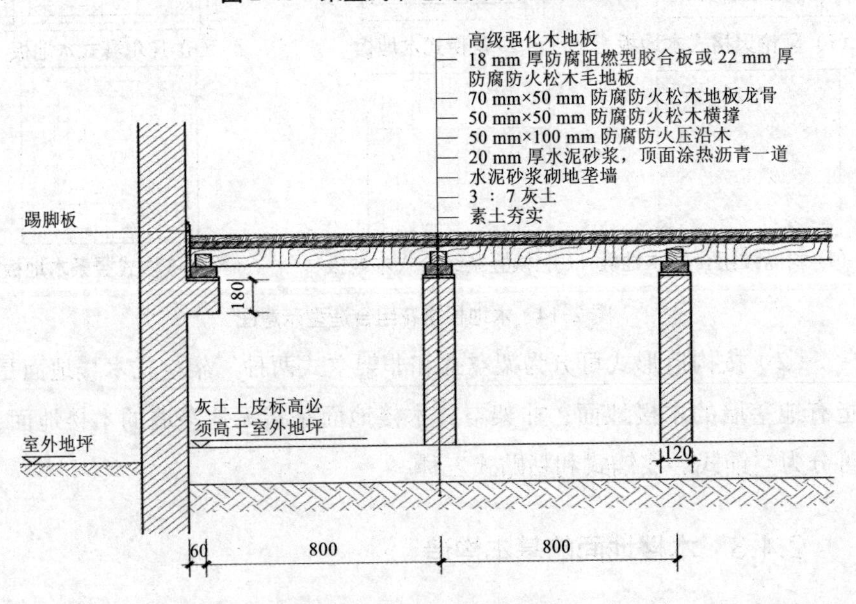

图 2-16 架空式木地面构造

木龙骨的安装：将梯形或矩形截面的木龙骨铺于钢筋混凝土楼板或混凝土垫层上，间距一般为 400 mm。在木龙骨之间，设横撑增加整体性，间距为 800 mm。木龙骨与基层应有牢固的连接，可通过在找平层中预埋的镀锌钢丝、细钢丝或螺栓进行固定。固定点的间距不宜大于 600 mm。为使木龙骨达到设计标高，必要时可以在龙骨下加垫块。如果需要改善保温、隔声等效果，可在龙骨之间填充轻质材料，如干焦砟、矿棉毡、石灰炉渣等。为防虫害，可加铺防虫剂等。

木地板拼缝一般有企口缝、截口缝、压口缝等，如图 2-17 所示。

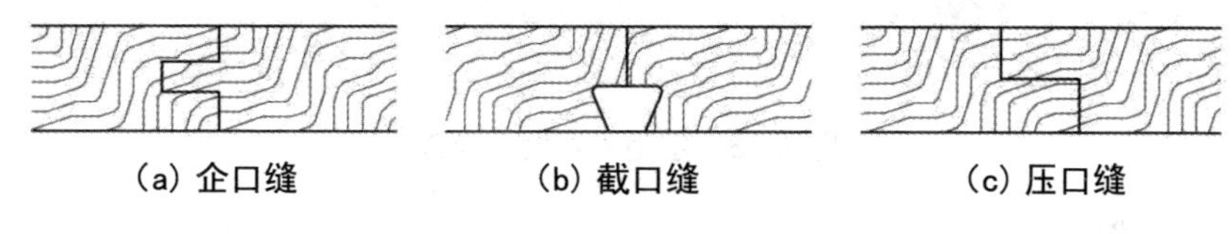

(a) 企口缝　(b) 截口缝　(c) 压口缝

图 2-17　木地板拼缝形式

木地板面板有实木板和复合板两类。其中，实木板以杂木为主，常见的有樱桃木、柳桉、水曲柳、柞木等；复合板采用强化复合板，是以硬质纤维板，中、高密度纤维板或刨花板为基层的高度耐磨面层、装饰层以及防潮平衡复合而成的企口板材，一般厚 8 mm，宽 80 ～ 200 mm。实木板面层的固定方式主要以钉接固定为主，可分为单层钉接和双层钉接两种。单层钉接是将面层板条直接钉在木龙骨之上。而双层钉接是先将毛地板与龙骨成 30° 或 45° 铺钉在木龙骨上，然后以 45° 将面板铺钉在毛板上。毛板采用普通木板，如松木、杉木等。面板铺钉采用暗钉法。钉子以 45° 或 60° 角钉入，可使接缝进一步靠紧，并增加地板的坚固程度，防止使用时钉子向上翘起。如面层使用强化复合双层木地板，除钉接固定外，也可将复合地板直接铺在毛地板上。

现在的地板大多用复合地板、免漆免刨实木地板，安装工序完成后一般只需要对地板进行打蜡保护；少数拼花或软木地板则需要打磨或者涂油漆。

2. 空铺式木地面

空铺式木地面是先在结构基层上固定木龙骨，再将木地板铺钉在木龙骨上。空铺式木地面构造如图 2-18 所示。

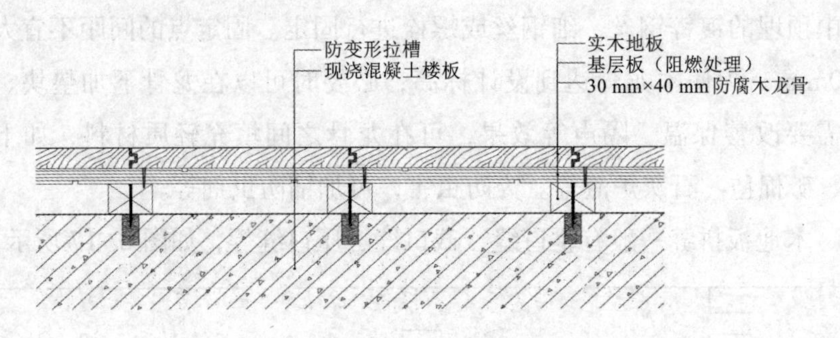

图 2-18　空铺式木地面构造

3. 实铺式木地面

实铺式木地面是将强化木地板直接浮搁、胶黏于地面基层上。其特点是不设置木龙骨，一般也不铺基层板，施工简单，造价较低。实铺式木地面构造如图 2-19 所示。

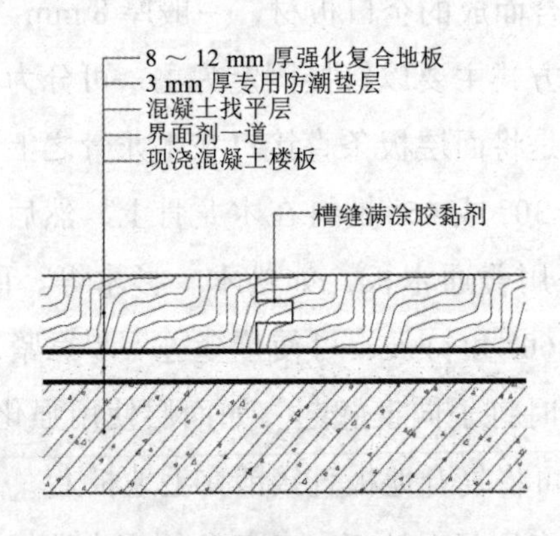

图 2-19　实铺式木地面构造

4. 粘贴式木地面

粘贴式木地面是将面层地板直接浮搁、胶黏于地面基层上。其特点是不设置木龙骨，一般也不铺基层板，施工简单，造价较低。粘贴式木地面构造如图 2-20 所示。

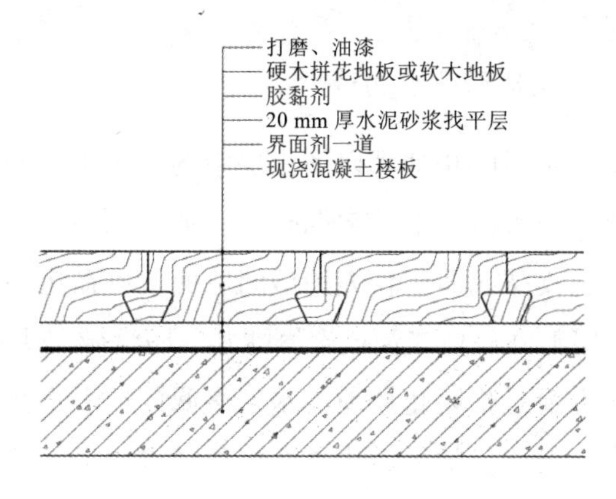

图 2-20　粘贴式木地面构造

2.5　特殊楼地面构造

2.5.1　防潮防水楼地面

建筑中的地下室、盥洗室、厕所、厨房、浴室等长期受到潮气和水的作用，一般房间在清洗护理时，楼地面也有可能接触水源。因此，在楼地面装饰工程中，防潮与防水的构造处理就显得非常必要和突出。

1. 楼地面防水处理方法

楼地面防水处理主要从两方面着手考虑：一是排除楼地面积水；二是楼地面自身采取防水保护措施。

排除积水，即对于盥洗室等有水体作用的房间楼地面，应及时将水排到排水管网。处理方法是将楼地面做成一定坡度，并设置地漏，水流可沿坡面汇于地漏，排入管网。排水坡度一般为 0.5% ～ 1.5%。为防止室内积水外溢，有水的房间（如卫生间）楼地面应低于走廊或其他房间 20 ～ 50 mm，或在门口设置高出地面 20 ～ 50 mm 的门槛。

2. 地面防潮及楼地面防水构造

地面防潮主要是指防止地坪以下土层中的无压水，如毛细管水等对地坪面层的侵蚀。一般情况下，素混凝土、细石混凝土等垫层即可起到防潮的作用。要求较高或面积较大的房间地面，可在垫层下面加做一层找平层，在找平层上做一毡二油或聚氨酯膜，防潮效果更好。

楼地面防水主要是指防止楼地面水的渗漏或地下水浮力渗透的作用对楼地面装饰造成损害。常见做法是在楼板结构层上、地坪垫层下加做一层找平层，在其上做防水层。防水层一般采用油毡卷材或防水涂膜材料来做。

（1）卷材防水层，一般采用石油沥青油毡或高分子聚合物改性沥青油毡等材料。构造做法是二毡三油（沥青油毡）或冷涂（热熔也可）铺贴1～3 mm厚改性沥青油毡，施于20 mm厚1 ∶ 3水泥砂浆找平层之上。

（2）涂膜防水层，一般采用聚氨酯、硅橡胶等防水涂料。聚氨酯防水层构造做法是在20 mm厚1 ∶ 3水泥砂浆找平层表面滚刷底涂一层，再刷聚氨酯防水涂膜层两层。

防水层在楼地面与墙面交接处应沿墙四周卷起150 mm高，以防止水体对墙面造成损害。

对于地下室防水，一般在建筑设计中采用外包防水加以处理，如室内装饰标准较高，也可先沿室内地面及四周墙体做内包防水处理，然后进行地面、墙面等装饰工程的施工。

楼地面防水构造处理如表2-4所示。

表2-4 楼地面防水构造

防水层类型	图 示	说 明
防水砂浆	① ② ③	①刚性整体或块料面层及结合层 ②1 : 2防水水泥砂浆沿墙翻起150 mm ③混凝土垫层或楼板

续　表

防水层类型	图　示	说　明
油毡	① ② ③ ④	①刚性整体或块料面层及结合层 ②二毡三油上热嵌粗砂一层，沿墙翻起 150 mm ③找平层上刷冷底子油一道 ④混凝土垫层或楼板
防水涂料	① ② ③ ④	①刚性整体或块料面层及结合层 ② C20 细石混凝土 ③玻璃布一层防水涂料二层沿墙翻起 150 mm ④混凝土垫层或楼板上做找平层
玻璃布及防水涂料	① ② ③ ④ ⑤	①刚性整体或块料面层及结合层 ② C20 细石混凝土 ③玻璃布一层防水涂料二层沿墙翻起 150 mm ④找平层 ⑤混凝土垫层或楼板

2.5.2　隔声楼地面

为了防止噪声通过楼板传到上下相邻的房间，影响其使用，楼板层应具有一定的隔声能力。不同使用性质的房间对隔声的要求不同，如表 2-5 所示。

表 2-5　民用建筑撞击声隔声标准

楼板部位	计权标准化撞击声压级 /dB		
	一级	二级	三级
住宅分户层间楼板	≤ 65	≤ 75	≤ 75
医院病房之间	≤ 65	≤ 75	≤ 75
旅馆客房之间	≤ 65	≤ 75	≤ 75

噪声的传播途径有空气传声和固体传声两种。说话声、乐器声等都是通过空气传播的。隔绝空气传声可采取使楼板密实、无裂缝的方法。固体传声是指步履声、移动家具对楼板的撞击声、缝纫机和洗衣机振动对楼板发出的噪声等，是通过固体（楼板层）传递的。由于声音在固体中传递时声能衰减很少，所以固体传声较空气传声的影响更大。因此，

楼板层隔声主要是针对固体传声。

隔绝固体传声对下层空间的影响的方法之一是在楼板面铺设弹性面层，如铺设地毯、橡皮、塑料等，以减弱撞击楼板时所产生的振动及其声能。在钢筋混凝土楼板上铺设地毯，噪声通过量可控制在 75 dB 以内（钢筋混凝土空心楼板不做隔声处理，通过的噪声为 80 ～ 85 dB；钢筋混凝土槽板、密肋楼板不做隔声处理，通过的噪声在 85 dB 以上）。这种方法比较简单，隔声效果也较好，同时起到了装饰作用，是目前使用较广泛的一种方法。

第二种隔绝固体传声的方法是设置片状、条状或块状的弹性垫层，其上做面层形成浮筑式楼板。这种楼板是通过弹性垫层的设置来减弱由面层传来的固体声能，达到隔声目的，如图 2-21 所示。浮筑式楼板虽然与面层处理相比增加造价不多，效果也好，但施工麻烦，因而采用较少。

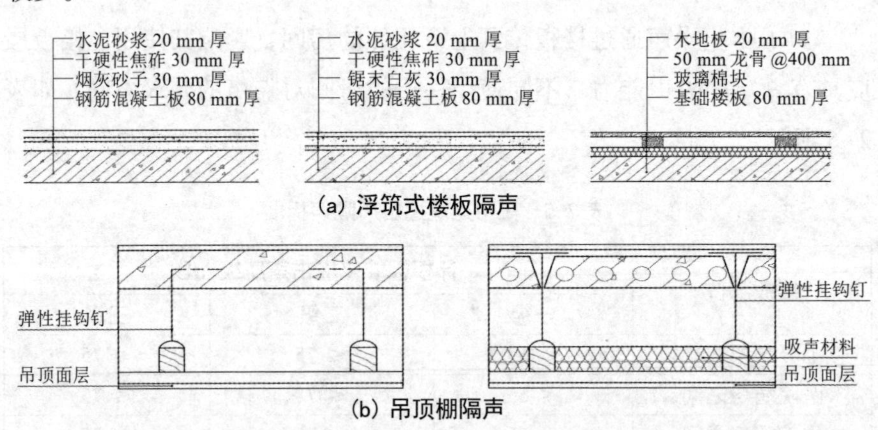

图 2-21　隔绝固体传声楼板构造

第三种方法是结合室内空间的要求，在楼板下设置吊顶棚（吊顶），使撞击楼板产生的振动不能直接传入下层空间，可在楼板与顶棚上铺设吸声材料加强隔声效果。

2.5.3　活动夹层地板

活动夹层地板是一种新型的楼地面结构，是由以各种装饰板材经高分子合成胶黏剂胶合而成的活动木地板、抗静电特性的铸铅活动地板和复合抗静电活动地板等，配以龙骨、橡胶垫、橡胶条和可供调节的金属支架等组成。具有安装、调试、清理、维修简便，其下可敷设多条管道和各种导线，并可随意开启检查、迁移等优点，广泛用于计算机房、通信中心、电化教室、展览台、剧场舞台等建筑。活动夹层地板装饰构造如图 2-22 所示。

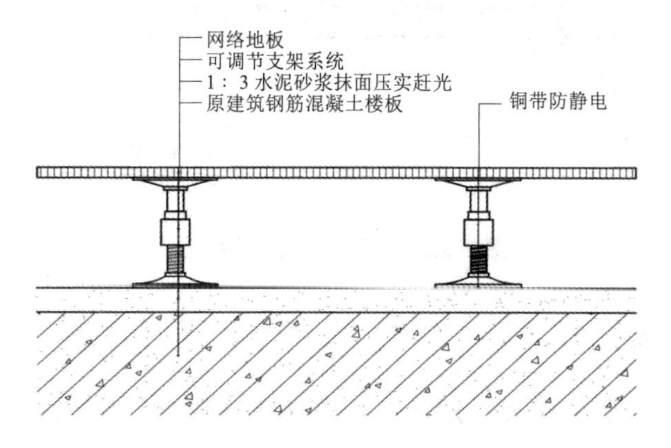

图 2-22　活动夹层地板装饰构造

活动夹层地板有拆装式支架、固定式支架、卡锁格栅式支架、刚性龙骨支架四种。

拆装式支架是用于小面积房间的典型支架。从基层到装饰地板的高度可在 50 mm 范围内调节，并可连接电器插座。

固定式支架无龙骨，每块板直接固定在支撑盘上。用于普通荷载的办公室、非电子计算机房等房间。

卡锁格栅式支架将龙骨卡锁在支撑盘上，使用这种格栅便于任意拆装。

刚性龙骨支架是将主龙骨跨在支撑盘上，用螺栓直接固定，多用于放置大型设备。

2.5.4 地暖楼地面

以热水为热媒的低温热水地面辐射供暖和通过供电的发热元件（电缆）地面辐射供暖俗称“地暖”，地暖具有舒适性、节能性和适应性等优点，越来越多地应用于民用和公共建筑物中。地暖楼地面装饰构造如图 2-23 所示。

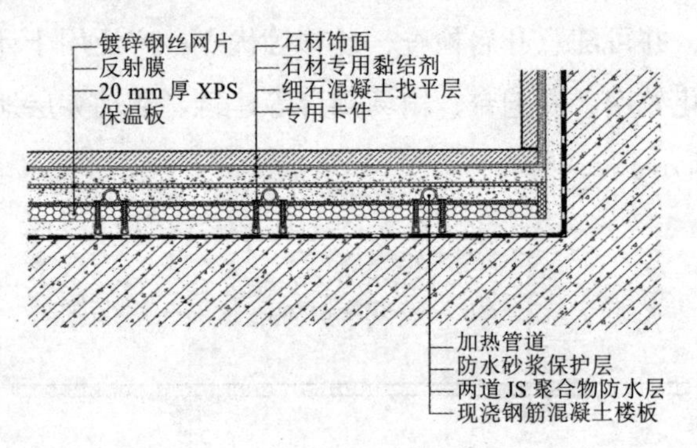

图 2-23 地暖楼地面装饰构造

1. 绝热层做法

绝热层一般做在找平层上，要求导热系数小、难燃或不燃，具有足够承载力，不得有散发异味和可能危害健康的挥发物。现工程中一般采用聚苯乙烯泡沫塑料板，厚度采用 20 ～ 40 mm。当地面不需要做找平层时，可直接将保温板平铺在楼板面上，保温板要平整，板块接缝应严密，下部无空鼓及突起现象。保温板与四周墙壁之间留出伸缩缝，可采用 20 mm 厚的泡沫塑料板条填充。在保温板面上铺一层反射膜，反射膜（铝箔纸）要求平整，不应有任何凹凸杂物并完全覆盖保温板。由于聚苯乙烯泡沫塑料板的表面强度较差，施工时通常在其表面上加一层金属丝网来固定加热管。金属丝网的规格为 1 m×2 m，间距为 100 mm×100 mm。

2. 填充层及面层做法

细石混凝土的搅拌、运输、浇筑、振捣和养护等一系列施工要求应符合现行的国家标准《混凝土结构工程施工质量验收规范》(GB 50204—2015)。贮热混凝土层一般为 C15 标号的细石混凝土，厚度为 50 mm 左右，细石平均粒径不大于 12 mm。细石混凝土配置时，应准确计量各种材料的用量，严格控制水灰比，防止用水过多易造成的龟裂现象。细石混凝土宜采用机械搅拌，搅拌必须均匀；混凝土层的浇筑，应采用人工振捣压实拍平，保证混凝土密实和达到强度等级。混凝土层养护期不少于 21 d，当地暖上部细石混凝土养护达到设计强度后，上部方可上人进行其他工作。为防止混凝土层因热膨胀而破坏，应采取补偿措施，即设置伸缩缝。伸缩缝从绝热层上边缘到填充层上边缘。当供热面积超过 30 ㎡或长边超过 6 m 时，填充层应设置间距不大于 6 m 的伸缩缝，伸缩缝宽度不小于 8 mm，缝中填充弹性膨胀材料。与墙、柱的交接处，应填充厚度不小于 10 mm 的弹性膨胀材料，膨胀缝材料宜采用高发泡聚乙烯泡沫塑料。

2.6　楼地面特殊部位的装饰构造

2.6.1　踢脚板装饰构造

踢脚板是楼地面与墙面相交处的构造处理。设置踢脚板的作用是遮盖楼地面与墙面的接缝，保护墙面底部的整洁，并使其不易被外力破坏，同时使室内装饰细节更加美观。踢脚板的高度一般为 100 ～ 150 mm，常见材料的踢脚板材料有金属、石材、木质等，具体构造如图 2-24 所示。

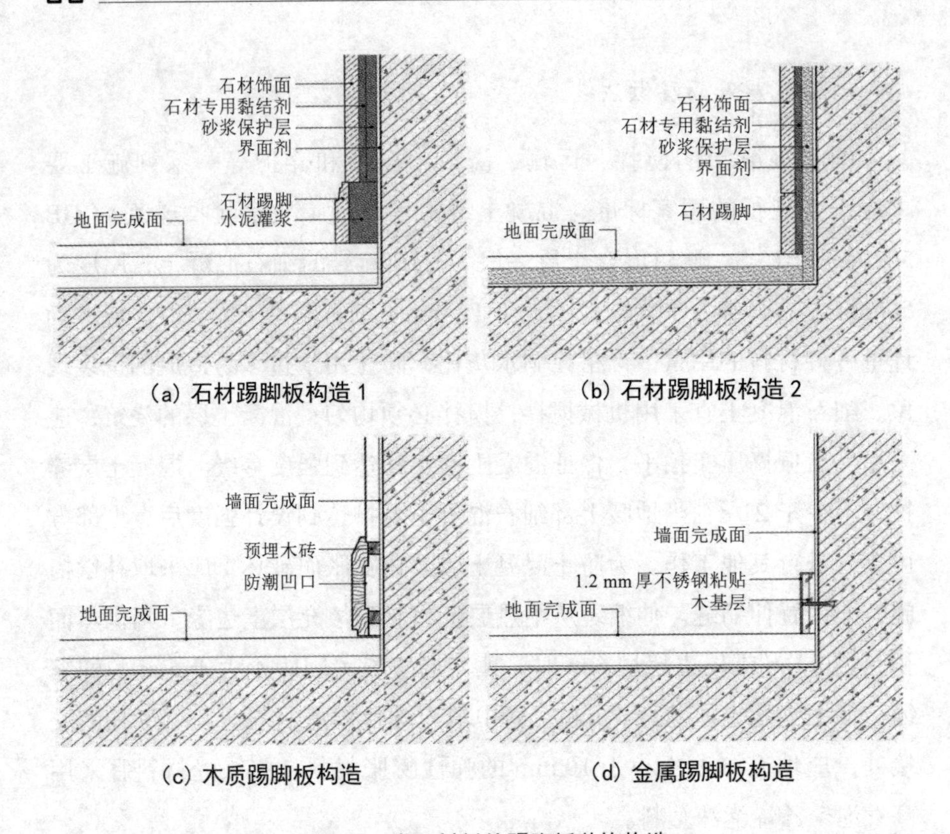

(a) 石材踢脚板构造 1　　(b) 石材踢脚板构造 2

(c) 木质踢脚板构造　　(d) 金属踢脚板构造

图 2-24　常见材料的踢脚板装饰构造

2.6.2　楼地面交界处的过渡构造

室内空间会根据不同的使用功能采用不同的地面装饰材质，有时即使是同一功能的室内空间也会采用不同的地面装饰材质，不同材质楼地面交界处均应进行过渡构造处理，以免出现起翘或参差不齐的现象。常见的楼地面交界处的过渡构造如图 2-25 所示。

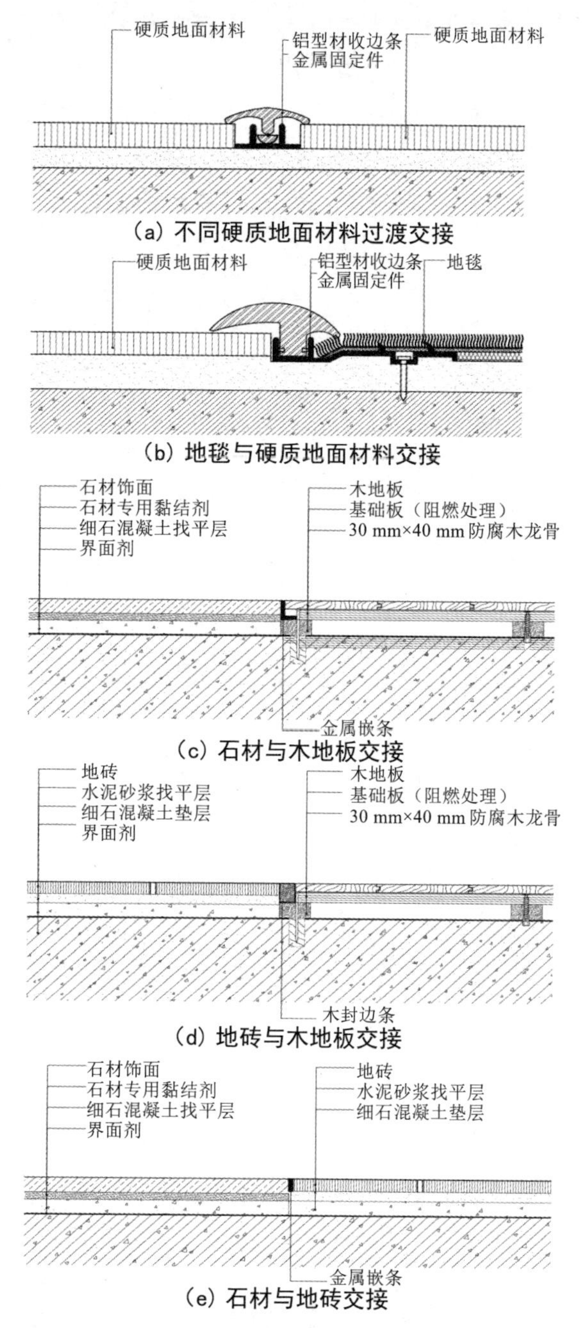

图 2-25　常见不同材质楼地面交界处装饰构造

3

第3章　建筑室内墙面的装饰构造

3.1　建筑室内墙面装饰概述

3.1.1　墙面装饰的作用

墙体是建筑物的重要组成部分，是建筑物竖直方向的主要构件，起分割、围护、承重等作用，也具有隔热、保温、隔声等功能。建筑的墙面装饰根据部位可分为建筑室外墙面装饰和建筑室内墙面装饰。建筑室内墙面装饰要满足房屋的使用功能要求，通过对建筑内部墙体装饰面的色彩、造型、材质、尺寸等要素的整体把控和设计，营造出美观舒适的室内空间环境，如图 3-1 所示。

图 3-1　墙面装饰实例

3.1.2　建筑室内墙面装饰的构造层次

建筑室内墙面装饰的基本构造层次一般分为基层和饰面层两部分。

1. 基层

基层是饰面层所依托的结构层，可分为实体基层和骨架基层两种，基层应坚实、平整。

2. 饰面层

饰面层覆盖于基层表面，直接展现在室内空间之中，起美化装饰作用。

3.1.3 建筑室内墙面装饰的分类

建筑室内墙面装饰应根据不同的使用条件、装饰要求选择相应的材料和构造做法。建筑室内墙面装饰常用的有涂刷类饰面、饰面砖（板）类饰面、罩面板类饰面、裱糊与软包类饰面。

3.2 涂刷类饰面的装饰构造

涂刷类饰面是在建筑室内墙柱面基层上，先经批刮腻子处理使墙柱面平整，然后涂刷选定的建筑涂料所形成的一种饰面。建筑涂料按涂膜外观透明状况可分为清漆、色漆等；按漆膜外观光泽可分为亮光漆、亚光漆等；按主要成膜物进行分类，则有油基漆、含油合成树脂漆、不含油合成树脂漆、现有衍生物漆、橡胶衍生物漆等。

3.2.1 涂刷类饰面的特点

涂刷类饰面具有工效高、工期短、材料用量少、自重轻、造价低、维修更新方便的特点，因其丰富的色彩和品种，可以为建筑室内装饰设计提供灵活多样的表现手段。涂料所形成的图层薄且平滑，因此涂刷类饰面的装饰作用主要在于改变墙柱面色彩，而不在于改善质感。

3.2.2　涂刷类饰面的构造

涂刷类饰面的涂层构造通常为底层、中间层和面层三层，如表 3-1 所示。

表 3-1　涂刷类饰面的构造

构造层次	说　明	主要功能
底层	底层是在满刮腻子找平的基层上直接涂刷，俗称刷底漆	1. 增加基层之间的黏附力 2. 进一步清理基层表面的灰尘，使一部分悬浮的灰尘颗粒固定于基层 3. 具有基层封闭剂的封底作用，可以防止木脂、水泥砂浆抹灰层中的可溶性盐等物质渗出表面，避免对涂饰饰面造成破坏
中间层	中间层是整个涂层构造中的成型层	1. 通过适当的工艺，形成具有一定厚度、匀实饱满的涂层，达到保护基层的目的 2. 质量优良的中间层不仅可以保证涂层的耐久性、耐水性和强度，在某些情况下还对基层起到补强的作用
面层	面层是整个涂层构造中的表面层	1. 体现涂层的色彩和光感，提高饰面层的耐久性和耐污染能力 2. 面层最低限度应涂刷两遍，可以保证涂层色彩均匀，并满足耐久性、耐磨性等方面的要求

不同墙体基层的涂刷类饰面的构造做法如图 3-2 所示。

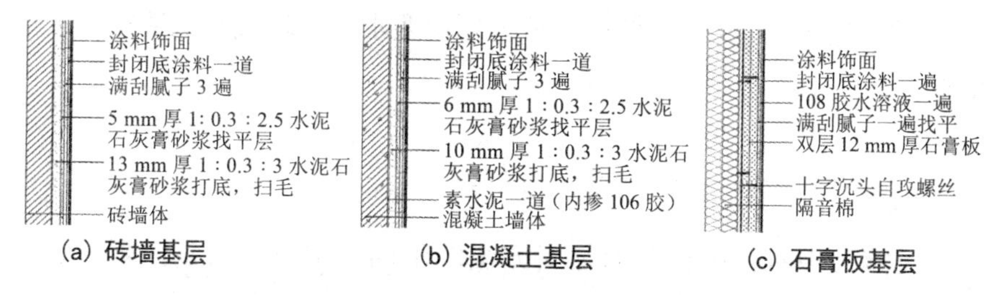

(a) 砖墙基层　(b) 混凝土基层　(c) 石膏板基层

图 3-2　不同墙体基层的涂刷类饰面构造

3.3 饰面砖（板）类饰面的装饰构造

3.3.1 饰面砖（板）类饰面装饰构造的种类和特点

建筑室内饰面砖（板）类饰面是指采用天然或人造的具有装饰性与耐水、耐腐蚀性良好的板、块材料，通过直接粘贴或构造连接于墙体上的装饰构造。饰面砖（板）材料包括烧成的陶瓷制品，如釉面砖、陶瓷锦砖、玻璃马赛克等，以及人造或天然石材，如大理石、花岗石、青石板等。饰面砖（板）类饰面具有坚固耐用、色泽稳定、易清洗、耐腐蚀、防水、装饰效果丰富的特点。

3.3.2 石材饰面的装饰构造

石材饰面的装饰材料可分为天然石材与人造石材。天然石材是从天然岩体中开采后加工成块状的具有装饰性的建筑装饰材料。天然石材质地坚硬、密实、耐久、耐磨，其颜色、花纹、斑点具有独特的自然美，使用天然石材装饰的墙面具有庄重、典雅、富丽堂皇的装饰效果，如天然大理石和天然花岗岩等。人造石材是以不饱和聚酯树脂为黏结剂，配以天然大理石或方解石、白云石、硅砂、玻璃粉等无机物粉料，以及适量的阻燃剂、颜色等，经配料混合、瓷铸、振动压缩、挤压等方法成型固化制成的。其材质特性符合绿色环保要求，在现代建筑装饰中广泛应用。

1. 石材饰面的特性、种类、规格

天然大理石：根据表面加工方法的不同，主要分为镜面板材、亚光板材、粗面板材。天然大理石属于中硬石材，其质地密实，可以锯成薄板，多数经过磨光打蜡，加工成表面光滑的板材，但其表面硬度并不大，而且化学稳定性和大气稳定性欠佳。大多数大理石宜用于室内墙面、柱面、地面、楼梯的踏步面、服务台等，一些色泽较纯的大理石还被广泛运用于高档卫生间等的台面。天然大理石板厚度一般为 6 mm 以上，包括 6 mm、12 mm、15 mm、20 mm、30 mm 这样的标准厚度，长、宽规格尺寸如表 3–2 所示。

表 3–2　天然大理石材料常用规格

（长 × 宽）/mm	（长 × 宽）/mm	（长 × 宽）/mm	（长 × 宽）/mm
300×150	400×200	610×610	1 070×750
300×300	400×400	900×600	1 200×600
305×152	600×300	915×610	1 200×900
305×305	600×600	1 067×762	1 200×915

天然花岗岩：主要有磨光板材、亚光板材、烧毛板材、机刨板材、剁斧板材、蘑菇石等。天然花岗岩属于硬石材，常呈整体的均粒状结构，其构造致密，光亮如镜，质感丰富，抗压强度较高，孔隙率及吸水率极小，抗冻性和耐磨性较好，并具有良好的抵抗风化性能。天然花岗岩既可用于宾馆、商场、银行和影剧院等大型公共建筑的室内外墙面和柱面的装饰，也适用于地面、台阶、楼梯水池和服务台的面层装饰。天然花岗石板铺贴的厚度一般为 10 ～ 20 mm，墙面干挂厚度不小于 25 mm，长、宽规格尺寸如表 3–3 所示。

表 3–3　天然花岗岩材料常用规格

（长 × 宽）/mm	（长 × 宽）/mm	（长 × 宽）/mm	（长 × 宽）/mm
300×200	600×300	610×610	1 067×762
305×305	600×600	900×600	1 070×750
400×400	610×305	915×610	—

人造大理石饰面板：也称合成石饰面板，俗称人造大理石，是仿天然大理石的纹理预制生产的一种墙面装饰材料，因其所用材料和生产工

艺的不同大致可分为四类，即聚酯型人造大理石、无机胶结材型人造大理石、复合型人造大理石和烧结型人造大理石。与天然石材相比，人造石材具有色彩艳丽、光洁度高、颜色均匀一致、抗压耐磨、韧性好、结构致密、坚固耐用、比重轻、不吸水、耐侵蚀风化、色差小、不褪色、放射性低等优点，其色彩和花纹均可根据设计意图制作，还可制成弧形、曲面等几何形状。人造大理石饰面板长、宽、厚规格尺寸如表 3-4 所示。

表 3-4　人造大理石材料常用规格

（长 × 宽 × 厚）/mm	（长 × 宽 × 厚）/mm	（长 × 宽 × 厚）/mm	（长 × 宽 × 厚）/mm
300×300×10	400×400×10	500×500×10	400×400×12
300×300×12	400×600×15	300×600×15	400×400×15
800×800×15	600×1 200×20	—	—

2. *石材饰面的选材和使用*

装饰石材挑选的三个要点如下：一是选择的石材花色、品种应符合设计要求，与室内设计整体风格相呼应，且对石材特性有一定了解，避免用材不当；二是选材时应注意石材纹理走向，加工好的石材需要按照顺序编号预拼、选色对纹，由设计人员或监理确认无误后方可使用；三是识别饰面石材质量，需要注意天然石材和人造石材的差异，所选的花岗岩或大理石饰面材料必须质地密实。

3. *石材饰面的构造方法*

人造石材、天然石材板内墙饰面构造做法基本上与外墙相同，也可分为传统钢筋网挂贴法、干挂法、粘贴法。

（1）钢筋网挂贴法。钢筋网挂贴法需要在主体结构上用膨胀螺栓固定钢筋，先将石材通过铜丝固定在钢筋或钢筋网上，然后灌注水泥砂浆促使其粘牢固。以大理石贴面为例，其具体做法是在墙面预埋铁件固定沿墙面的钢筋网，将加工成薄材的石材绑扎在钢筋网上，墙面与石材之间的距离一般为 30 ～ 50 mm，并在缝中分层灌注 1 ： 2.5 水泥砂浆，待初凝后再灌上一层。若多层石材贴面，则每层离上口 80 ～ 100 mm 时停止灌浆，留待上一层再灌，以使上下连成整体。钢筋网挂贴湿作业法如图 3-3 所示。

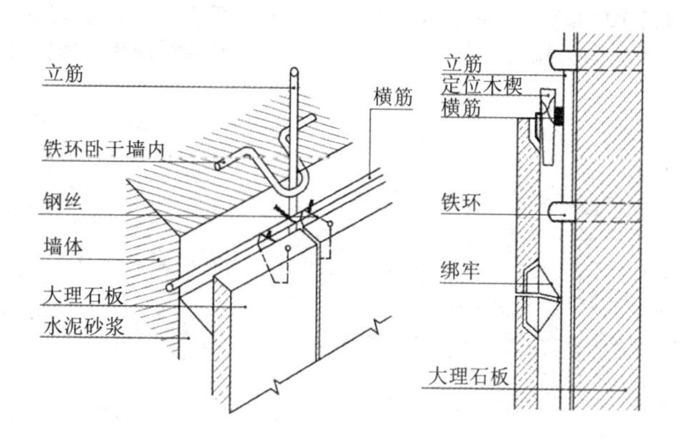

图 3-3　钢筋网挂贴湿作业法

（2）干挂法。干挂法是对石材进行打孔或开槽，采用连接件与钢架连接，或通过连接件直接固定在墙面上的石材饰面构造方法。干挂法用于建筑室内的剪力墙、柱子时可以先直接采用膨胀螺栓固定角钢，然后进行石材干挂；用于轻质砖墙时则采用独立钢架结构干挂，钢架一般“顶天立地”固定，在建筑圈梁处会进行加固处理。墙体与饰面石材之间留 80 ～ 150 mm 空气流通层，无须对其进行水泥灌注。干挂法的具体构造做法如图 3-4 所示。

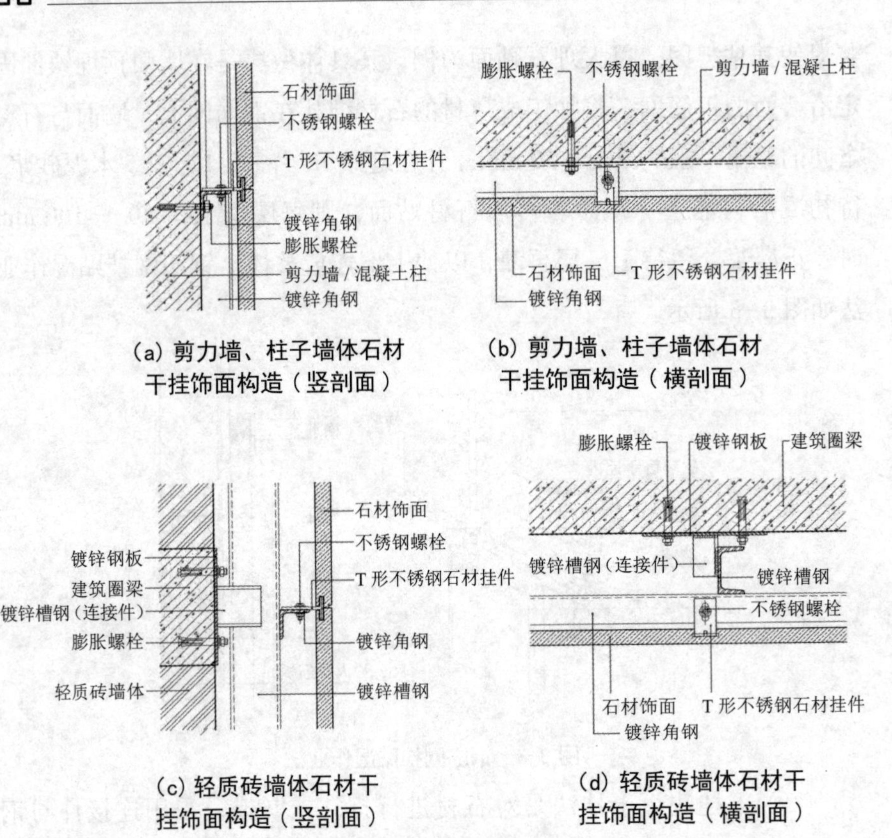

图3-4　石材饰面干挂法示意

（3）粘贴法。粘贴法又可分为聚酯砂浆粉黏结法和树脂胶黏结法。树脂胶黏结法具有施工简便、经济、可靠、快捷的优点。在我国，目前采用树脂胶粘贴在石材板饰面施工中，树脂黏结剂基本上采用进口产品，如澳大利亚美之宝大力胶。大力胶是一种水溶性环氧树脂聚合胶黏剂，分慢干型（PM）、快干型（PF）、透明型（69DEL）三种。采用大力胶粘贴石材板不仅具有干挂法的优点，还有施工周期短，进度快，任何复杂的墙面、柱面造型均可施工，施工高度不受限制，综合造价比其他构造做法低的优点。

大力胶粘贴石材板有以下三种构造做法：

①直接粘贴法。如图3-5所示，适用于高度≤9 m的建筑内墙及

石材饰面板与墙面净空距离≤ 5 mm 者。

②粘贴锚固法。如图 3-6 所示，适用于高度＞9 m 的建筑内墙。

③钢架粘贴法。如图 3-7 所示，适用于石材饰面板粘贴于钢架上的墙、柱面上。

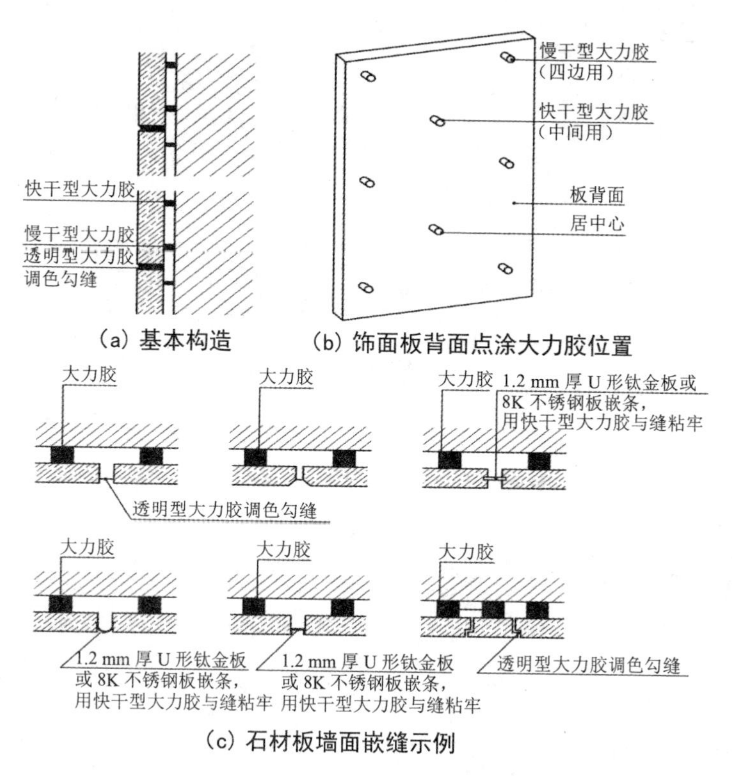

图 3-5　石材饰面直接粘贴法构造

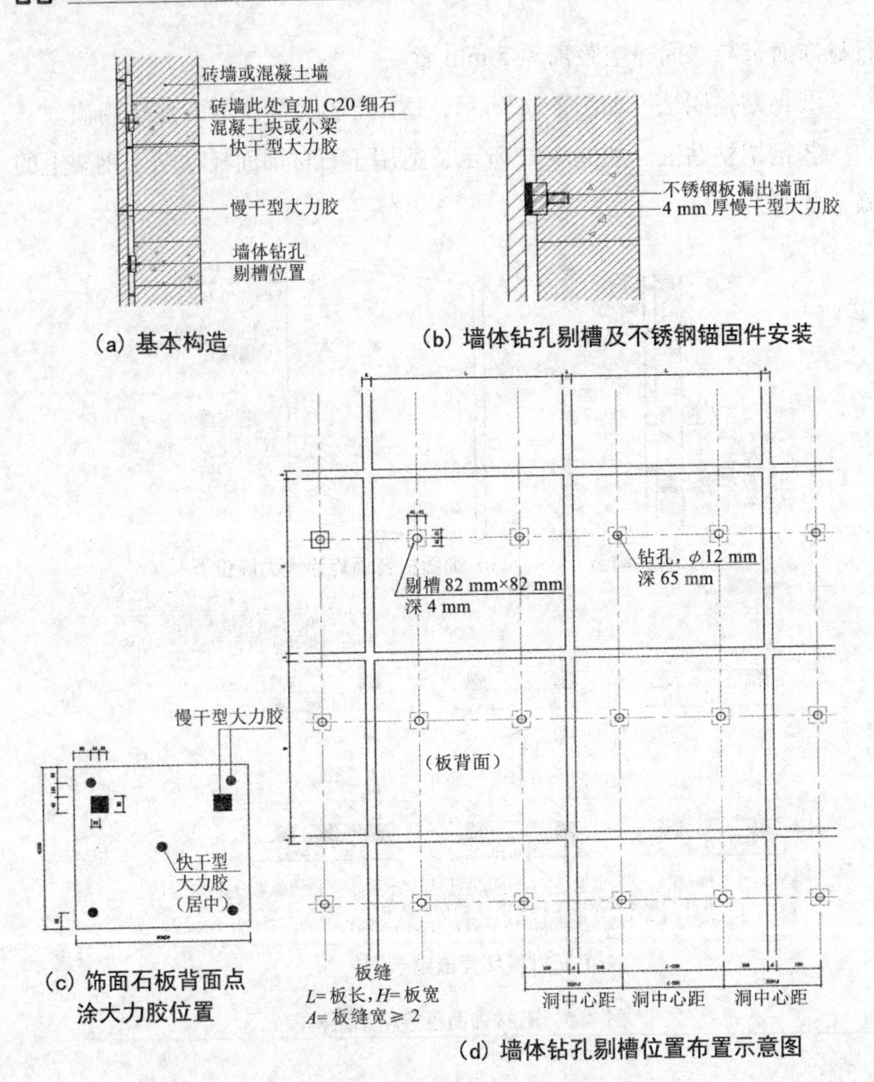

图 3-6　石材饰面粘贴锚固法构造

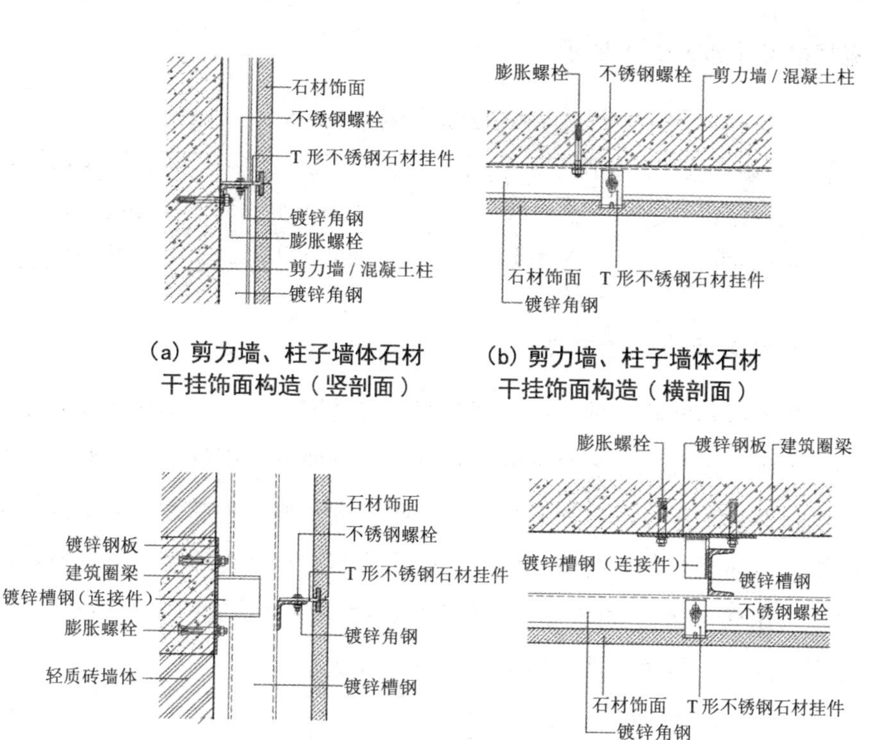

(a) 剪力墙、柱子墙体石材干挂饰面构造（竖剖面）

(b) 剪力墙、柱子墙体石材干挂饰面构造（横剖面）

(c) 轻质砖墙体石材干挂饰面构造（竖剖面）

(d) 轻质砖墙体石材干挂饰面构造（横剖面）

图 3-7　石材饰面钢架粘贴法构造

3.3.3　釉面砖饰面的装饰构造

1. 釉面砖的特性、种类、规格

釉面砖又称瓷砖，是由陶土、瓷土等原料，经压制成型、烧结等工艺处理制成的用于装饰和保护建筑物、构筑物墙面的板块状陶瓷制品，其表面光滑、光亮，颜色丰富多彩，图案五彩缤纷，主要用于室内需要经常擦洗的墙面等。同时，釉面砖具有无毒、无味、易清洁、防潮、耐酸碱腐蚀、美观耐用、方便清洁等特点。釉面砖主要品种有白色釉面砖、彩色釉面砖、印花釉面砖及图案釉面砖等。常用墙面釉面砖的长、宽规格尺寸如表 3-5 所示。

表 3-5　墙面釉面砖常用规格

（长 × 宽）/m	（长 × 宽）/m	（长 × 宽）/m	（长 × 宽）/m
200×150	250×150	150×150	200×200
220×220	80×220	300×150	300×300

2. 釉面砖粘贴施工要点

釉面砖粘贴施工前，应全部开箱检查进场的墙砖，不同色泽的砖要分别码放，按操作工艺要求分层、分段、分部位使用材料。应对墙砖的质基、型号、规格、色泽进行挑选，砖块应平整，边缘棱角应整齐，无缺损，表面无变色、起碱、污点、砂浆流痕和显著光泽受损处。按设计要求采用横平竖直通缝式粘贴或错缝粘贴。质量检查时，要检查缝宽、缝直等内容。釉面砖排砖和布缝如图 3-8 所示。

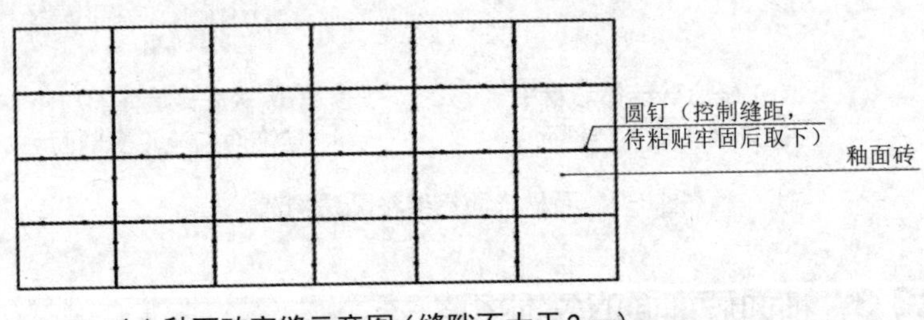

(a) 釉面砖密缝示意图（缝隙不大于 2 ㎜）

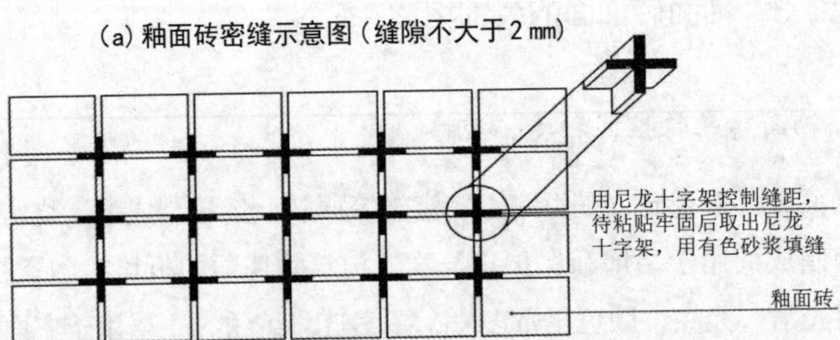

(b) 釉面砖空缝示意图（缝隙一般不小于 5 ㎜）

图 3-8　釉面砖缝隙控制示意图

3. 釉面砖饰面装饰构造

釉面砖饰面构造的做法主要为粘贴构造，黏结材料水泥砂浆的厚度控制在 5 ～ 6 mm。现在广泛使用的方法是在水泥砂浆中掺入 2% ～ 3% 的 108 胶，使砂浆产生极好的和易性和保水性。砂浆中胶水阻隔水膜，砂浆不易流淌，提高了种面砖的粘贴牢度。面层一般用白水泥或有色水泥填缝。不同墙体基层的釉面砖饰面及细节构造如图 3-9 与图 3-10 所示。

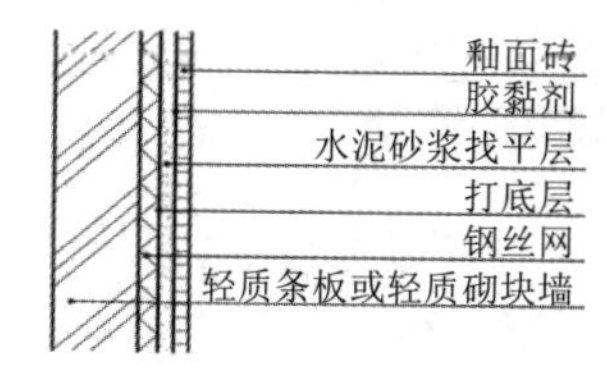

(a) 用于改造工程中有结合困难的轻质条板或轻质砌块墙面贴釉面砖

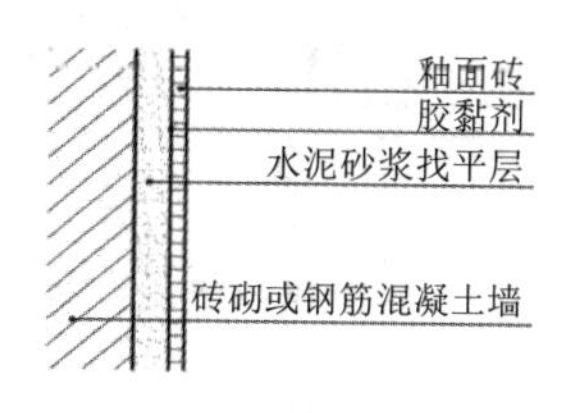

(b) 在洁净、完整、坚固的砌体或钢筋混凝土墙面贴釉面砖

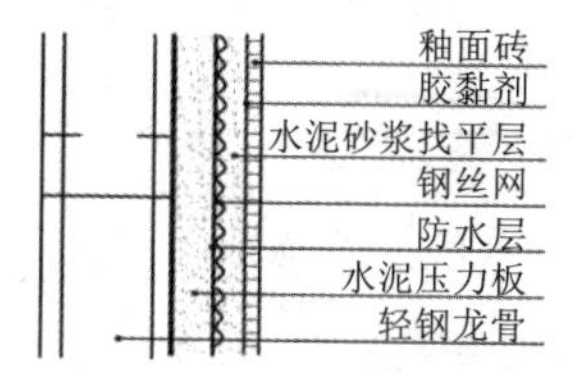

(c) 在有水或潮湿房间的水泥压力板墙面贴釉面砖

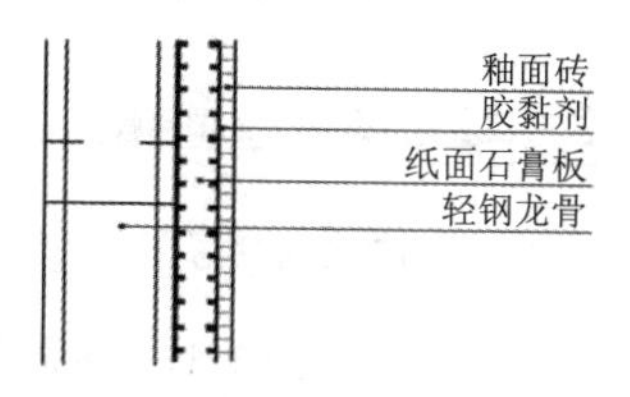

(d) 在轻钢龙骨纸面石膏板上贴釉面砖

(e) 在有水或潮湿房间的硅酸钙板墙面贴釉面砖

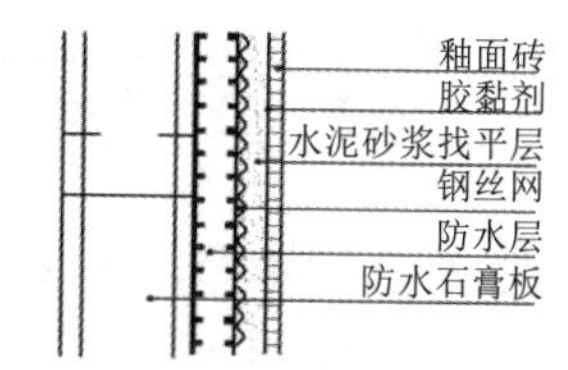

(f) 在改造工程有结合困难的浴室墙面贴釉面砖

图 3-9　釉面砖饰面构造做法

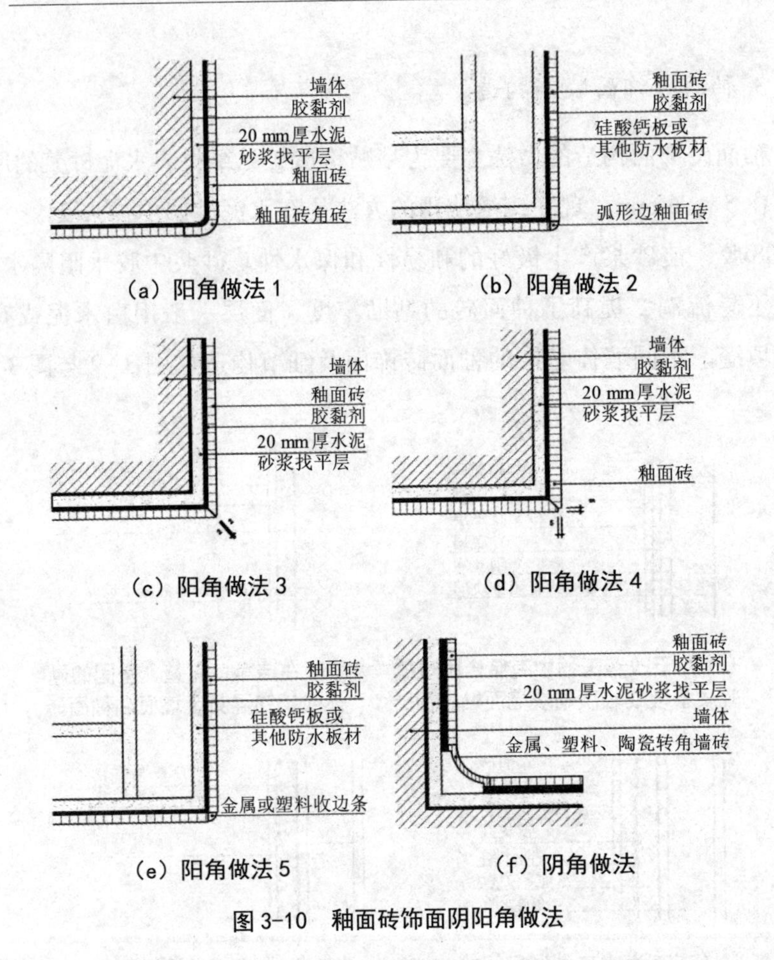

（a）阳角做法 1　（b）阳角做法 2

（c）阳角做法 3　（d）阳角做法 4

（e）阳角做法 5　（f）阴角做法

图 3-10　釉面砖饰面阴阳角做法

3.4　罩面板类饰面的装饰构造

罩面板类饰面原本是建筑装饰中的一种传统的饰面工艺方法，如建筑室内护墙板、木墙裙等的应用已经有多年历史。近年来，罩面板类饰面又有了新的发展，出现了很多代表物，如不锈钢板、铝板、搪瓷板、塑料板、镜面玻璃等。各类罩面板饰面具有安装简便、耐久性好、装饰性强的优点，且大多是用装配法干式作业，在装饰行业得以广泛应用。

3.4.1　罩面板的功能与类型

罩面板用于面层装饰主要有两个方面的作用：其一是装饰性，罩面板所用材料的品种、质感、颜色等均多种多样，可以用于不同的场合营造出不同的室内气氛；其二是功能性，具有保温、隔热、隔声、吸声等作用，如以铝合金、塑料、不锈钢板为面层，以轻质保温材料（如聚苯乙烯泡沫板、玻璃棉板等）为芯层制成的复合装饰材料具有保温隔热的性能。在一些有声学要求的厅堂内，罩面板本身或罩面板与其他材料共同起到吸声的作用。

罩面板按材料不同可分为以下几类：木质类、金属类、玻璃类等。

3.4.2　木质饰面的装饰构造

1. 木质饰面的种类和特性

木质饰面装饰材料主要有原木板材和人造板材。原木板材包括木条、竹条、木板等，有丰富的纹理和色泽，且光洁、坚硬。人造板材有胶合板、装饰板、硬质纤维板、刨花板等。胶合板应用较多，可通过人工合成将原木丰富的纹理和色泽展现出来，使装饰效果更加多样化。

2. 木质饰面基本构造

木质饰面可以采用挂板和粘贴两种形式，基本构造一般为基层和饰面层两部分。

（1）基层。基层的作用主要是找平或做造型，并使饰面层牢固地附着其上。基层有木骨架基层、板材类基层、金属骨架基层等。有潮气的墙体应采取防潮处理，木质基层与饰面层处须做防火处理。木质饰面构造如图 3–11 所示。

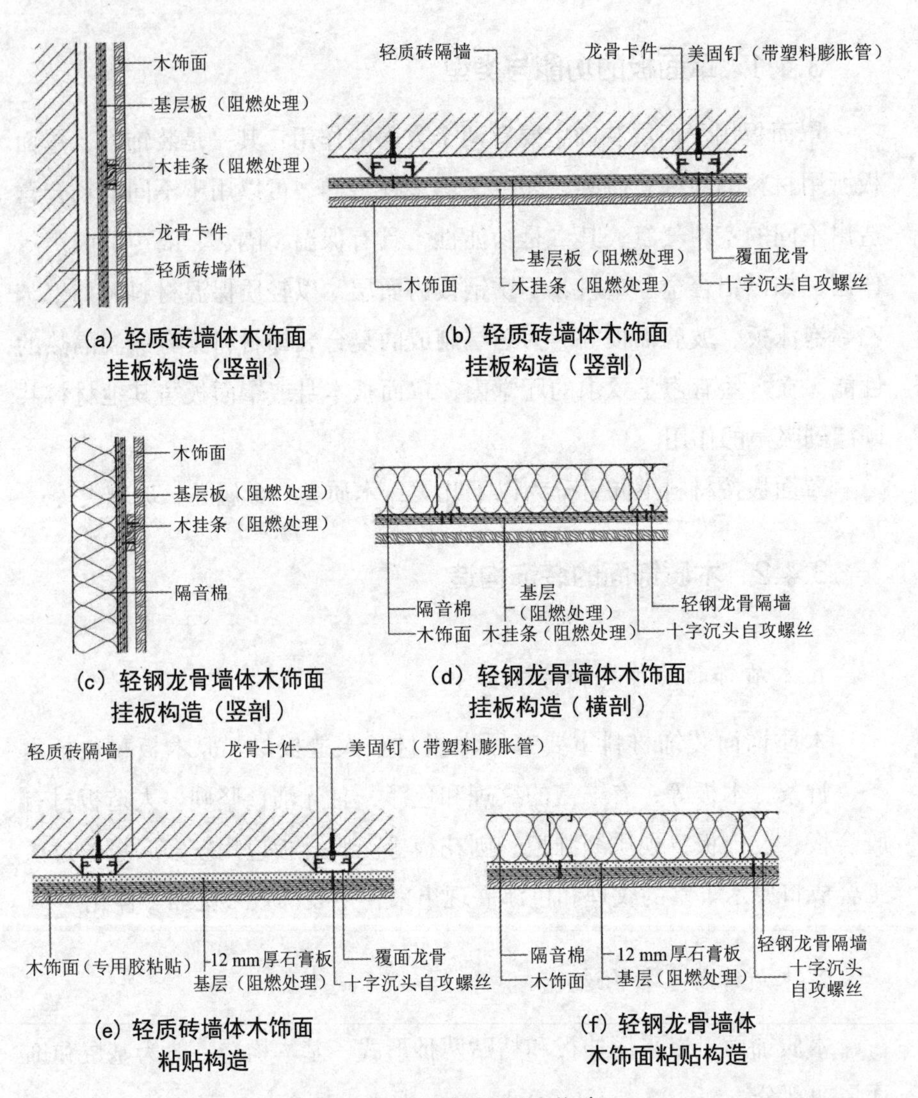

（a）轻质砖墙体木饰面挂板构造（竖剖）

（b）轻质砖墙体木饰面挂板构造（竖剖）

（c）轻钢龙骨墙体木饰面挂板构造（竖剖）

（d）轻钢龙骨墙体木饰面挂板构造（横剖）

（e）轻质砖墙体木饰面粘贴构造

（f）轻钢龙骨墙体木饰面粘贴构造

图 3-11　木质面板基本构造

（2）饰面层。木质面板与基层可通过胶黏、钉或胶黏加钉或U形夹加覆面龙骨的方式固定。面板之间的板缝可分为斜接密缝、平接留缝、企口缝和压条盖缝等做法，当采用硬木装饰条板时，板缝多为企口缝，如图 3-12 所示。

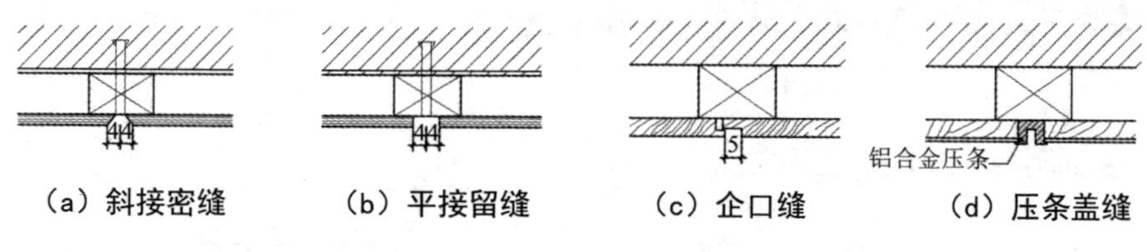

（a）斜接密缝　（b）平接留缝　（c）企口缝　（d）压条盖缝

图 3-12　木质面板板缝做法

3.4.3　金属板饰面的装饰构造

1. 金属板饰面的种类和特性

金属板饰面是以薄钢板、铝、铜、铝合金、不锈钢等材质经加工制成的压型薄板，可在这些薄板上进行搪瓷、烤漆、镀塑等工艺处理。目前比较常用的金属饰面板主要有单层铝合金板、铝塑板、铜合金板、钛金板、彩色不锈钢板、镜面不锈钢板、彩钢板等。用这些材料做墙体饰面新颖美观，且自重轻、连接方便、牢固、经久耐用。

2. 金属板饰面的基本构造

金属板饰面构造与木质类饰面构造基本相同，有木质基层和金属龙骨基层，基层不同，连接固定方法也不同。金属饰面板可以用粘贴、挂板等方式固定在木质基层和金属龙骨基层上，粘贴式构造适用于小面积的饰面，挂板式则通常应用于大面积的饰面，由金属板折边后配合连接件与后部钢结构连接，具体构造如图 3-13 所示。

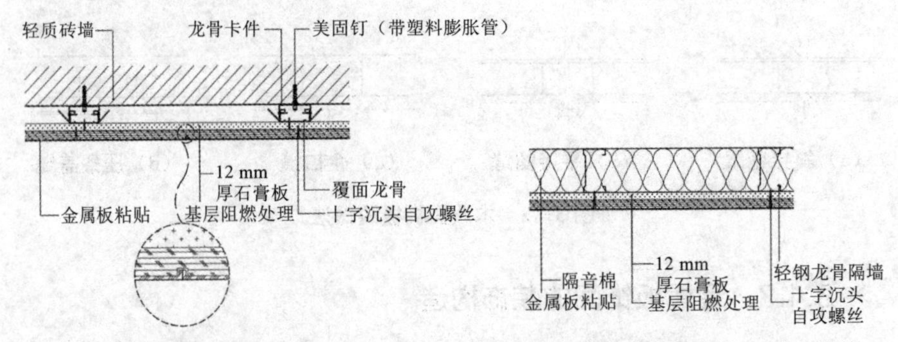

(a) 轻质砖墙体金属板饰面粘贴构造　　(b) 轻钢龙骨墙体金属板饰面粘贴构造

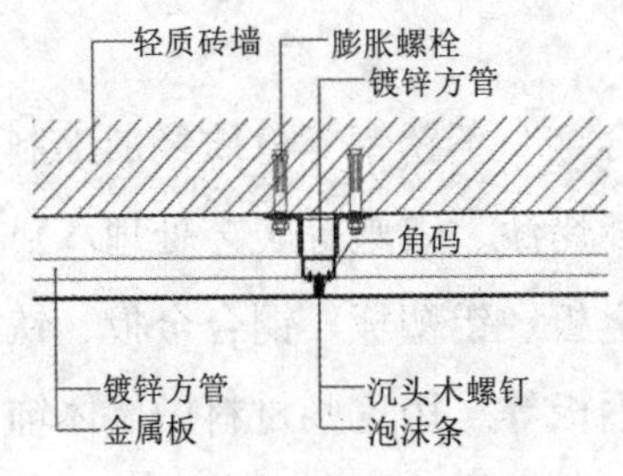

(c) 金属板饰面挂板构造

图 3-13　金属板饰面的基本构造

3. 常用金属板类型及细部构造

（1）铝合金饰面板。铝合金饰面板的材料品种较多，有铝花纹板、铝及铝合金波纹板、铝质及铝合金压型板、铝合金冲孔平板、镁铝板、铝合金蜂窝板、铝板网等。饰面板所处部位不同，其与相关构件的固定方法也不一样。常见的固定方式有两种。一是直接固定，即将铝合金饰面板用螺栓直接固定在型钢上。其耐久性较好，因此多用于室外墙面。二是利用铝合金饰面板压延、拉伸、冲压成型的特点，将其做成各种形状的铝合金饰面条板，然后将条板卡在特制的龙骨上，多用于室内较薄墙板的安装。

（2）不锈钢饰面板。室内装饰用的不锈钢板按其表面处理方式分为镜面不锈钢板、亚光不锈钢板、彩色不锈钢板和不锈钢浮雕板。一般以粘贴的方法固定。由于不锈钢板较薄，所以要求基层必须平整，常用木质基层如木骨架加板材类基层。铜合金板饰面、钛金板饰面也采用类似的构造。

（3）铝塑板。室内装饰中采用铝塑板要求基层必须平整，室内一般直接粘贴在木质基层上，特殊固定可采用装饰螺钉；室外可采用粘贴或干挂的方法。

3.4.4　玻璃饰面的装饰构造

1. 玻璃饰面的种类、特性、应用

玻璃饰面常选用普通平板玻璃或特制的彩色玻璃、压花玻璃、磨砂玻璃、蚀刻玻璃、镜面玻璃等作为墙体饰面。玻璃饰面光滑易清洁，装饰效果多样。玻璃的名称、分类、特点及应用如表 3-6 所示。

表 3-6　玻璃的名称、分类、特点及应用

<table>
<tr><th>种　类</th><th>主要品种</th><th>特　点</th><th>规　格 /mm</th><th>应　用</th></tr>
<tr><td rowspan="3">平板玻璃（浮法玻璃）</td><td>磨光玻璃（镜面玻璃）</td><td>单面或双面抛光（多以浮法玻璃代替），表面光洁，透光率高</td><td rowspan="2">不小于 600×400，最大尺寸 3 000×2 400，厚度 2、3、4、5、6，浮法玻璃有 3、4、5、6、8、10、12</td><td>高级建筑门</td></tr>
<tr><td>磨砂玻璃（毛玻璃）</td><td>机械喷砂，手工研磨或使用氢氟酸溶蚀等方法，表面粗糙、毛面，光线柔和呈漫反射，透光不透视</td><td>卫生间、浴厕、走廊等隔断</td></tr>
<tr><td>彩色玻璃</td><td>透明或不透明（饰面玻璃），在原料中加入适当的着色金属氧化剂可生产出透明的彩色玻璃；在平板玻璃的表面镀膜处理后也可制成透明的彩色玻璃</td><td>不大于 1 000×500，厚度 5 ～ 6</td><td>装饰门、窗及外墙</td></tr>
</table>

续 表

种 类	主要品种	特 点	规 格 /mm	应 用
压花玻璃	普通压花（单、双面）	透光率 60% ～ 70%，透视性依据花纹变化及视觉距离分为几乎透视、稍有透视、几乎不透视、完全不透视；真空镀膜压花纹立体感受强，具有一定反光性；彩色镀膜立体感强，配置灯光效果尤佳	不小于 1 000×150，不大于 2 000×1 200	适用于对透视有不同要求的室内各种场合。应用时注意：花纹面朝向室内侧，透视性考虑花纹形状
	真空玻璃			
	彩色镀膜压花玻璃			
安全玻璃	钢化玻璃	将平板玻璃加热到接近软化温度（600～650 ℃）后，迅速冷却使其骤冷，即成钢化玻璃。韧性提高约 5 倍，抗弯强度提高约 5～6 倍，抗冲击强度提高约 3 倍。碎裂时细粒无棱角不伤人。可制成磨光钢化玻璃、吸热钢化玻璃	平面厚度 4、5、6、7、8、10、12、15、19，曲面厚度 5、6、8	建筑门窗、隔墙及公共场所等防震防撞部位
	夹层玻璃	将两片或多片平板玻璃之间嵌夹透明塑料薄衬片，经加热、加压、黏合而成的平面或曲面的复合玻璃制品。可粘贴两层或多层。可用浮法、吸热、彩色、热反射玻璃	长度和宽度一般不大于 2 400，厚度以原片玻璃的总厚度计	汽车、飞机的挡风玻璃或防弹玻璃，以及有特殊安全要求的建筑门窗、隔墙、天窗和水下工程
	夹丝玻璃	先将普通平板玻璃加热到红热软化状态，再将预先编织好的经预热处理的钢丝网压入玻璃中制成。热压钢丝网后，表面可进行磨光、压花等处理，具有隔断火焰和防止火灾蔓延的作用	厚度 6、7、10，大小不小于 600×400，不大于 2 000×1 200	震动较大的工业厂房门窗、采光天窗，需要安全防火的公共建筑阳台、走廊、防火门窗、楼梯间、电梯井

续　表

种　类	主要品种	特　点	规　格 /mm	应　用
节能玻璃	吸热玻璃	指能大量吸收红外线辐射，又能使可见光透过并保持良好的透视性的玻璃。尚有吸收部分可见光、紫外线能力，以及防眩光、防紫外线等作用	厚度 2、3、4、5、6、8、10、12，大小与平板玻璃相同	炎热地区大型公共建筑门、窗、幕墙，商品陈列窗、计算机房等
	热反射玻璃（镀膜玻璃）	热反射玻璃具有良好的隔热性能，对太阳辐射热有较高的反射能力，反射率达 30% 以上，而普通玻璃对热辐射的反射率为 7% ～ 8%	厚度 6，大小 1 600×2 100、1 800×2 000、2 100× 3 600	用于避免由于太阳辐射而增热及设置空调的建筑玻璃幕墙、门窗等
玻璃制品	玻璃棉砖	花色品种多样，色调柔和，朴实、典雅，美观大方。有透明、半透明、不透明。体积轻，吸水率小，抗冻性好	单块尺寸 20×20×4、50×25×4.2、30×30×4.3	宾馆、医院、办公楼、礼堂、住宅等外墙

2. 玻璃饰面的基本构造

玻璃固定方法主要有四种：一是在玻璃上钻孔，用玻璃螺钉直接把玻璃固定在板筋上；二是用压条压住玻璃，而压条是用螺钉固定于板筋上的，压条可用硬木、塑料、金属（铝合金、钢、铝）等材料制成；三是在玻璃的交点嵌钉固定；四是用胶把玻璃直接黏在基层板上。构造方法如图 3–14 所示。

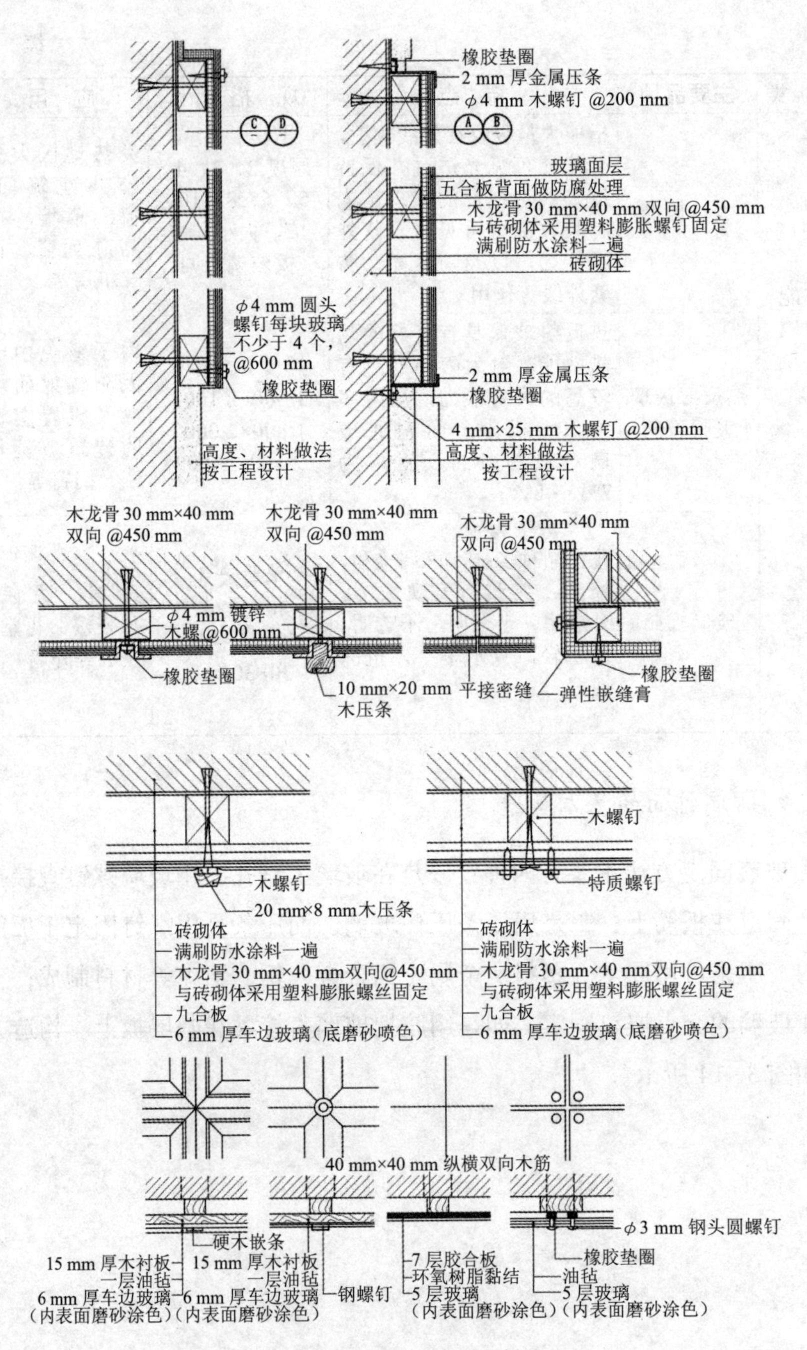

图 3-14　玻璃墙面的装饰构造

3.5　裱糊与软包类饰面的装饰构造

裱糊与软包类饰面是采用柔性装饰材料，利用裱糊、软包方法形成的一种建筑内墙饰面。这种饰面具有装饰性强、经济合理、施工简便、可粘贴等特点。现代室内墙面装饰常用的柔性装饰材料有各类壁纸、墙布、棉麻织品、织锦缎、皮革、微薄木等。

3.5.1　壁纸、壁布饰面

1. 壁纸、壁布饰面的种类和特性

壁纸、壁布是以纸或布为基材，上面覆有各种色彩或图案的装饰面层，用于室内墙面、吊顶装饰的一种饰面材料（见图 3–15）。壁纸和壁布具有品种多样、色彩丰富、图案变化多样、质轻美观、装饰效果好、施工效率高的特点，是目前使用较为广泛的内墙装饰材料之一。除装饰作用外，其还具有吸声、保温、防潮、抗静电等特点；经防火处理过的壁纸和壁布还具备相应的防火功能。

图 3–15　壁纸示例及壁纸装饰效果

根据不同的场所性质，可以选用不同的壁纸、壁布。例如：防火要求较高的场所，应选用难燃型壁纸或壁布；气候潮湿地区及地下室等潮湿场所，应选用防霉、防潮型壁纸；公共场所对装饰材料强度要求高，一般选用易施工、耐碰撞的布基壁纸。常见壁纸品种、特点及适用范围如表 3-7 所示。

表 3-7　壁纸品种、特点及适用范围

类别	品种	特点	适用范围
普通壁纸	单色压花壁纸	花色品种多，适用面广、价格低。可制成仿丝绸、织锦等图案	居住和公共建筑内墙面
	印花壁纸	可制成各种色彩图案，并可压出有立体感的凹凸花纹	
发泡壁纸	低发泡 中发泡 高发泡	中、高档次的壁纸，装饰效果好，并兼有吸音功能，表面柔软，有立体感	居住和公共建筑内墙面
特种壁纸	耐水壁纸	用玻璃纤维毡作基材	卫生间浴室等墙面
	防火壁纸	有一定的阻燃防火性能	防火要求较高的室内墙面
	金属面壁纸	具有金属质感与光泽，华贵又美丽，价格昂贵	多用于高级公共厅建筑厅堂
	木屑壁纸	可在纸上漆成各种颜色，表面粗糙，别具风格	多用于高级公共厅建筑厅堂
	彩色砂粒壁纸	表面呈砂粒毛面，肌理感强	一般室内局部装饰
	纤维壁纸	质感强，并可使之与室内织物协调，形成高雅、舒适的环境	居住和公共建筑内墙面
聚氯乙烯壁纸（PVC 塑料壁纸）		以纸或布为基材，PVC 树脂为涂层，经复印印花、压花、发泡等工序制成。具有花色品种多样，耐磨、耐折、耐擦洗，可选性强等特点，是目前产量较大、应用较广泛的一种壁纸。且经过改进的、能够生物降解的 PVC 环保壁纸无毒、无味、无公害	各种建筑物的内墙面及顶棚
织物复合壁纸		将丝、棉、毛、麻等天然纤维复合于纸基上制成。具有色彩柔和、透气、调湿、吸音、无毒、无味等特点，但价格偏高，不易清洗	饭店、酒吧等高级墙面点缀
织物复合壁纸		以纸为基材，涂覆一层金属薄膜制成。具有金碧辉煌，华丽大方，不老化，耐擦洗，无毒、无味等特点。金属箔非常薄，很容易折坏，基层必须非常平整洁净	公共建筑的内墙面、柱面及局部点缀

续　表

类　别	品　种	特　点	适用范围
复合纸质壁纸		将双层纸（表纸和底纸）施胶、层压，复合在一起，再经印刷、压花、表面涂胶制成。具有质感好、透气、价格较便宜等特点	各种建筑物的内墙面

2. 壁纸、壁布饰面的裱糊构造与做法

（1）基层处理。基层腻子应平整、坚实，无粉化、起皮和裂缝。基层表面颜色应一致，裱糊前应用封闭底胶涂刷基层。

（2）裱糊壁纸。壁纸及基层涂刷胶黏剂。应根据实际尺寸裁纸，纸幅应编号，按顺序粘贴。

裱糊壁纸时纸幅要垂直，先对花、对纹、拼缝，然后用薄钢片刮板由上而下赶压，由拼缝开始，向外向下顺序赶平、压实。将多余的胶黏剂挤出纸边，挤出的胶黏剂要及时用湿毛巾抹净，以保持整洁。

（3）壁纸、壁布墙面装饰构造如图 3-16 所示。

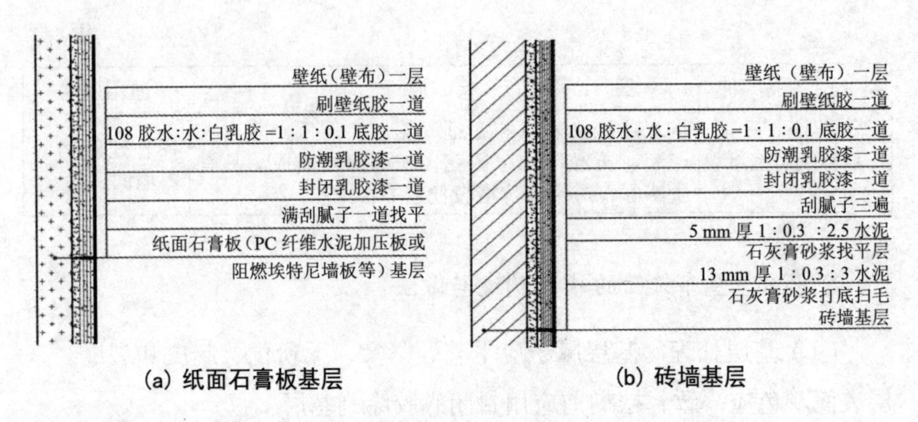

(a) 纸面石膏板基层　　(b) 砖墙基层

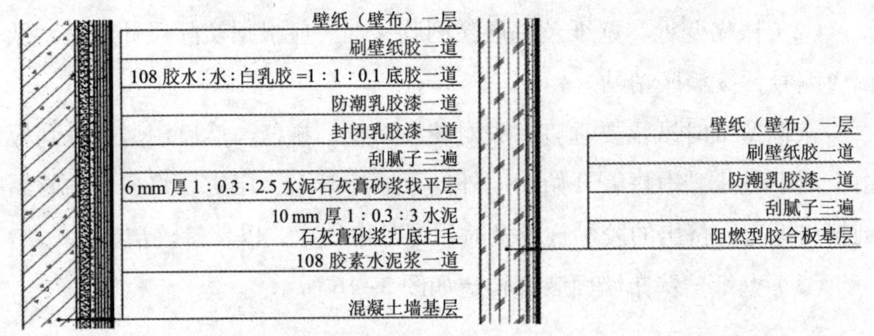

(c) 混凝土墙基层　　(d) 阻燃型胶合板基层

图 3-16　壁纸、壁布墙面装饰构造

3.5.2　软包类饰面

软包饰面是一种高档室内装饰，具有吸声、保温、质感舒适等特点，特别适用于室内有吸声要求的会议厅、会议室、多功能厅、录音室、影剧院局部墙面等。

1. 软包饰面的构造组成

软包饰面由底层、吸声层、面层三大部分组成。

（1）底层。底层一般采用阻燃型胶合板、纤维水泥板、埃特尼板等。纤维水泥板或埃特尼板是以天然纤维、人造纤维或植物纤维与水泥

等为主要原料，经烧结成型、加压、养护而成，耐火性能较佳。

（2）吸声层。吸声层一般采用轻质不燃、多孔材料，如玻璃棉、超细玻璃棉、自熄型泡沫塑料等。

（3）面层。面层必须采用阻燃型高档豪华软包面料，常用的有各种人造皮革、特维拉 CS 豪华防火装饰布、针刺超绒、背面溶胶阻燃型豪华装饰布及其他全棉、涤棉阻燃型豪华软质面料。

2. 软包饰面构造做法

（1）无吸声层软包饰面构造做法。在墙体找平层上做防潮层，防潮层应均匀涂刷一层清油或满铺油纸。先将木龙骨固定于墙内预埋防腐木砖上，然后将底层阻燃型胶合板就位，并将面层面料压封于木龙骨上，底层及面料钉完一块，再继续钉下一块，直至全部钉完为止，如图 3-17 所示。

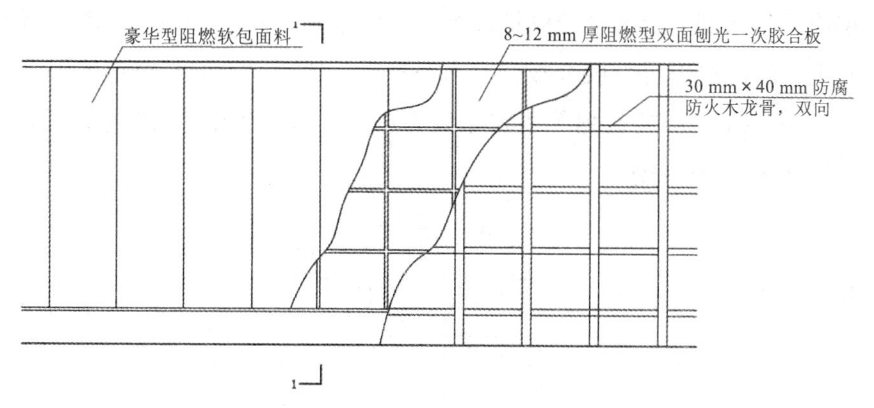

（a）无吸声层软包饰面立面

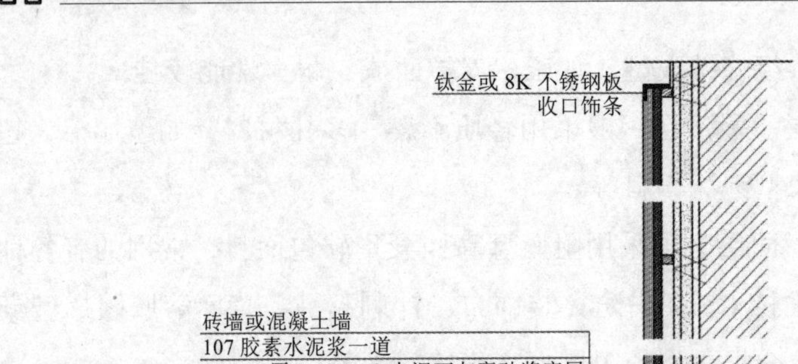
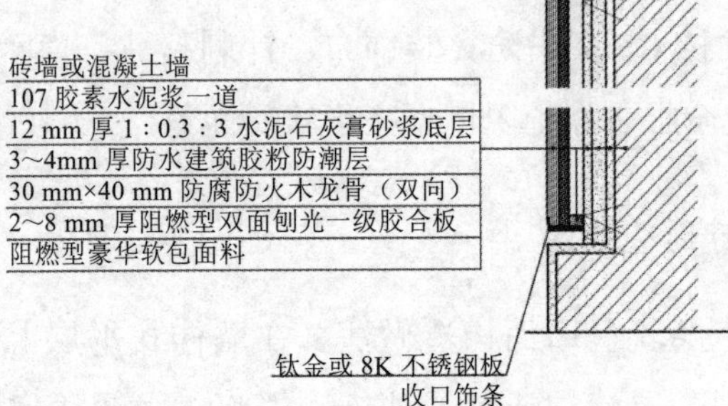

（b）无吸声层软包饰面剖面

图 3-17　无吸声层软包饰面构造做法

（2）有吸声层软包饰面构造做法。在墙体找平层上做防潮层，防潮层应均匀涂刷一层清油或满铺油纸。先将木龙骨固定于墙内预埋防腐木砖上，将底层阻燃型胶合板钉于木龙骨上，然后以饰面材料包矿棉（泡沫塑料、棕丝、玻璃棉等）覆于胶合板上，并用暗钉将其钉在木龙骨上，如图 3-18 所示。

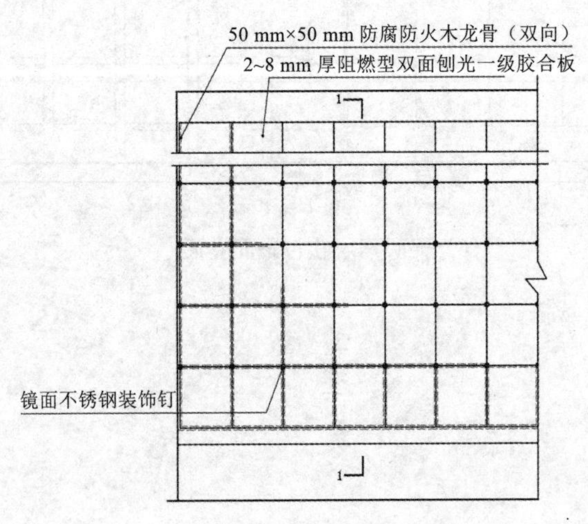

（a）有吸声层软包饰面立面

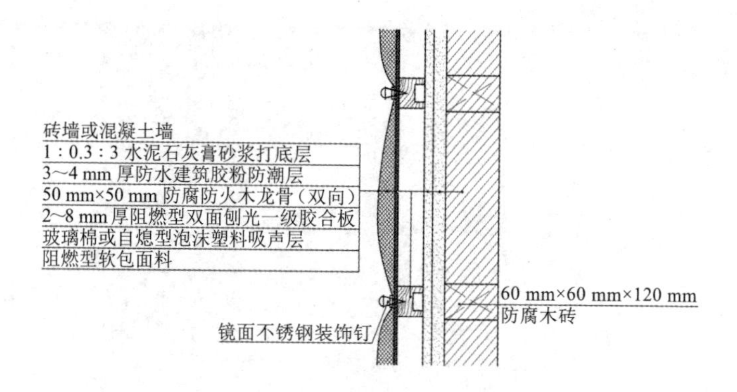

（b）有吸声层软包饰面剖面

图 3-18　有吸声层软包饰面构造做法

3.5.3　装饰贴膜饰面

1. 装饰贴膜饰面的种类和特性

装饰贴膜是一种强韧柔软的特殊贴膜，一般在表面印刷木纹、石纹、金属、抽象图案等，颜色、质感种类丰富，有高度仿真的视觉和触觉效果，施工方便、维护简单，成本比真实材料低，能够满足装饰材料防火要求。通过反面涂覆的胶黏剂，装饰贴膜可以贴在金属、石膏板、硅酸钙板、木材等各种基层上，适合平面、曲面等多种形式的表面施工。具有优良的物理、化学特性，能够抗弱酸、弱碱及多种化学制品腐蚀，同时具有抗冲击、耐磨损、耐潮湿、耐火、绿色环保的特点。

装饰贴膜按表面效果可分为仿木纹、单色、仿金属、仿石纹等（见图 3-19）。

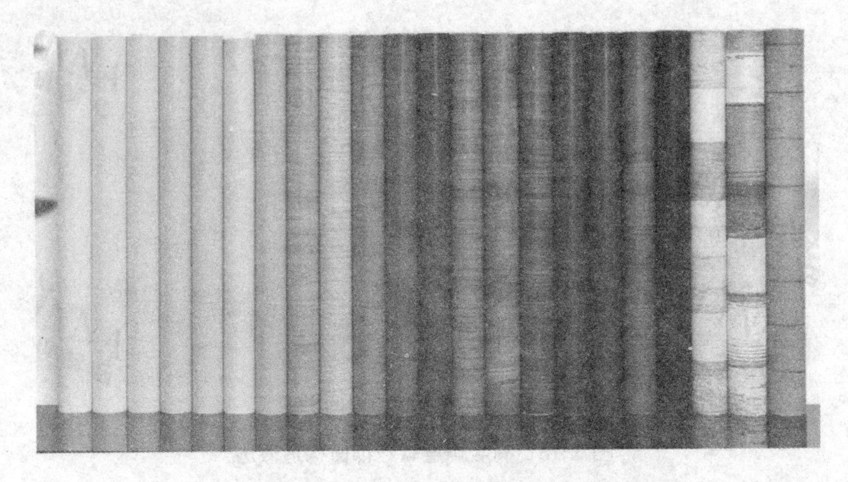

图 3-19　装饰贴膜示例

装饰贴膜适用范围：胶合板、刨花板、高密板、经涂装的原木板、石膏板、硅酸钙板、砂浆、烤漆钢板、防腐蚀涂装钢板、镀锌板、铝板、不锈钢板。

2. 装饰贴膜的构造做法

（1）量尺寸、裁剪。首先必须正确测量出粘贴部分面积，然后将测量后面积预留出 40 ～ 50 mm 裁剪下来，裁剪作业必须在平滑的作业板上进行。

（2）确定位置。将装饰贴膜放在粘贴的基材上，确定粘贴位置，位置确定后，不可移动。特别是粘贴面积大时，将衬纸由顶端撕下 50 ～ 100 mm 后往后折，轻压装饰贴膜，使其与基层板紧密贴合。

（3）粘贴。沿着往后折的衬纸顶端，开始由下而上地用刮板加压装饰贴膜，使其与基层板紧密贴合，加压时必须由中央部分开始，逐渐向两旁刮平。顺势将衬纸撕下 200 ～ 300 mm，同时由上至下加压粘贴。贴完后，整体再一次加压，特别是顶端部分必须加压。

（4）气泡处理。若在作业过程中产生较大气泡，则必须撕下有气泡部分重新粘贴，并以刮板加压结合；小气泡则先用针管刺破，再用刮板将气泡或胶液挤出、刮平。

（5）完成。将最后多余的部分裁下，完成粘贴。

3.6　吸声板类饰面的装饰构造

装饰吸声板是具有吸声、减噪作用的板状装饰材料（见图3-20）。

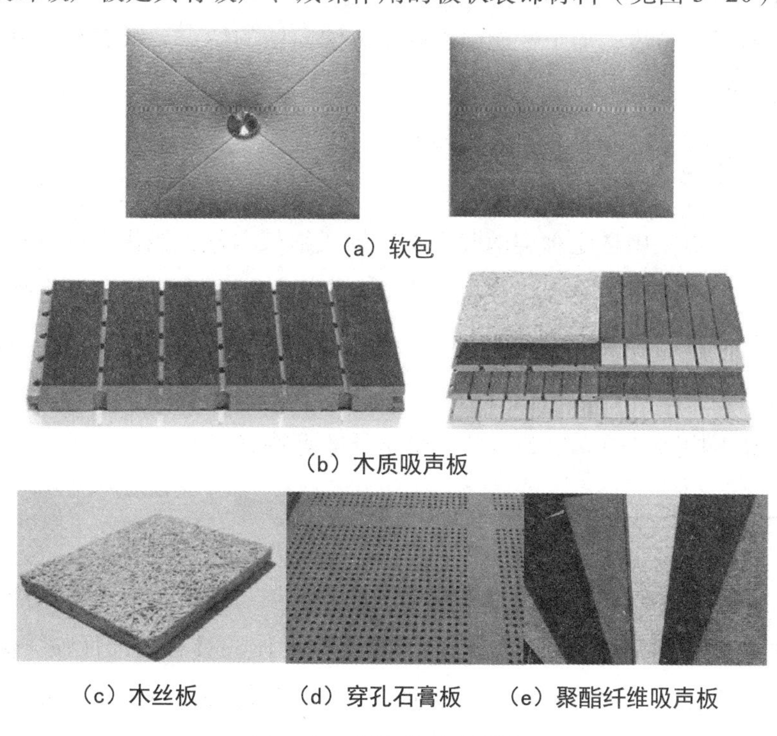

（a）软包

（b）木质吸声板

（c）木丝板　（d）穿孔石膏板　（e）聚酯纤维吸声板

图3-20　装饰吸声板示例

3.6.1　装饰吸声板的分类

1. 木质吸声板

木质吸声板是根据声学原理加工而成，由饰面、芯材和吸声薄毡组成。具有材质轻、不变形、强度高、造型美观、色泽幽雅、装饰效果好、立体感强、组装简便等特点。常见木质吸声板有槽木吸声板和穿孔木吸声板等。

2. 纸面石膏板

纸面石膏板是以建筑石膏为主要原料，掺入适量添加剂与纤维作板芯，以特制的板纸为护面，经加工制成的板材。纸面石膏板具有重量轻、隔声、隔热、加工性能强、施工方法简便的特点。纸面石膏板可分普通、耐水、耐火和防潮四类。

3. 木丝板

木丝板是用选定种类的晾干木料刨成细长木丝，经化学浸渍稳定处理后，木丝表面浸有水泥浆再加压成水泥木丝板。木丝板是纤维吸声材料中的一种有相当开孔结构的硬质板，具有吸声、隔热、防潮、防火、防长菌、防虫害和防结露等特点，且木丝板的强度和刚度较高，因此也具有吸声构造简单、安装方便、价格低廉等特点。

4. 聚酯纤维吸声板

聚酯纤维吸声板是以聚酯纤维为原料，通过热处理方法将其加工成各种密度的制品，集吸声、隔热及装饰为一体，具有装饰性强、保温、阻燃、质轻、易加工、稳定、抗冲击、维护简便等特点，是一种可循环利用的新型室内装修材料。

3.6.2 吸声板类饰面装饰构造

装饰吸声板的基本构造层次为龙骨骨架、龙骨间隙填充隔声材料、衬板或阻燃板、面层（织物或皮革软包、穿孔木吸声板等）。按龙骨材料不同可分为金属龙骨吸声板构造做法和木龙骨吸声板构造做法，木龙骨吸声板饰面适合防火等级要求不高的场所或小面积的局部装饰，采用的木龙骨应做好防火、防腐、防潮处理。

1. 装饰吸声板饰面龙骨施工

装饰吸声板墙面龙骨施工时，首先在墙面上定位弹线，钻孔安装角钢固定件，然后依次将竖向龙骨、横向龙骨固定，最后安装面层。

轻钢龙骨吸声墙面的施工流程如下：

（1）按照设计要求，分别在顶面、地面上弹线确定轻钢龙骨的固定位置。

（2）分别在顶面、地面用膨胀螺栓固定沿顶、沿地轻钢龙骨。固定点间距应不大于 600 mm，高应不大于 300 mm。

（3）竖向轻钢龙骨间距根据安装板材孔径、孔距确定，应不大于 600 mm。

（4）根据墙面高度，在垂直基准线上确定 U 形安装夹的位置，采用膨胀螺栓与墙面固定，横向间距应与竖向轻钢龙骨间距一致，竖向间距应不大于 600 mm。

（5）将竖向轻钢龙骨卡入 U 形安装夹两翼之间，并插入沿顶、沿地轻钢龙骨之间。

（6）调整并校正轻钢龙骨垂直度。

（7）用自攻螺钉或拉铆钉将其与竖向轻钢龙骨的两翼固定，弯折 U 形安装夹的两翼，使其不影响面板的安装。

（8）龙骨空腔内部可填充玻璃丝棉或岩棉以增强吸声性能，可根据防火要求或吸声性能选择。

（9）检查所安装的轻钢龙骨，合格后再安装装饰吸声板。

2. 装饰吸声板饰面面层施工

（1）木质吸声板的安装。木质吸声板饰面装饰构造与效果如图

3-21 所示，常用木质吸声板分为条形板和方板，下面介绍其安装要求。

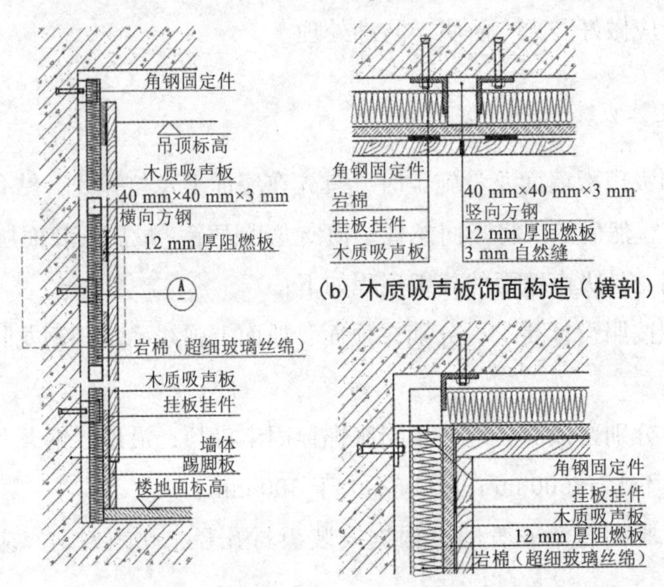

(b) 木质吸声板饰面构造（横剖）

(a) 木质吸声板饰面构造（纵剖） (c) 木质吸声板饰面阴角构造

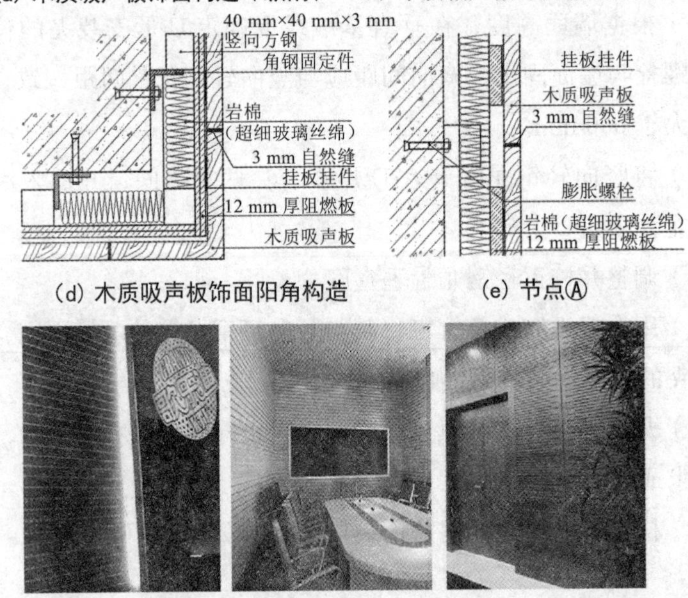

(d) 木质吸声板饰面阳角构造 (e) 节点Ⓐ

(f) 木质吸声板饰面装饰效果

图 3-21 木质吸声板饰面装饰构造与效果

木质吸声条形板的安装要求如下：

①条形板横向安装时，凹口朝上并用专用木质吸声板安装配件安装，每块依次相接。板竖直安装时，凹口在右侧，从左开始用同样的方法安装。两块木质吸声板端要留出不小于 3 mm 的缝隙。

②木质吸声板有收边要求时，可采用收边线条对其进行收边，收边处用螺钉固定。条形板右侧、上侧的收边线条安装时要预留 1.5 mm 的缝隙，并采用硅胶密封。

③木质吸声板的安装顺序为从左到右、从下到上。

④部分实木吸声板对花纹有要求的，应按照实木吸声板上事先编制好的编号依从小到大的顺序进行安装。

木质吸声方板的安装要求如下：

①在龙骨上铺装阻燃板，且阻燃条板横向铺装，板宽应不小于 100 mm，条板间距根据面板的挂点确定。

②安装金属连接件：根据面板的挂板挂件位置，在阻燃板上固定金属连接件。

③安装木质吸声板：由下至上排板安装，面板纹理、颜色应一致，板缝按设计要求确定。

（2）纸面石膏板安装。

①安装前须用倒角器对板边进行处理，纸面石膏板固定在竖向轻钢龙骨上，用 25 mm 的自攻螺钉固定，间距不大于 200 mm，不破坏纸面；嵌入板内，纸面石膏板与轻钢龙骨垂直安装。

②纸面石膏板应对缝排列，先长边、后短边，然后通过直线和对角线确定孔的位置和规则；可使用对孔器来控制相邻板的距离，留 3 mm 缝隙以便于做接缝处理。

③边缘不规则时会出现不完整的孔，处理方法为用接缝料将孔堵住。

④用专用接缝材料补平自攻螺钉位置。

⑤接缝。组装完成后，先清理板缝，然后用刷子在板缝部位涂刷界面剂。接缝处理采用专用接缝材料，轻轻挤压使接缝材料渗透彻底，刮去多余接缝料，不要破坏纸面。第一层干燥后，涂抹第二层，并用刮刀刮平，保证接缝处被完整填充。如果在接缝过程中有孔被堵住，则在接缝料干燥前将孔清理干净。接缝处理完成后，须打磨平整。

⑥饰面：用稀释后的底漆将接缝处和板面处理平整，用乳胶漆涂饰（见图 3–22）。

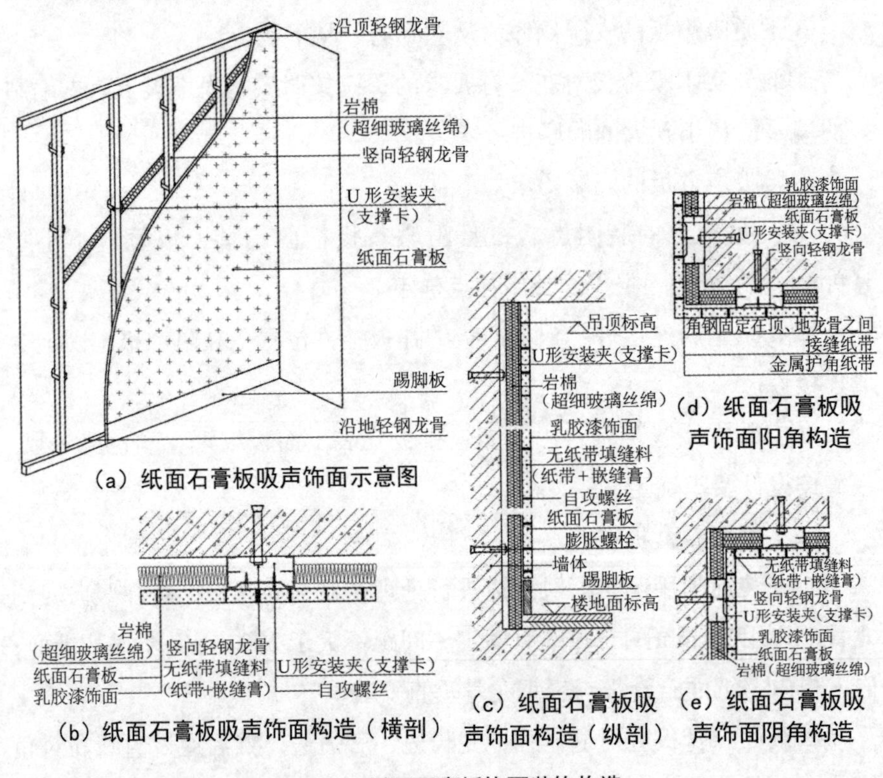

图 3–22　纸面石膏板饰面装饰构造

（3）木丝吸声板的安装。

①木丝吸声板用自攻螺钉固定。按照板材尺寸横向排布，竖向用自攻螺钉间距不大于 300 mm，距板边 50 mm 固定；横向用自攻螺钉间距根据龙骨间距均匀排布。自攻螺钉应嵌入板材，以便对饰面进行处理。

②采用木丝纹理饰面板，应按照板材边角标记进行对应安装，须自然拼接以保证木丝纹理的延续性。

③木丝吸声板安装要点：由下至上，沿长边方向排板。

④木丝吸声板完成面处理：木丝吸声板由自攻螺钉固定在轻钢龙骨上，钉眼位置需要菱镁矿粉（水泥基采用水泥）补平，接缝处可选不同边形，自然拼接不做处理。需要裁切时，应对板材边缘用砂纸进行打磨后用菱镁矿粉（水泥基采用水泥）修补。饰面还可做色喷涂或彩绘处理，要求颜料对木丝吸声板表面无腐蚀性（见图 3-23）。

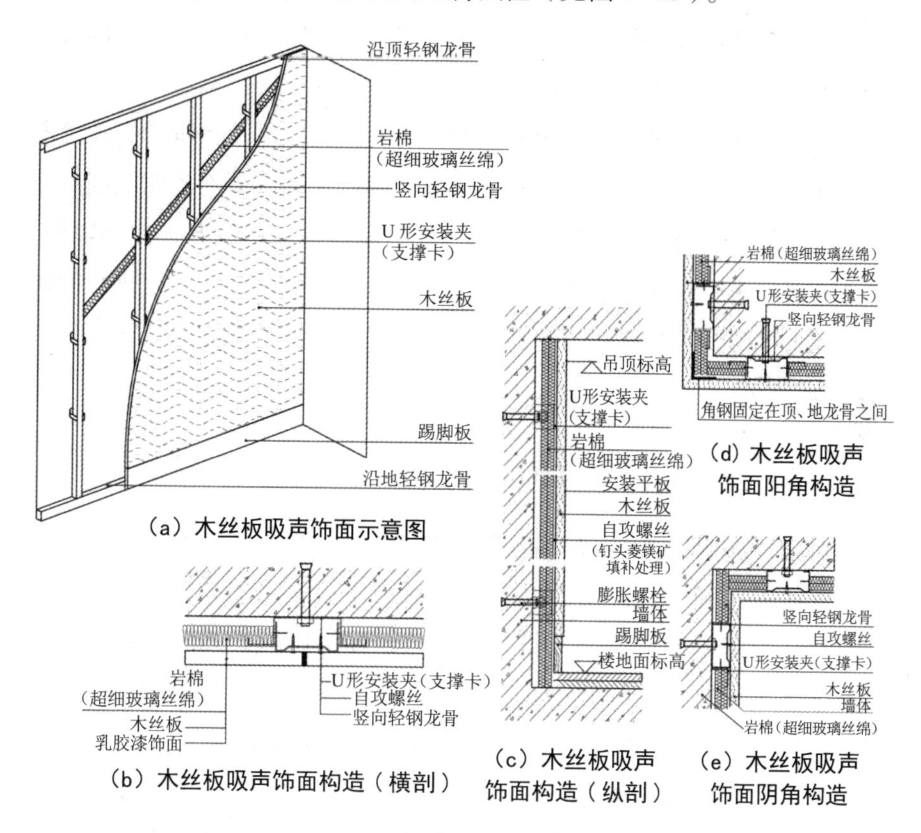

图 3-23　木丝吸声板墙面装饰构造

3.7 隔断的装饰构造

3.7.1 建筑室内隔断装饰概述

空间的分隔与联系，是室内空间环境设计的重要内容，设置不同的分隔方式是为了获得围与透的最佳组合，既使空间之间能够巧妙联系，又满足不同空间的功能需求。现代建筑中可以将隔断作为室内空间分隔的设计手段，以丰富室内空间层次。

隔断的种类繁多，从不同角度区分有不同的类型。按围合高度分有高隔断、低隔断和一般高度隔断；按围合的严密程度分有透明隔断、镂空隔断、封闭隔断；按隔断的材料分有木隔断、金属隔断、玻璃隔断、石材隔断、砖体隔断、板材隔断；按功能分有实用性隔断和装饰性隔断。不同类型的隔断有不同的构造形式，其中隔断的固定方式对隔断的构造形式影响较大。

3.7.2 固定隔断的装饰构造

固定式隔断不可移动，起划分和限定空间的作用，处理得当可以增加空间层次和深度，创造虚实兼具的空间关系。例如：博古架、玻璃隔断、固定式屏风等都可作为固定式隔断。固定式隔断的功能要求比较单一，构造也比较简单。其不受隔声、保温、防火等限制，因此它的选材、构造相对自由。

固定式屏风包括两大类：第一类是预制板式屏风，其固定需要借助预埋在屏风内的铁质零件和地面、墙面连接；第二类是立筋骨架式屏风，其形式与隔墙类似，而且其两侧可以镶嵌玻璃和面板。通常情况下，屏风式隔断高度在 1 050 ～ 1 800 mm，构造如图 3–24 所示。

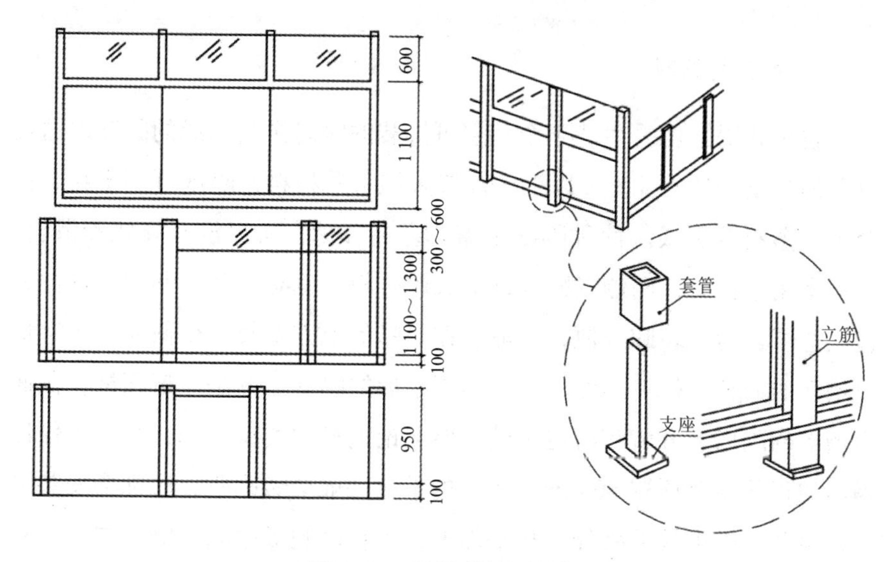

图 3-24 屏风式隔断构造

3.7.3 活动隔断的装饰构造

活动式隔断，也称为灵活隔断、移动式隔断，指的是一种可以自由开关的、能将相邻两个空间变成独立或统一空间的隔断形式。其显著特点是灵活多变且设置方便，能根据需求瞬时完成转换，形成的独立空间不仅能隔声，也能阻挡视线，但缺点是构造太过复杂。

从其移动方式上看，活动式隔断可以分为镶板式、拼装式、推拉式、折叠式、卷帘式、幕帘式、移动屏风式等。

1. 镶板式隔断

镶板式隔断是一种半固定式的活动隔断，高度可以灵活调整。其构造是先在地面上设立框架，然后在框架中安装隔板，安装的隔板多为木质组合板或金属组合板。

2. 拼装式隔断

拼装式隔断就是由若干个独立可拆装的隔扇拼装而成的隔断，这类隔断的高度一般在 1.8 m 以上，框架采用木质材料，隔扇可用木材、铝合金、塑料等制成。此种隔断不需要左右移动，所以没有导轨和滑轮。隔扇多用木框架，两侧粘贴纤维板或胶合板，也有一些另贴塑料饰面或包人造革。为了装卸方便，一般会在隔断的上方安装一个截面为丁字形或槽形的通长上槛。当然，截面为丁字形的隔扇上方是一道凹槽，截面为槽形的隔扇上方就相对更平整。但无论上槛的类型怎样，都必须保证隔扇的顶部距离顶棚 50 mm。隔扇的下方一般会做踢脚，底部会安装隔声密封条，隔声效果极佳。从平面上，可在两侧板中间设隔声层，并将两扇的侧边做成企口缝。隔扇的一端要设一个槽形补充件，其形式和大小同上槛，作用是便于人们操作，并在装好后掩盖住隔扇与墙（柱）面的缝隙。其构造如图 3-25 所示。

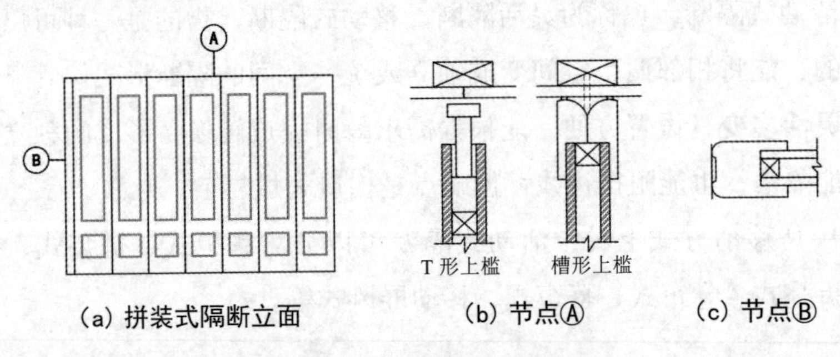

(a) 拼装式隔断立面　(b) 节点Ⓐ　(c) 节点Ⓑ

图 3-25　拼装式隔断立面与构造

3. 推拉式隔断

推拉式隔断指的是在隔扇上增加滑轮并使其与安装在地面、顶棚或横梁上的轨道联合在一起形成的可以推拉移动的隔断。通常情况下，安装在地面的轨道极易被破坏，所以常见的推拉式隔断使用的是上悬式滑轨隔断，即滑轨安装在顶棚和横梁下方的隔断，既方便又美观。

4. 折叠式隔断

折叠式隔断指的是由多个单独的隔扇通过插件组合成的可以折叠的隔断，与手风琴可拉伸的风箱极为相似。这种隔断根据材质不同可分为两种，分别是硬质折叠式隔断和软质折叠式隔断。

硬质折叠式隔断的框架多为硬质材料，一般选择金属或木材，隔扇两侧粘贴有木质纤维板或其他轻质的板材，两板材中间夹杂的是隔音材料；软质折叠式隔断内部使用金属材质或木质的杆或柱来代替框架，这些立杆或立柱之间夹杂着伸缩架，人造革或帆布制成的面层就固定在这些立杆之上，如图 3-26 所示。

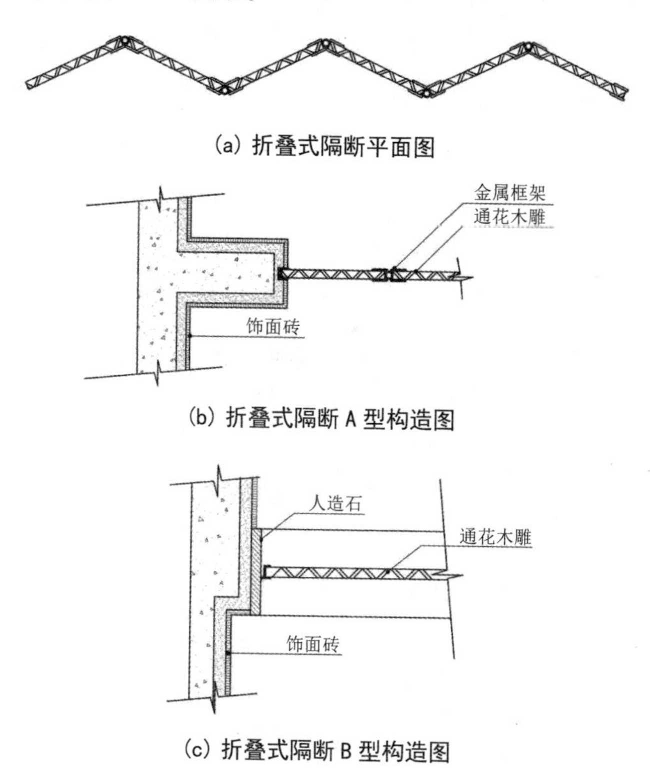

(a) 折叠式隔断平面图

(b) 折叠式隔断 A 型构造图

(c) 折叠式隔断 B 型构造图

图 3-26　折叠式隔断

折叠式隔断包括三个重要部分，分别是隔扇、滑轮和轨道。两隔扇之间一般使用铰链连接，方便推拉和折叠，但是铰链的质量、安装的合理性、推拉的次数等都会影响折叠式隔断的使用寿命。在实际安装时经常会先将相邻两隔扇直接连接，然后在所有隔扇上单独安装转向滑轮，形成既能推拉又能折叠的新隔断形式，大大增加其灵活性。

根据隔断滑轮和导轨安装位置不同可将折叠式隔断分为三类，分别是悬吊导向式、支撑导向式和二维移动式。悬吊导向式隔断是将滑轮安装在隔扇顶部，搭配固定在顶棚上的轨道，构成上部支撑点，地面上的轨道起导向和稳定的作用。如上部滑轮装在隔断顶端中央，则地面可以不设置轨道，但要对隔扇下部地面的空隙进行相应的处理。支撑导向式隔断的固定方式是在隔扇的顶面安装导向杆，在隔扇底面下端安装滑轮，与地面轨道构成下部支撑点，这种与悬吊导向固定相反的安装方法省去了悬吊系统，并简化了构造，因而应用十分广泛。二维移动式隔断的固定方式如图 3-27 所示。二维移动式隔断的优点很多，既能通过线性运动实现某个位置的空间分隔，也能结合分隔需求实时改变隔断的位置，使空间的分隔更为灵活。

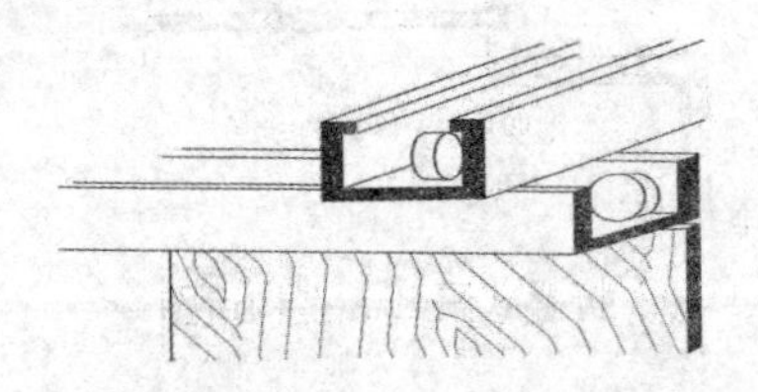

图 3-27　二维移动式隔断的固定方式

5. 卷帘式隔断与幕帘式隔断

卷帘式隔断与幕帘式隔断多为软隔断，既能卷曲，又能悬挂和折叠，因为其隔扇材料是用软质塑料薄膜或纤维织物制成的。这两种隔断具有轻便灵活的特点，织物的多种色彩、花纹及剪裁形式使这两种隔断的应用越来越广泛。其中，幕帘式隔断的做法类似于窗帘，需要轨道、滑轮、吊杆、吊钩等配件。

有少数卷帘隔断和幕帘隔断采用竹片、金属等硬质材料，这种隔断一般采用管形轨道，不设滑轮，并将轨道托架直接固定在墙上，将吊钩的上端直接搭在轨道上滑动。

6. 移动屏风式隔断

移动屏风式隔断的种类繁多，其形式多样、造型美观，是集功能性与装饰性为一体的室内装饰构件。一般的移动屏风在构造上无特殊要求，本章重点介绍的是收藏式移动屏风的构造形式。

移动屏风式隔断根据有无支架分为两大类。第一类是独立式屏风，这类屏风使用金属材质或木质骨架，将纤维板或胶合板钉在骨架两侧，板料中填充泡沫塑料，外侧覆盖人造革或尼龙布，周边可以用植物做缝边，也可以单独增加压条。独立式屏风最简单的支撑方式是将金属支架安装在屏风扇上，直接放在地面上，或者直接在金属支架下方安装滑动轮或滚动轮，以实现移动。第二类是联立式屏风，其构造与独立式屏风基本相同，但没有支架，其站立形态是依靠隔扇的连接形成的。传统连接方法是在相邻扇侧边上装铰链，但移动不方便；现多采用顶部连接件连接，这种连接件可保证随时将联立屏风拆成单独屏风扇，如图 3-28 所示。

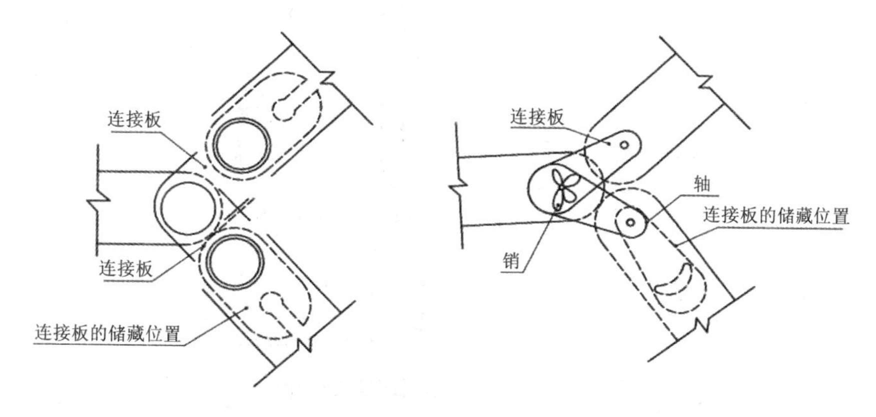

图 3-28　联立式屏风连接件

3.7.4 造型隔断构造实例

造型隔断构造实例如图 3-29、图 3-30 所示。

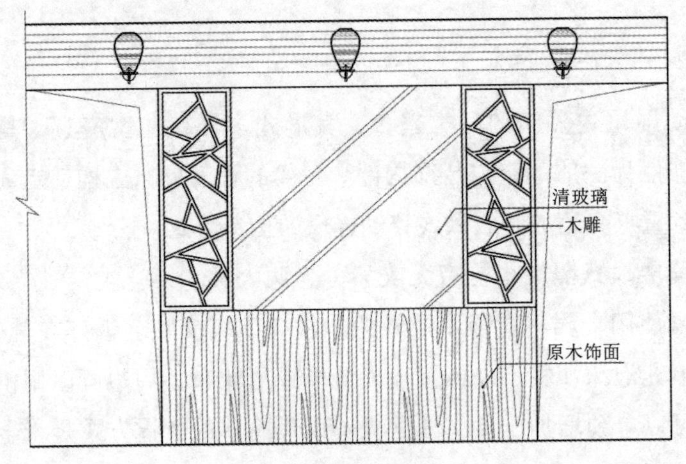

(a) 造型隔断正立面

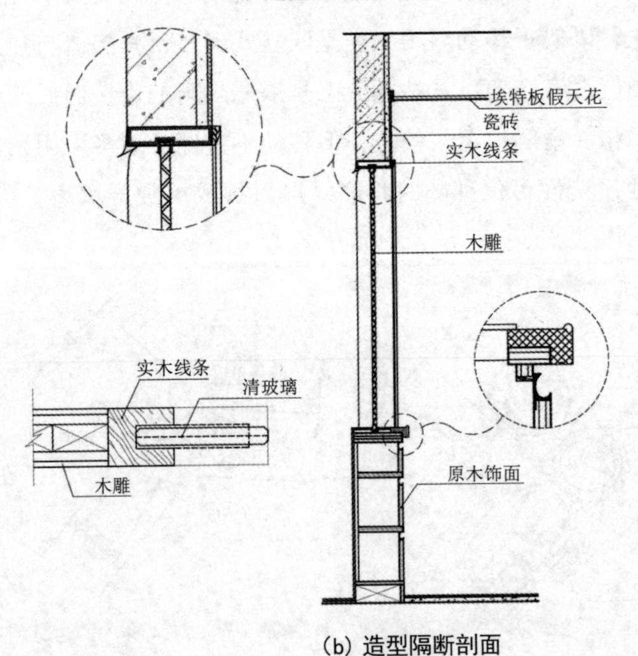

(b) 造型隔断剖面

图 3-29 造型隔断实例 1

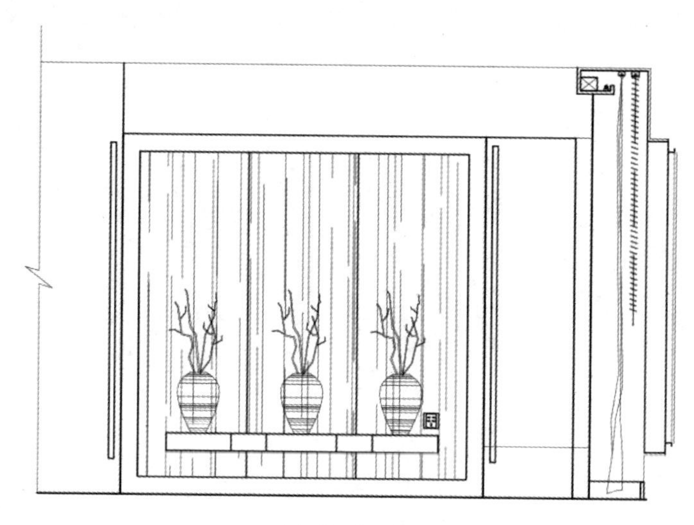

(a) 造型隔断正立面

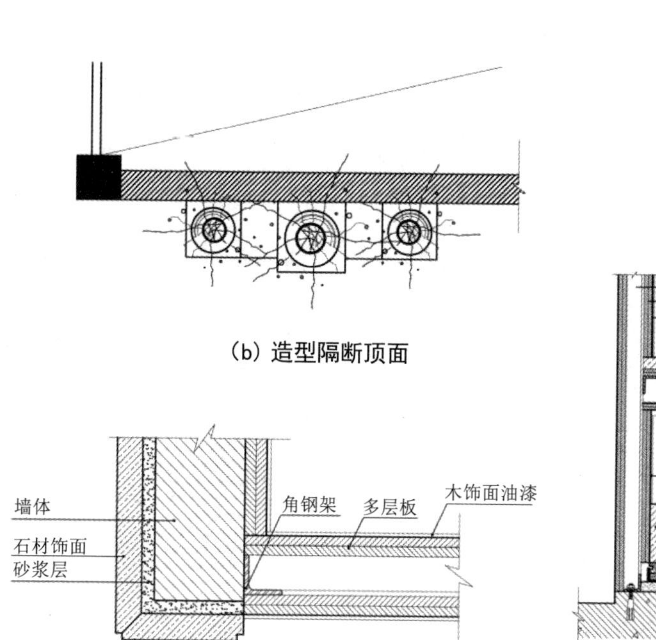

(b) 造型隔断顶面

(c) 造型隔断构造（横剖）

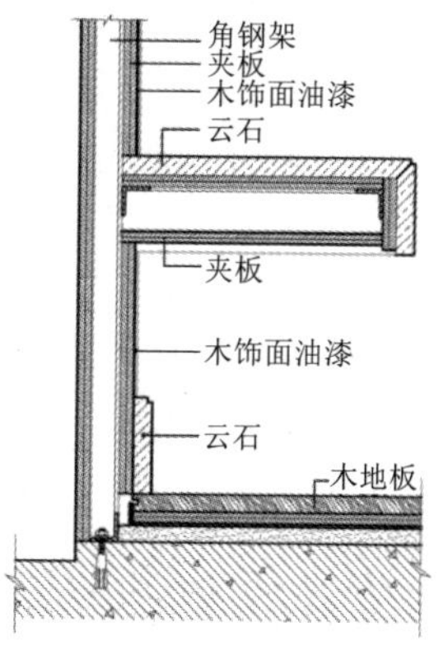

(d) 造型隔断构造（竖剖）

图 3-30　造型隔断实例 2

4

第 4 章　建筑室内顶棚的装饰构造

4.1　建筑室内顶棚装饰概述

建筑物的顶棚指的是建筑物室内空间的顶面，也被称为天花、天棚，其对于整个室内空间是极为重要的，所以顶棚的装饰同样是室内空间装饰的重要组成部分。顶棚装饰设计不仅要满足建筑声学、建筑功能以及建筑热工等方面的要求，还要满足管线铺设、设备安装方面的要求，更要注意防火安全，方便维护检修。顶棚装饰对于整个室内环境视觉效果有举足轻重的影响，对于改善室内的环境舒适性和安全性具有很大的作用。

4.1.1　顶棚装饰构造的功能

1. 装饰室内空间环境

顶棚作为室内空间围合的关键界面之一，其装饰必须具备渲染整体气氛，呈现优秀装饰效果的作用，这就要求其装饰从材质、光影、造型、空间等方面进行合理处理。例如：将镜面材料安装在顶棚上作为装饰，不仅能让狭窄的室内空间得到更广阔的延伸和扩展，还能对室内人的视觉起到导向作用；顶棚装饰使用暖色色彩，会给人以舒适、亲切、柔和的感受，能让人内心不由自主地生出安全感，同时满足人的心理需求和生理需求。具体实例如图 4-1 所示。

图 4-1　顶棚装饰工程实例

2. 改善室内环境，满足使用要求

顶棚作为室内空间的关键围合面，其装饰处理在满足室内风格以及人的使用需求等内容外，还要考虑是否具备优质的防火、吸声、隔热、保温、通风、照明等特性，因为这些性质对室内环境有较为直接的影响。因此，顶棚空间必须能解决隔热、保温、通信、消防、通风、照明等技术问题。

3. 隐蔽设备管线和结构构件

现代建筑具备的功能越来越多，各种设备及其管线的安排成为建筑设计的重要内容，如消防、空调、照明管线等，这些管线和结构构件一般都被隐蔽地安装在顶棚空间当中。

4.1.2　顶棚装饰构造的特点

顶棚是整个室内空间的“盖”，也是位于承重结构下方主要的装饰构件，其装饰主要包括空调、音响、照明灯具等设备及其设备管线，所以稳定、安全、牢固是其装饰构造的主要特点，尤其是要保持与承重结构的紧密连接。

顶棚的构造设计需要考虑防火、照明、隔热、隔声、通风等要求，属于较为复杂的装饰工程项目。为了保证装饰效果，需要从安全、建筑功能、建筑技术要求、设备安装以及经济条件等方面进行综合考虑。

4.1.3　顶棚装饰的分类

顶棚装饰的分类方式如下：

根据顶棚外观不同可以分为四类，分别是分层式顶棚、悬浮式顶棚、井格式顶棚、平滑式顶棚等。

根据顶棚的结构有无“骨架”可以分为两类，分别是有筋类顶棚、无筋类顶棚。

根据顶棚构造成层是否显露可以分为两类，分别是隐蔽式顶棚、开敞式顶棚。

根据顶棚面层和结构位置关系的不同可以分为两类，分别是悬吊式顶棚和直接式顶棚。

根据顶棚面层的施工方法不同可以分为四类，分别是装配式板材顶棚、粘贴式顶棚、喷涂式顶棚、抹灰式顶棚等。

根据顶棚面层使用的饰面材料与结构龙骨之间的关系不同可以分为两类，分别是固定式顶棚、活动装配式顶棚等。

根据顶棚面层使用材料不同可以分为四类，分别是玻璃镜面顶棚、金属薄板顶棚、石膏板顶棚、木质顶棚等。

根据顶棚的承受能力不同可以分为两类，分别是不上人顶棚、上人顶棚。

此外，还有一些特殊类型的顶棚，如软体顶棚、发光顶棚、结构式顶棚等。

4.2　直接式顶棚的装饰构造

4.2.1　直接式顶棚的特点

直接式顶棚是当前建筑较为常见的顶棚装饰形式之一，其较为显著的特点就是结构简单、用料量小、构造层薄、施工简单、成本偏低。但是，这种顶棚装饰也有很多缺陷，如内部空间小，无法完美隐藏设备和管线，甚至稍大一些的管道都特别明显，美观性较差。这类顶棚一般用于空间尺度小、功能少的场所以及一些普通建筑当中。

4.2.2　直接式顶棚的分类与构造

直接式顶棚按施工方法不同可以分为以下几类：使用纸筋灰、石灰砂浆等材料的抹灰类；使用石灰浆、大白浆、色粉浆、彩色水泥浆、乳胶漆等材料的喷刷类；使用壁纸、壁布等卷材的裱糊类；使用胶合板、石膏板等材料的装饰板材类。直接式顶棚装饰构造如图 4–2 所示。

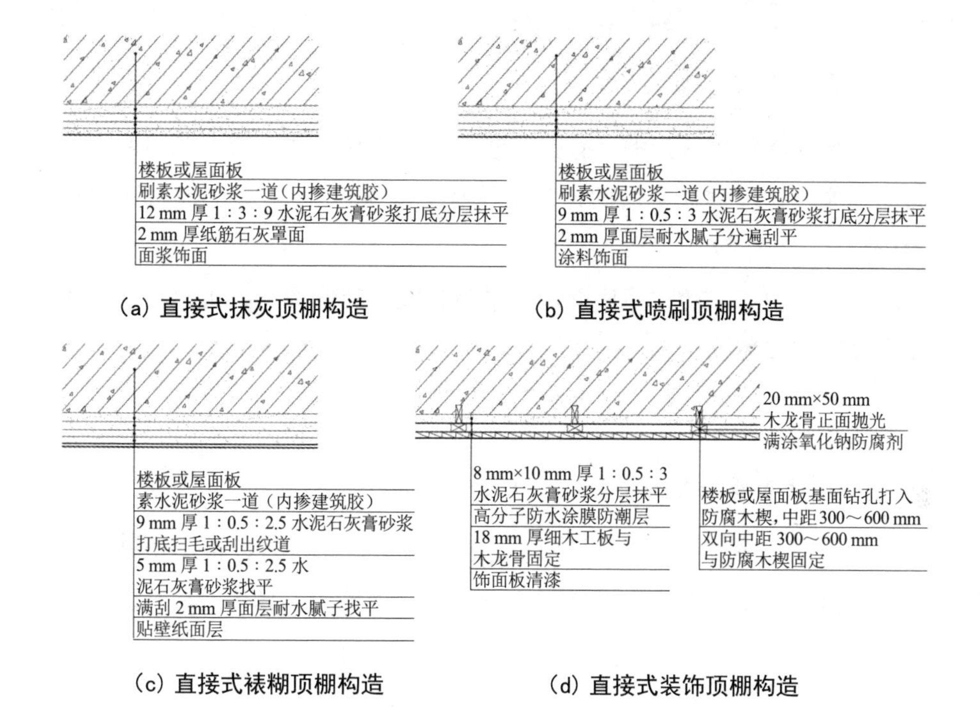

（a）直接式抹灰顶棚构造　　（b）直接式喷刷顶棚构造

（c）直接式裱糊顶棚构造　　（d）直接式装饰顶棚构造

图 4-2　直接式顶棚基本构造

1. 直接式抹灰顶棚的基本构造

直接式抹灰顶棚指的是直接在楼板底面或建筑顶部内表面抹灰的顶棚，这类顶棚常用的抹灰浆料有水泥砂浆、石灰砂浆、纸筋灰等。通常情况下，简易建筑或一般建筑使用普通抹灰即可，而对于声学有高要求的建筑最好使用特种抹灰，如甩毛抹灰等。直接式抹灰顶棚的具体做法如下：首先将纯水泥砂浆均匀地涂抹在顶棚基层的底面上，确保抹灰层能与顶棚基层完美地结合在一起，然后用混合砂浆涂抹在纯水泥浆层上，最后做面层。有些房间会对顶棚有更高的要求，这种房间在施工时通常会先在底板上安装一层特殊的钢板网，然后以其为基础做抹灰，这样做不仅能保证抹灰层黏合得更牢固、强度更高，也能有效防止开裂和掉落。

2. 直接式喷刷顶棚构造

直接式喷刷顶棚指的是直接将浆料喷刷在楼板底面或建筑顶部内表面的顶棚，这类顶棚常用的抹灰浆料有可赛银、彩色水泥浆、色粉浆、大白浆、石灰浆等。

如果室内房间的楼板底面极为平整且没有特殊要求，可以在楼板底面嵌缝后直接喷刷浆料，具体做法与直接式抹灰顶棚的做法相似。这类顶棚一般用于宿舍、办公室等空间的装饰。

3. 直接式裱糊顶棚构造

部分房间的室内空间比较小，其顶棚装饰可以通过粘贴壁纸、壁布或其他植物实现，这类顶棚称为直接式裱糊顶棚，具体做法与墙饰面的做法类似。这类顶棚主要用于卧室、客房以及宾馆房间等空间的装饰等。

4. 直接式装饰板顶棚构造

直接式装饰板顶棚构造做法是首先在结构底铺设固定龙骨，然后将装饰板铺钉在龙骨上，最后进行板面修饰。

4.2.3 直接式顶棚的装饰线脚

直接式顶棚的装饰线脚是安装在顶棚与墙顶交界区域的一种特殊的线材，也称为装饰线，它的存在不仅使顶棚和墙面的接缝得到处理，还显得更为美观，是室内空间装饰效果的一部分。这种装饰线的安装方法主要有两种：第一种是锚固法，即直接用锚钉将踢脚线固定在顶棚和墙面上；第二种是粘贴法，即使用胶黏剂将踢脚线粘贴在顶棚和墙面上。如今常用的直接式顶棚的装饰线脚有木线脚、石膏线脚、金属线脚。直接式顶棚的装饰线示例与样式如图 4-3 所示。

图 4-3　直接式顶棚的装饰线示例与样式

4.3　悬吊式顶棚的装饰构造

许多中高级建筑的顶棚装饰经常会带有独特的造型，十分美观，这些造型大都是通过悬吊式顶棚实现的。悬吊式顶棚是在屋面板、楼板以及顶棚装饰之间构建出一个特殊的空间，这个空间不仅可安装各种设备、管道和管线，还能作为各种造型的承载。悬吊式顶棚可以充分利用室内空间，且形式不必和结构层的形状相对应。

悬吊式顶棚的主要组成部分有基层、吊筋、面层三个基础以及预埋件，其具体构造如图 4-4 所示。

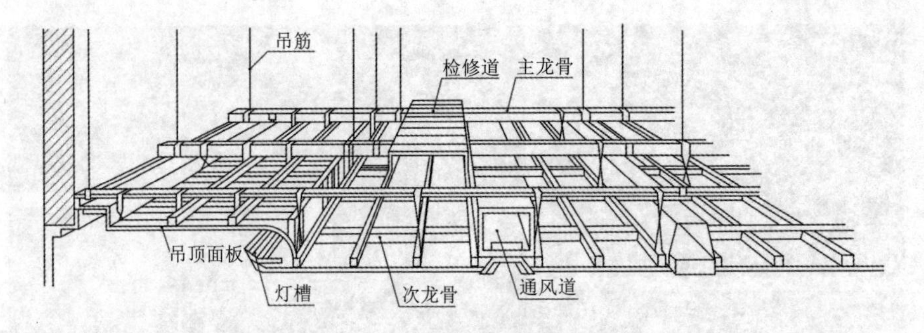

图 4-4　悬吊式顶棚的构造组成

4.3.1　吊筋

在悬吊式顶棚当中，楼板和装饰龙骨只能依靠吊筋连接，它是装饰的重要支撑和主要承重构件。吊筋的形式一般是由顶棚的重量、龙骨和楼板的材料和形式决定的，其材质必须极为坚韧，较常用的有镀锌钢丝、木方、型钢、钢筋等。当顶棚基层材质为木质时一般会使用木方吊筋，中间使用钢制的连接件，增强稳定性；型钢吊筋一般用于整体刚度要求高的顶棚或重型顶棚当中；如果使用钢筋吊筋，顶棚钢筋的直径不应小于 6 mm，其间距为 900 ～ 1 200 mm。吊筋与龙骨之间可以采用螺栓连接。

4.3.2　基层

顶棚的基层是整个顶棚的主要承重层，是顶棚骨架所在，也称为骨架层，其中不仅包含主龙骨和次龙骨（如覆面龙骨等），还包含整个骨架系统，它的主要作用是保证顶棚装饰结构具有稳定、坚固的连接层，确保面层铺设安装，承接面层荷载，同时将其荷载通过吊筋传递给屋面板或者楼板的承重结构。

根据龙骨所用材料不同可将其分为木龙骨、轻钢龙骨、铝合金龙骨等。

1. 木龙骨

木龙骨，是由主龙骨、次龙骨、横撑龙骨三部分构成的，多用于造型较复杂的顶棚。通常情况下，主龙骨使用的是 50 mm×70 mm 的木方，相邻龙骨的间距应在 1.2 ～ 1.5 m，通过栓接或钉接的方式与吊筋相连。次龙骨通常为 50 mm×50 mm 木方，次龙骨钉接或栓接在主龙骨的底部，并用镀锌钢丝绑扎。次龙骨间距可根据不同类型的面层来调整，一般抹灰面层的次龙骨间距为 400 mm，板材面层不大于 600 mm。木龙骨应涂防火、防腐涂料，其具体构造如图 4–5 所示。

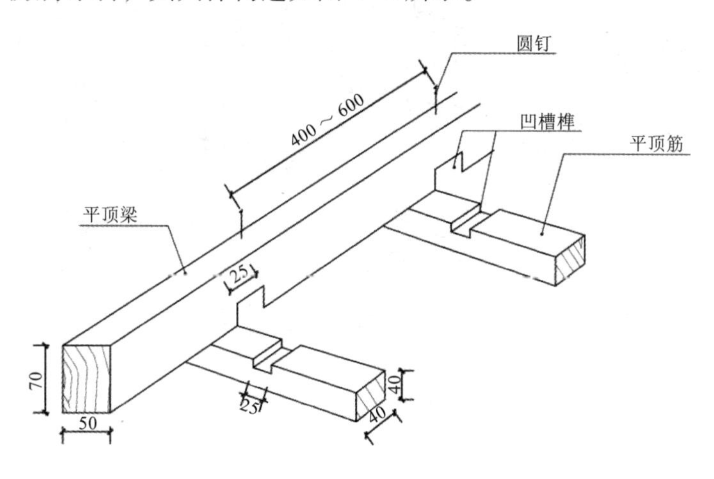

图 4–5　木龙骨的连接构造示意图

2. 轻钢龙骨

轻钢龙骨，是由镀锌薄钢板冲压制成的型材，主要有 U 形、T 形和 C 形，有自重轻、节约钢材的优点，应用较广。其中，顶棚装饰中较常用的就是 U 形系列龙骨。U 形龙骨是由主龙骨、次龙骨、间距龙骨、横撑龙骨及各种连接件组成。根据主龙骨载荷能力不同可将其分为三个系列，分别是 38 系列、50 系列和 60 系列。38 系列龙骨的承载能力最弱，不能承载人，只能用于吊筋间距不大于 1.2 m 的不上人顶棚；50 系列龙骨的承载能力稍强，能承受 80 kg 的检修荷载，所以可用于吊筋间距不大于 1.2 m 的上人顶棚和不上人顶棚；60 系列龙骨的承载能力最强，主龙骨可承受 100 kg 的检修荷载，可以用于吊筋间距不大于 1.2 m 的上人顶棚。对轻钢龙骨来讲，其吊筋与主龙骨、主龙骨与中龙骨、中龙骨与小龙骨之间的连接都是通过吊挂件、接插件实现的，如图 4-6 所示。

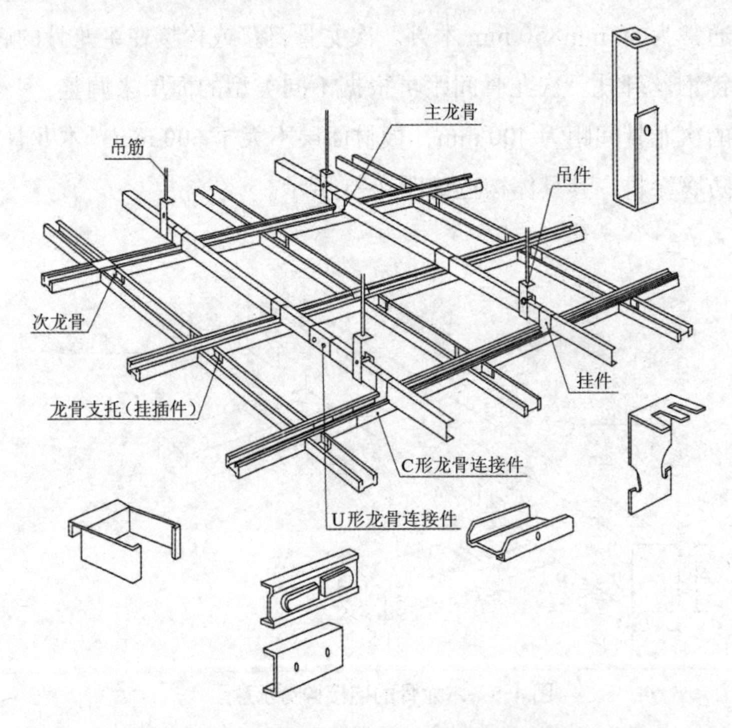

图 4-6　轻钢龙骨悬吊式顶棚构造示意图

3. 铝合金龙骨

铝合金龙骨是当前顶棚中用得较多的一种基层材料，常用的有 T 形、U 形、LT 形以及采用嵌条式构造的多种特制龙骨，最常见的是 LT 形龙骨。LT 形龙骨由主龙骨、次龙骨、间距龙骨、边龙骨及各种连接件组成。根据主龙骨的荷载能力不同可将其可分为三个系列：第一系列是轻型龙骨，包括 30 mm 和 38 mm 两个高度；第二个系列是中型龙骨，包括 45 mm 和 50 mm 两个高度；第三系列是重型龙骨，高度为 60 mm。

4.3.3　面层

顶棚的面层作用极大，既要承担装饰的本意，也要具备保温、反射、吸声等功能，根据材料的不同可分为三类，分别是板材类、裱糊类和抹灰类，其中板材类材料最为常用。

1. 石膏板顶棚

石膏板的特点是轻质、隔声、隔热、耐火、抗震性好，可微调室内湿度，而且板材体块大、表面平，安装简便，是目前使用较广泛的顶棚板材，构造如图 4-7 所示。纸面石膏板分普通纸面石膏板、耐火纸面石膏板和装饰吸声纸面石膏板三种类型。

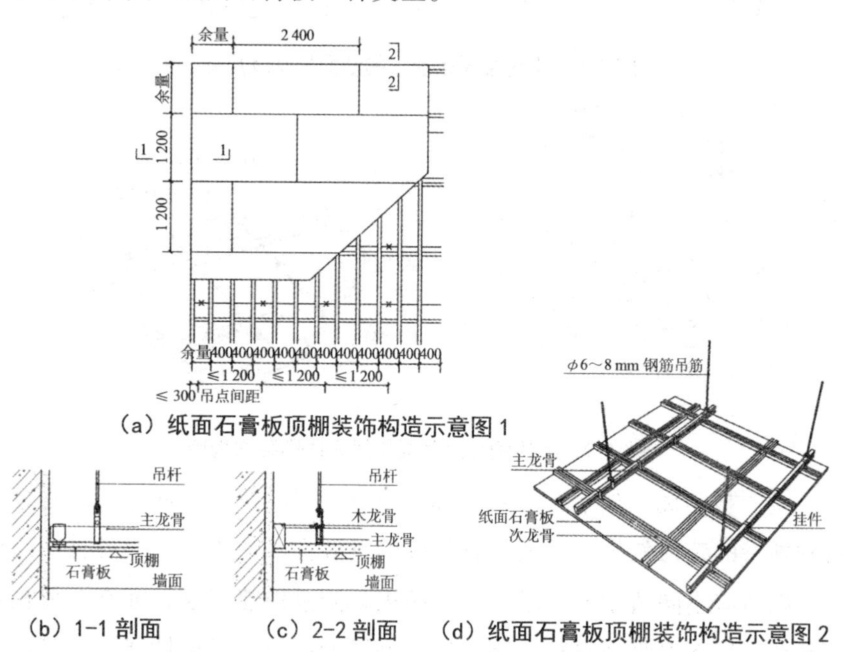

（a）纸面石膏板顶棚装饰构造示意图 1

（b）1-1 剖面　（c）2-2 剖面　（d）纸面石膏板顶棚装饰构造示意图 2

图 4-7　纸面石膏板顶棚装饰构造

注：常用石膏板厚度有 9.5 mm、12 mm、15 mm 等。

2. 金属板顶棚

金属板顶棚的主要材料有铝合金板、不锈钢板、彩色钢板及复合装饰板等，其形式有方形和条形两种，常见金属条形板的断面形状及尺寸如图 4-8 所示，以不锈钢金属薄板顶棚装饰构造为例的金属板顶棚构造如图 4-9 所示。

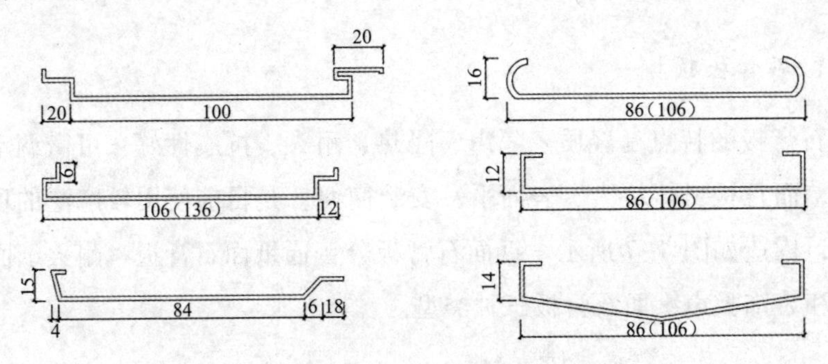

图 4-8 常见金属条形板的断面形状及尺寸

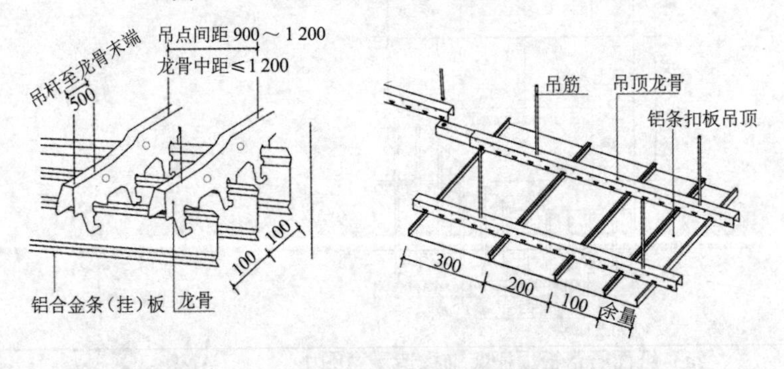

图 4-9 不锈钢金属薄板悬吊式顶棚装饰构造

金属板的优点如下：一是装饰效果好，以其特有的质感和纹理，可得到独特的装饰效果，且其具有良好的延展性，便于加工成各种凹凸形状，以适应不同造型的要求；二是防火、防潮性能优越，如在金属板背面复合一层保温吸声材料，则可使顶棚增加保温、吸声性能；三是重量轻，一般多采用 0.5 ～ 0.8 mm 厚的板材，可以降低顶棚的自重；四是施工检修方便且经久耐用。

具体做法：先用膨胀螺栓将龙骨吸顶吊件直接固定在钢筋混凝土楼板或钢架固定层上，然后搭配 ϕ10 mm 的吊筋和配件将 50 或 60 的主龙骨固定，中距 900 mm。重复操作，固定龙骨 50 次，再在龙骨上安装不锈钢金属板，通过电焊连接。需要注意的是，电焊时需要保留足够的隙缝，通常为 8 ～ 10 mm，可以通过对间隙缝封胶或安装装饰条处理来提高美观性。

3. 木饰面顶棚

木饰面顶棚，是指以实木板或人造板制作的顶棚。木饰面顶棚具有自然、朴实、温暖的视觉感受。但由于木材的防火能力较差，一般不大面积使用，通常在不规则或弧形顶棚中使用。施工过程中必须按消防规定进行制作。木工板基层必须保证平整，需要进行防腐防潮处理。

木饰面悬吊式顶棚的具体做法与金属板顶棚的做法类似，都是先用膨胀螺栓将龙骨吸顶吊件固定在钢筋混凝土楼板或钢架固定层上，然后使用 ϕ8 mm 的吊筋和配件固定 50 或 60 主龙骨，中距 900 mm，同样要固定 50 次龙骨，最后用自攻螺钉将 18 mm 的多层板基层或厚木工板钉在龙骨上。木饰面可以搭配恰当的挂条，在挂条背面打胶就能安装。木饰面背面须封漆，避免单面油漆双面受力不均导致变形。木饰面悬吊式顶棚构造如图 4–10 所示。

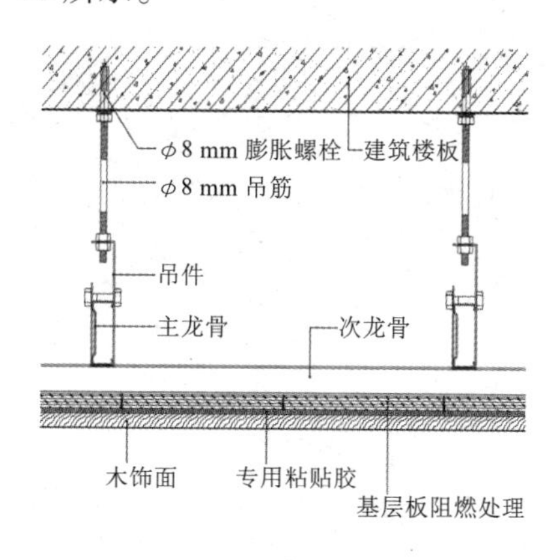

图 4–10　木饰面悬吊式顶棚构造

4. 格栅式顶棚

格栅式顶棚，也称开敞式顶棚，是先将固定形状的单元体按照一定的秩序依次排列，然后组合在一起形成的特殊顶棚，其显著特点是饰面是敞开的。这种顶棚不仅极具通透性，还有一种特殊的秩序美。通常情况下，格栅式顶棚与照明灯具是联合在一起设计和布置的，灯具的位置、形状与顶棚构件紧密相关，能加强顶棚造型的装饰美。

在格栅式顶棚的构造与安装中，顶棚的单体连接构造是较为重要的环节。标准单体构件的连接，通常采用将预制的单体构件插接、挂接或榫接在一起的方法。这种方法一般适用于构件自身刚度不大、稳定性较差的情况。那些使用轻质、高强度材料制成的单体构件不会安装骨架，而是直接用吊筋连接。这种安装结构比较简单，而且可集结构和装饰于一身。在实际工程中，为了避免吊杆的滥用，一般会先将单体构件连成整体，再通过长钢管与吊筋相连，这样可使施工更为简便，且节省材料。格栅式顶棚安装构造如图 4-11 所示。

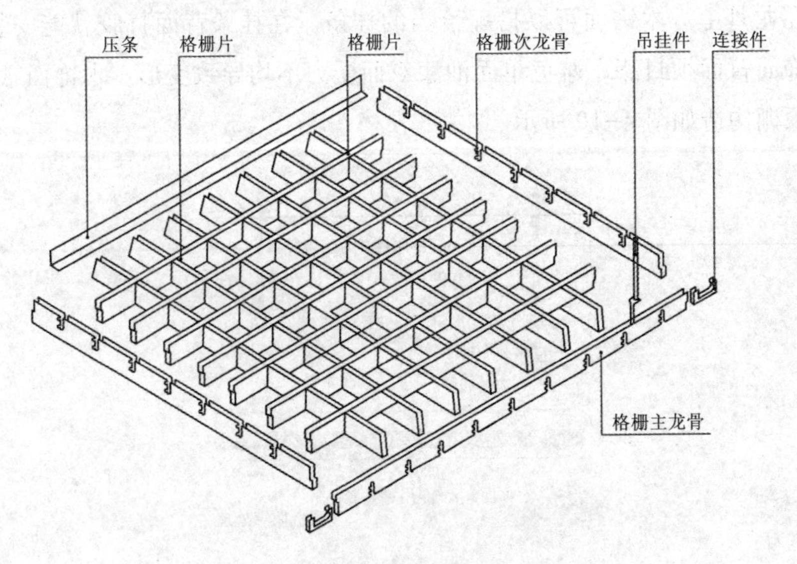

图 4-11　格栅式顶棚安装构造示意图

5. 网架式顶棚

网架式顶棚一般采用不锈钢管、铜合金管等材料加工制作，它具有造型简洁、通透感强等特点。由于一般不需要承重，因此其杆件的组合形式主要根据装饰效果要求来设计。杆件之间可用结点球连接，也可直接焊接后用与杆件材质相同的薄板包裹。

6. 发光顶棚

发光顶棚的饰面采用有机灯光片、磨砂玻璃、彩绘玻璃、透光云石、薄膜等半透光材料，顶棚内部布置有灯具。这种顶棚整体通亮，光线分布均匀，装饰效果丰富多彩。当饰面材料为玻璃板时，应使用安全玻璃或采取可靠的安全措施。

顶棚骨架与主体结构的连接一般是将上层骨架通过吊杆连接到主体结构上。发光顶棚构造如图 4-12 所示。面层透光材料的固定，一般采用搁置方式与龙骨连接，这样便于检修及更换内部灯具。面层与龙骨的连接方式如图 4-13 所示。如果采用黏结等其他方式，则需设置进人孔和检修走道，并将灯座设置成活动式。

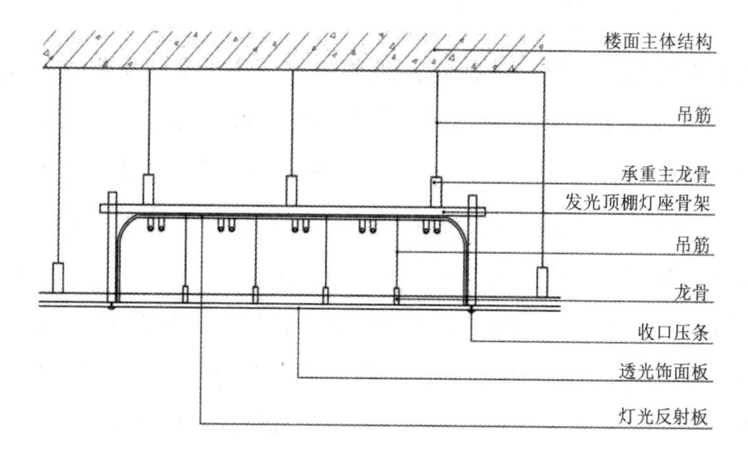

图 4-12　发光式悬吊式顶棚构造

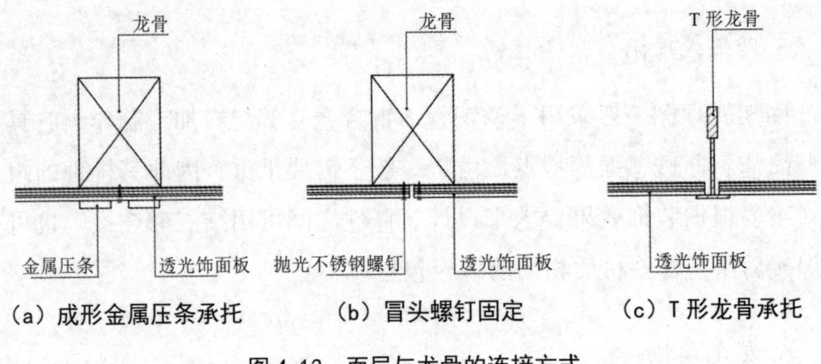

（a）成形金属压条承托　（b）冒头螺钉固定　（c）T形龙骨承托

图4-13　面层与龙骨的连接方式

7. 织物装饰顶棚

织物装饰顶棚，是指将绢纱、布幔等织物材料悬挂于室内顶部的顶棚做法，也称软体顶棚。这类顶棚的装饰效果丰富，吸声效果好，因此常用于影剧院类公共建筑。考虑到室内装饰的防火性能要求，在织物选择时宜采用阻燃织物。

织物装饰顶棚的构造做法是以钢丝、钢管作为骨架设计各种曲线造型。

8. 镜面装饰顶棚

镜面装饰顶棚，是指采用镜面玻璃材料悬挂于室内顶棚的方式，具有华丽的装饰效果，并且能起到扩大空间视觉效果的作用。由于镜面玻璃材料的特殊性，目前多用镜面的不锈钢板来代替，而且可采用有颜色的镜面不锈钢板，如钛金色、香槟金色、黑钛色的不锈钢板等。不锈钢顶棚比玻璃顶棚更牢固，能折弯变形，不易破碎。

具体做法：将龙骨吸顶吊件用膨胀螺栓与钢筋混凝土板或钢架转换固定层固定，以 ϕ8 mm 吊筋和配件固定50或60主龙骨，中距为900 mm。依次固定50副龙骨，在木工板基层表面粘贴9.5 mm或12 mm厚纸面石膏板，用自攻螺钉或气动枪钉固定，随后放线，打中性硅胶粘贴镜面材料。硅胶打法需要结合镜面材料自重，粘贴后需要用固定物固定 24 h。

4.3.4　悬吊式顶棚面层连接构造

1. 悬吊式顶棚面层连接方式

悬吊式顶棚面层多为板材类饰面，常见的有木板、胶合板、木丝板、石膏板、矿棉板、铝板、铝合金板等。各类饰面板与龙骨的连接有以下几种方式：

（1）钉接。用铁钉、螺钉将饰面板固定在龙骨上。钉距视板材材质而定，要求钉帽埋入板内，并做防锈处理，如图 4–14（a）所示。

（2）黏结。用各类胶、黏结剂将板材粘贴于龙骨底面或其他基层板上，如图 4–14（b）所示。

（3）搁置。将饰面板直接搁置在倒 T 形断面的轻钢龙骨或铝合金龙骨上，如图 4–14（c）所示。

（4）卡接。用特制龙骨或卡具将饰面板卡在龙骨上，这种方式多用于轻钢龙骨、金属饰面板，如图 4–14（d）所示。

（5）吊挂。用金属挂钩龙骨将饰面板按排列次序组成的单体构件挂于其下，组成开敞式悬吊式顶棚，如图 4–14（e）所示。

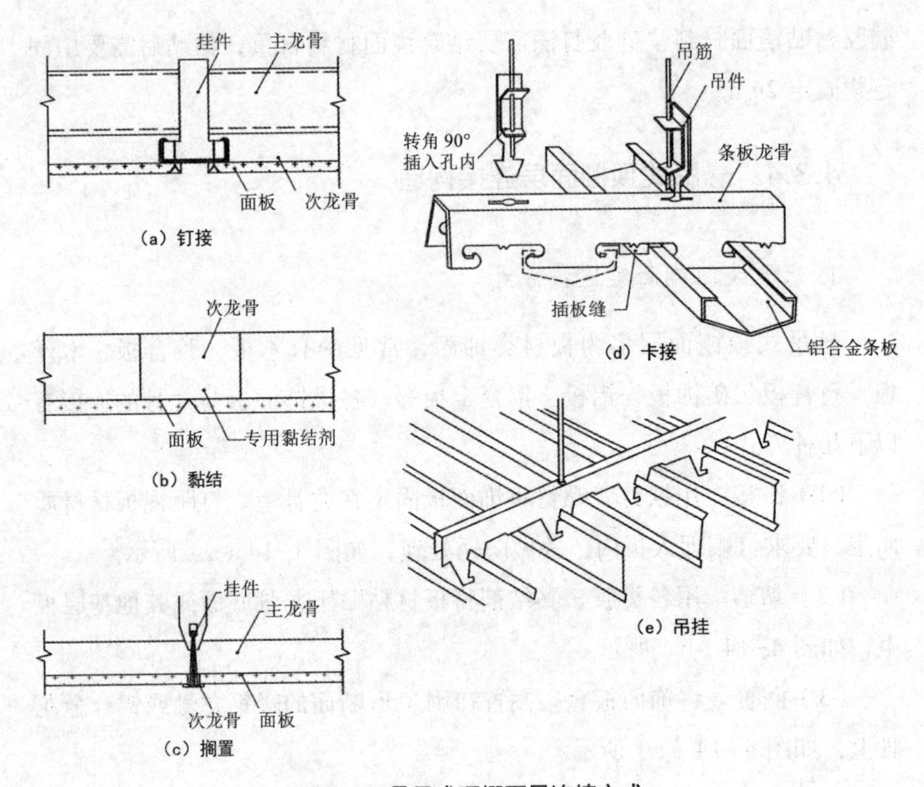

图 4-14 悬吊式顶棚面层连接方式

2. 悬吊式顶棚饰面板的拼缝

（1）对缝。对缝也称密缝，是板与板在龙骨处对接，如图 4-15（a）所示。固定饰面板时可以采用对缝，对缝适用于裱糊、喷涂的饰面板。

（2）凹缝。凹缝是利用饰面板的形状、厚度所形成的拼接缝，也称离缝、拉缝，凹缝的宽度不应小于 10 mm，如图 4-15（b）所示。凹缝有 V 形和矩形两种，纤维板、细木工板等一般做成 V 形缝，石膏板一般做成矩形缝，镶金属护角。

（3）盖缝。盖缝是利用装饰压条将板缝盖起来，如图 4-15（c）所示，这样可以避免缝隙宽窄不均匀、线条不顺直等施工质量问题。

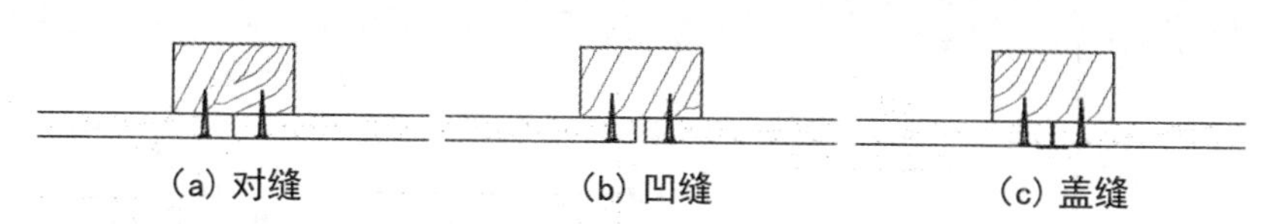

图 4-15　悬吊式顶棚饰面板的拼缝形式

4.4　顶棚与其他界面及特殊部位的连接构造

4.4.1　顶棚端部与墙的构造处理

悬吊式顶棚端部是指顶棚与墙体相交处，其造型处理形式有凹角、直角、斜角三种，如图 4-16 所示。其中，直角处理形式中的相交处的边缘线一般需要另外加装饰压条，压条可以与龙骨相连，也可以与墙内预埋件连接，如图 4-17 所示。

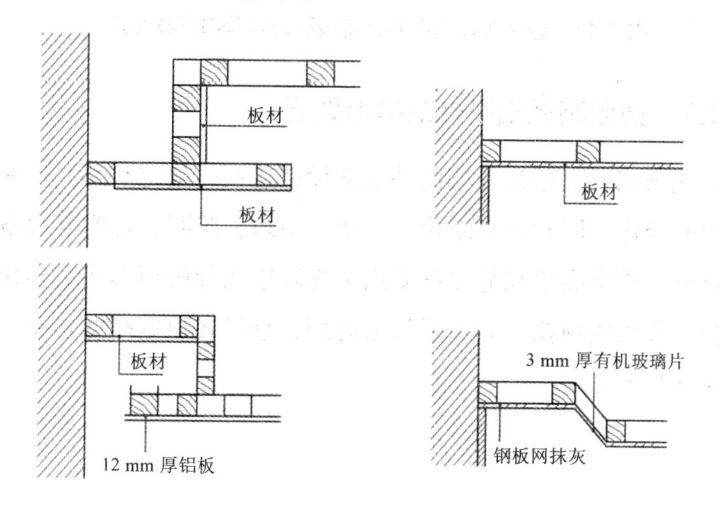

图 4-16　悬吊式顶棚端部造型处理的形式

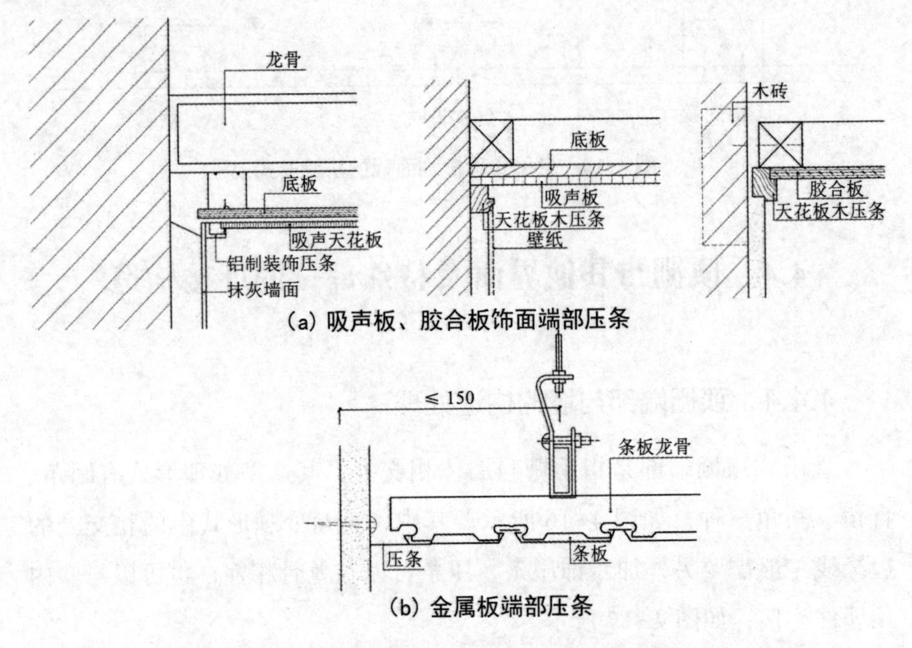

图 4-17　悬吊式顶棚端部直角造型边缘装饰压条做法

4.4.2　顶棚高低相交处的构造处理

悬吊式顶棚可以通过顶棚的叠落来设计造型、限定空间，形成室内空间高度的变化，同时满足结构、空调、消防、照明、音响等设备安装方面的要求。通常高顶和低顶都采用常规轻钢龙骨吊顶形式，连接高低顶的部分一般采用扁铁吊装基层板来处理，悬吊式顶棚高低相交处的构造如图 4-18 所示。

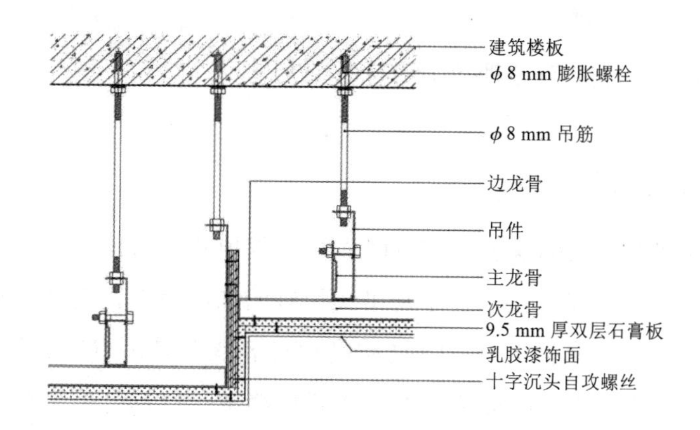

图 4-18　悬吊式顶棚高低相交处的构造

4.4.3　检修孔的构造处理

检修孔是顶棚装饰的组成部分，其设置与构造既要保障检修工作方便，又要力求隐蔽，以保持顶棚的完整性。一般采用活动板作顶棚进人孔，使用时可以打开，合上后又与周围保持一致。进人孔的尺寸一般不小于 600 mm× 600 mm。如果能将进人孔与灯饰结合则更理想，如顶面的格栅或折光板做可被顶开的设计，需要时可掀开，若能利用顶棚侧面设进人孔，装饰效果更为理想。悬吊式顶棚活动板检修孔构造如图 4-19 所示。

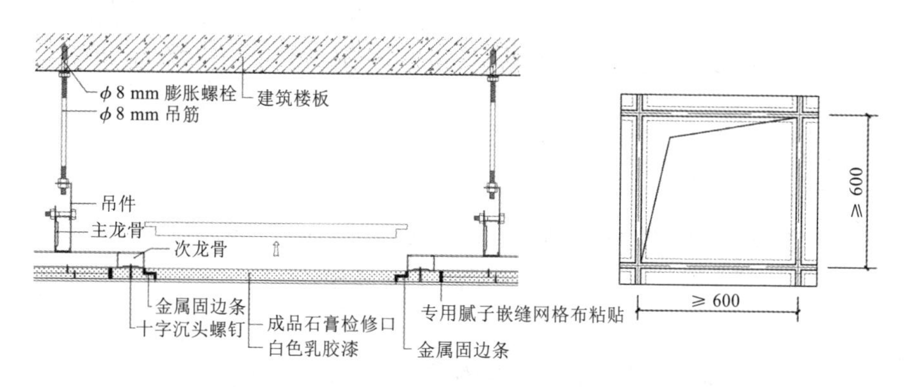

图 4-19　活动板检修孔构造

4.4.4 灯具与顶棚连接的构造处理

1. 顶棚面层设灯具

顶棚面层灯具的安装形式有嵌入式、吸顶式、吊挂式等。当灯具质量小于1 kg时可以直接安装于悬吊式顶棚的饰面板上；当灯具质量大于1 kg时应安装于龙骨上；若灯具质量超过8 kg，其吊点应为特制吊杆，并直接焊在楼板或屋面板预埋件上或者板缝中。灯具可单组布置，也可成片布置。灯口可做成圆形、方形、长方形等，也可由许多灯排列在一起做成条形光带。

2. 顶棚叠落处设灯槽

在有叠落的顶棚中，各层周边与顶棚相交处经常做灯槽，借顶棚或墙面反射光线。灯槽深度及高度不宜过小，否则会对出光效果有所影响；灯槽内安装白铁皮可以起到防火作用，同时便于灯具安装。常见灯槽造型的顶棚构造如图4-20所示。

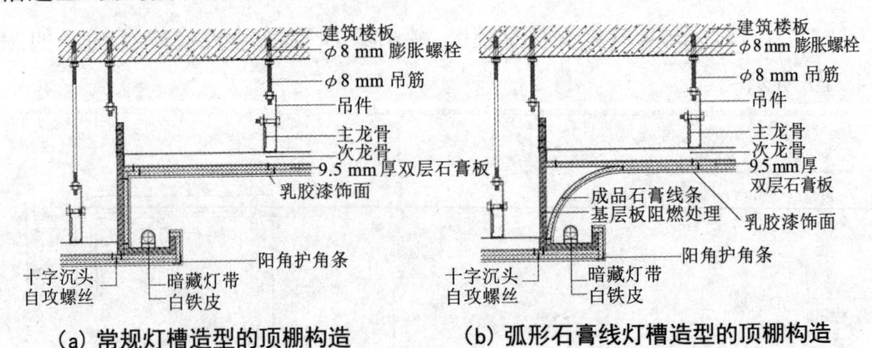

(a) 常规灯槽造型的顶棚构造　(b) 弧形石膏线灯槽造型的顶棚构造

图4-20　常见灯槽造型的顶棚构造

4.4.5 顶棚通风口的连接构造

通风口布置于顶棚的表面或侧立面上。风口一般为定型产品，材质通常为铝合金、塑料或实木，形状多为方形或圆形。安装风口须装饰施工与设备施工配合，在其位置上预留木框以便风口安装，也可将发光顶棚的折光片、开敞式顶棚作为送风口。

接排这种方法不仅避免了在顶棚表面设风口，有利于保证顶棚的装饰效果，而且将端部处理、通风和效果三者有机地结合起来。有些顶棚在此还设置暗槽反射灯光，使顶棚的装饰效果更加丰富。

顶棚通风口还可以利用龙骨送风。它主要是利用槽形或双歧龙骨，从夹缝中安装空调盒进行通风，有些还组成方格形龙骨体系，龙骨的间距一般为 1.2 m。空调盒可安装在顶棚的任意位置，由空调总管道将风送到空调盒中。这种体系使龙骨和风口结合，顶棚上看不到专用的风口，使顶棚简洁、明快，同时送风比较均匀舒适。

通风口通常安装在附加龙骨边框上，边框规格不小于次龙骨规格，并用橡胶垫做减噪处理。通风口与顶棚连接的构造处理如图 4–21 所示。

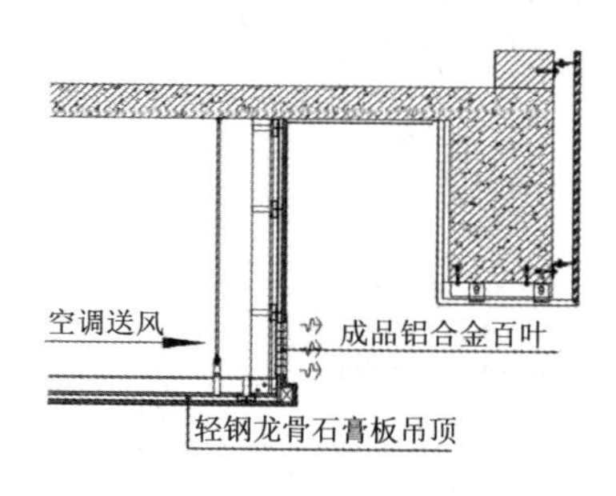

(a) 风口侧送风

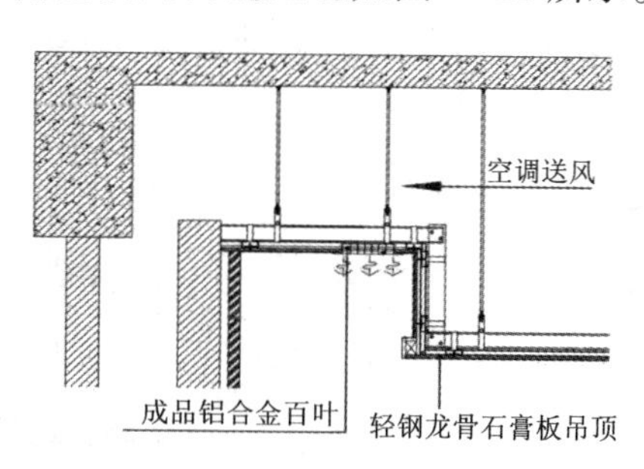

(b) 风口下送风

图 4–21　通风口与顶棚连接处的构造

4.4.6　顶棚与窗帘盒的构造处理

窗帘盒既是一种装饰品，也具有较好的实用效果，能够隐藏窗帘头、遮阳挡光等，在进行顶棚和包窗套设计时，选用配套的窗帘盒设计，能够提高整体装饰效果。窗帘盒根据顶部的处理方式不同，可以分为明装式窗帘盒和暗装式窗帘盒，具体构造如图 4–22 所示。

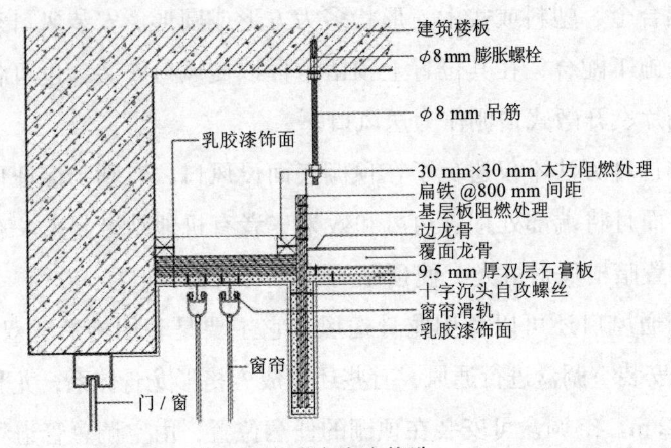

(a) 明装式窗帘盒构造

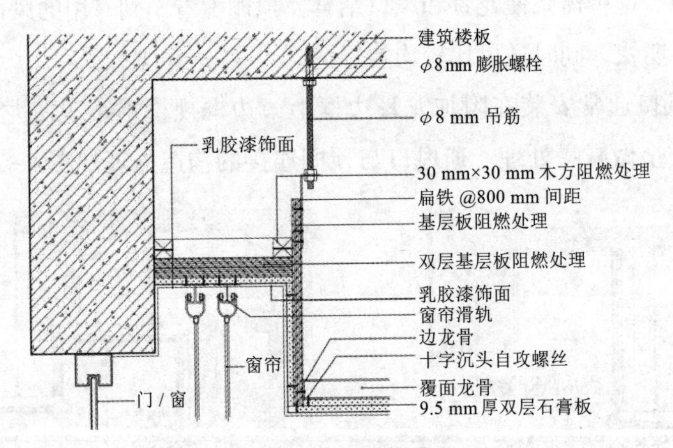

(b) 暗装式窗帘盒构造

图 4-22 顶棚与窗帘盒的构造

4.4.7 顶棚与挡烟垂壁的构造处理

挡烟垂壁是指安装在吊顶或楼板下或隐藏在吊顶内，火灾时能够阻止烟和热气体水平流动的垂直分隔物，用不燃材料制成，垂直安装在建筑顶棚、梁或吊顶下，能在火灾时形成有一定蓄烟空间的挡烟分隔设施。挡烟垂壁主要用于高层或超高层大型商场、写字楼以及仓库等场所，其构造如图 4-23 所示。

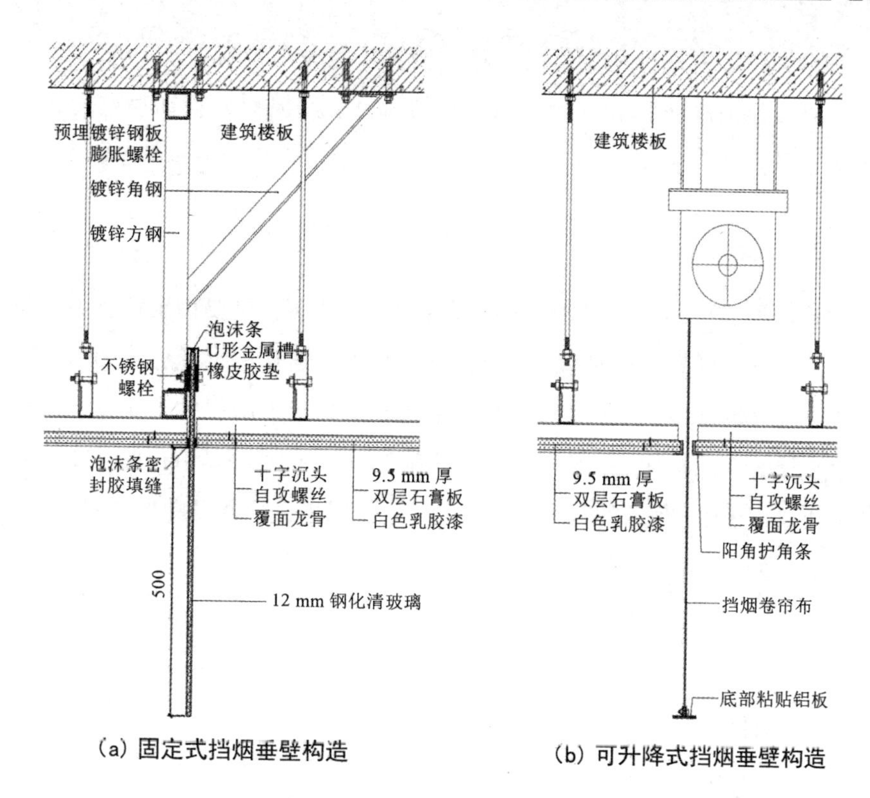

(a) 固定式挡烟垂壁构造　　(b) 可升降式挡烟垂壁构造

图 4-23　顶棚与挡烟垂壁的构造

4.5　顶棚装饰构造的特殊问题

4.5.1　顶棚内部的管线敷设和检修通道

1. 顶棚内部的电管线敷设

可以先在顶棚内部敷设管线或管线敷设与顶棚安装同时进行，其构造做法如下：

（1）确定顶棚吊杆位置，放安装位置线。

（2）用膨胀螺栓固定支架，将线槽管线敷设在位置上。

（3）装顶棚龙骨和顶棚面板，预留灯具、送风口、自动喷淋头和烟感器等安装口。

2. 检修通道

检修通道也称“马道”，是顶棚内的人行通道，主要用于顶棚中各类设备、管线、灯具、通风口安装、维修等使用。常用的马道做法如下：采用 30 mm×60 mm 的 V 形龙骨 4 根，槽口朝下固定于吊顶的主龙骨上，其安全装置为立杆与扶手，立杆间距为 1 000 mm，扶手距马道顶面 600 mm，如图 4–24 所示。马道的宽度不宜过大，一般以单人能通过即可。

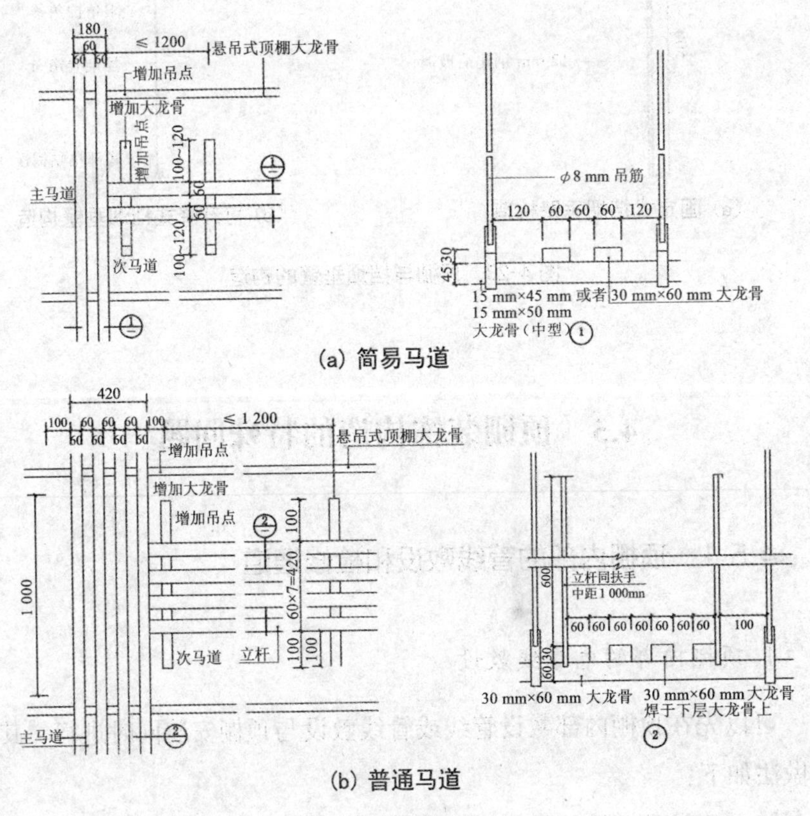

图 4–24　顶棚马道构造

4.5.2　顶棚吸声、反射与隔声

顶棚的吸声是将吸声材料装置在顶棚的面层，使噪声源发出的噪声碰到这些材料时被部分吸收，从而达到降低噪声的目的。

顶棚面层材料的吸声系数越大，它对声音的吸收力越强；反之，它对声音的反射力就越强。吸声系数大的顶棚材料有超细玻璃棉板、矿棉板、软质纤维板、木丝板、穿孔板等。

声音从室外传到室内或从一个房间传到另一个房间有许多不同的途径，如通过墙壁、门窗、楼板、地面及各设备管道等。概括起来分为通过空气传声和通过建筑结构固体传声两个方面。

顶棚隔声处理就是隔绝空气声和固体声。厚重又坚硬的钢筋混凝土楼板可以有效隔绝空气声，但隔绝撞击声的效能却很差。有人以为增加楼板的厚度或重量会对隔绝撞击声有所帮助，事实上这样做只会增加造价和结构自重，对固体声隔绝效果不大，这是由于声波在固体中传播速度很快，衰减很小。相反，多孔材料，如毡、毯、软木、玻璃棉等，隔绝空气声效果虽然很差，但对于固体声，却是较有效的隔离材料。

顶棚隔声的有效途径是使顶棚与结构层分离，即在楼板下加设吊顶棚，对隔绝撞击声和空气声都能起一定的作用。但由于固体声存在侧向间接传递的特性，部分声能通过吊杆传至顶棚面层，通过四周刚性连接的墙体传至楼下。所以，要想处理好隔声，顶棚隔声必须与楼板隔声同时进行，在两者之间加设弹性垫层等。

5

第 5 章　建筑室内门窗的装饰构造

5.1　建筑室内门窗装饰概述

门窗是连接室内外空间的重要部件。门是分割有限空间的一种实体，它的作用是连接和关闭两个或多个空间的出入口。窗在连通空间的同时，兼具通风与采光的重要功能。在门窗的设计与选用中，大家不仅应考虑防火、防盗、保温隔热、隔声等多方面因素，还要重视门窗对室内外空间环境形象的塑造作用，利用门窗的造型、色彩与材质来提升建筑物室内外的装饰效果。

5.1.1　门窗的分类

1. 按开启方式

门有平开门、弹簧门、自由门、推拉门、转门、自动门、折叠门等（见图 5–1）。

窗有固定窗、平开窗、推拉窗、悬转窗、百叶窗等（见图 5–2）。

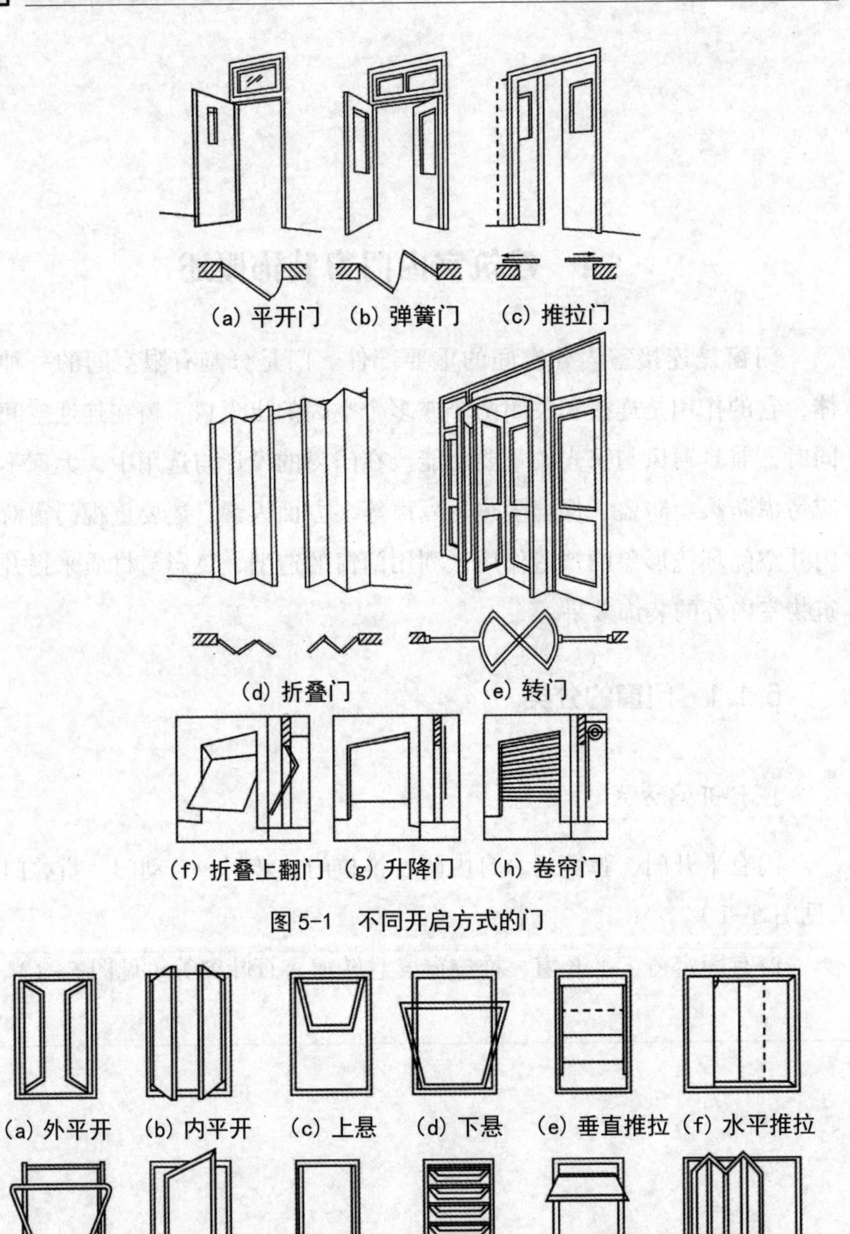

图 5-1 不同开启方式的门

图 5-2 不同开启方式的窗

2. 按材质

门窗按材质分为木门窗、铝合金门窗、钢门窗、塑料门窗、塑钢门窗、全玻璃门窗、玻璃钢门窗等。

3. 按使用功能

门窗按使用功能分为防火门窗、防盗门窗、泄爆门窗、隔声门窗、保温门窗、特殊门窗等。

5.1.2　门的构造

1. 门框

门框主要由上框、边框、中横框、中竖框组成。门框在目前装修中主要以门套的形式出现。门套起固定门扇的作用，同时对门洞墙面与阳角起保护装饰作用。门套主要由贴脸板（装饰板）和筒子板组成。

2. 门扇

门扇主要有镶板门扇、夹板门扇、无框玻璃门扇等。

镶板门扇主要由边梃、上冒头、下冒头、中冒头、门芯板等构成。门芯板一般用实木板、纤维板、木屑板、玻璃、百叶、造型铸铁等材料。镶板门扇有实木镶板门扇、铁艺镶玻璃门扇、镶百叶门扇等。

夹板门扇主要由骨架和面板构成。

无框玻璃门扇主要由玻璃和地弹簧构成，门扇无边框。

3. 五金配件

门的五金配件主要有合页、拉手、自动闭门器、门吸、门窗定位器等。

（1）合页。合页一般有普通合页、插芯合页、软制薄合页、方合页、抽芯合页等，如图 5-3（a）所示。

（2）拉手。拉手是安装在门上，便于开启操作的器具，主要有铜管拉手、不锈钢拉手、铝合金拉手、铝合金推板拉手等，大家可根据造型需要选用，具体造型如图 5-3（b）所示。

（3）自动闭门器。自动闭门器是能自动关闭门的装置，如图 5-3（c）所示。自动闭门器分为液压式自动闭门器和弹簧式自动闭门器两类；根据安装在门扇的部位不同，又分为地弹簧闭门器、门顶弹簧闭门器、门底弹簧闭门器和弹簧门弓。闭门器主要用在商业和公共建筑物中，但也有在家中使用的情况。自动闭门器最主要的用途是使门自行关闭，可以限制火灾的蔓延，控制大厦内的通风。

（4）门吸。门吸是防止门扇、拉手碰撞墙壁的五金装置。

（5）门窗定位器。门窗定位器一般装于门窗扇的中部或下部，有固定门窗扇之用，如图 5-3（d）所示。

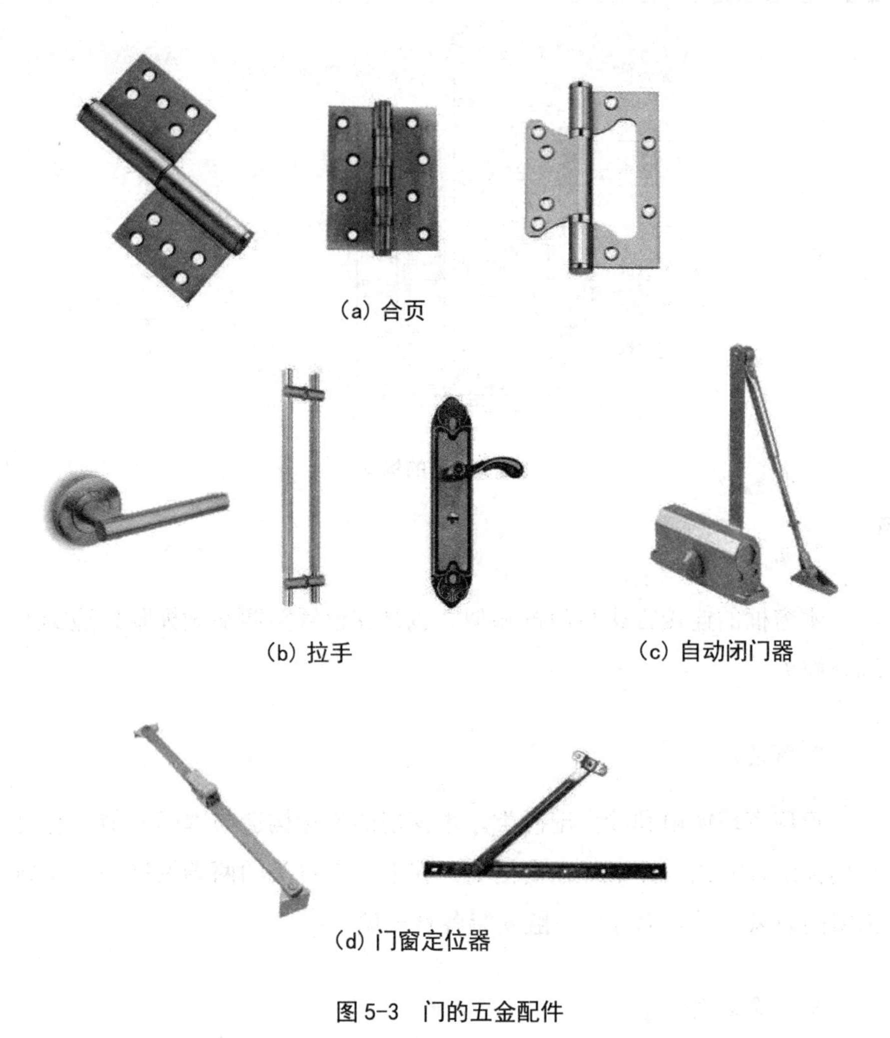

图 5-3　门的五金配件

5.1.3　窗的构造

窗由窗框、窗扇和五金配件及装饰附件组成，如图 5-4 所示。

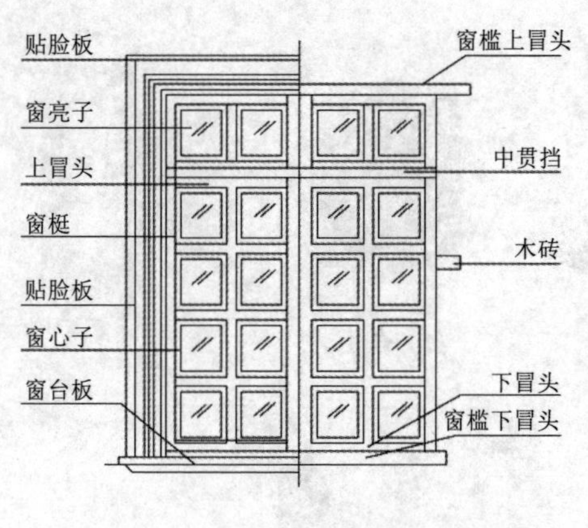

图 5-4　窗的构造

1. 窗框

木窗框的连接方式与门框相似，也是在窗冒头两端做榫眼，边梃上端开榫头。

2. 窗扇

窗扇有玻璃扇和纱窗扇两类。木窗扇的连接构造与木门相似，它也采用榫结合方式，榫眼开在窗梃上，在上、下冒头的两端做榫头。窗扇为窗的通风、采光部分，一般安装各种玻璃。

3. 五金配件

窗的五金配件主要有合页、风钩、插销、把手、滑轮等。

4. 装饰附件

窗的装饰附件主要有窗帘盒、窗台板、贴脸板、筒子板等。

5.2　铝合金门窗的装饰构造

铝合金门窗的用料是薄壁结构，型材断面中留有不同形状的槽口和孔。铝合金门窗广泛用于住宅和公共建筑，这提高了建筑的保温、隔热、隔声性能，对建筑物的节能有很大的帮助。

5.2.1　铝合金门窗的特点

1. 质量轻

铝合金门窗用料省、质量轻，每平方米耗用铝材质量平均较木门窗轻50%左右。

2. 性能好

铝合金门窗密封性能好，其气密性、水密性、隔声性、隔热性都比钢、木门窗有显著的提高，因此铝合金门窗适用性广，装设空调设备以及对防尘、隔声、保温、隔热有特殊要求的建筑，或者多台风、多暴雨和多风沙地区的建筑，更适合用铝合金门窗。

3. 耐腐蚀、坚固耐用

铝合金门窗表面不需要涂涂料，其氧化层不褪色、不脱落，不需要表面维修，使用寿命在80年左右，年久损坏后它们还可被回收重新冶炼。

4. 稳定性好

铝合金门窗不易发生变形，且材料阻燃、防火性好。

5. 色泽美观

铝合金门窗框料型材表面经过氧化着色处理，既可以保持铝材的银白色，也可以制成各种颜色或花纹，使门窗美观新颖。

5.2.2 铝合金门

铝合金门与木门相比，其构造差别很大，木门框料的组装以榫接相连，扇与框以截口相搭接，而铝合金门框料利用转角件、插接件、紧固件组装成扇和框，扇与框的四角组装采用直角插榫结合，横料插入竖料连接。铝合金门框与洞口墙体的连接采用柔性连接，即门框的外侧用螺钉固定不锈钢锚板。安装门框与洞口时，用射钉将锚板钉在墙上，框与墙的空隙用沥青麻丝内填后外抹水泥砂浆，表面用密封膏嵌缝。

铝合金门均采用弹簧门和推拉门，外门用弹簧门，内门用推拉门。铝合金门的分格比较大，玻璃与框之间用玻璃胶连接或用橡胶压条固定。铝合金门的细部构造如图 5-5、图 5-6 所示。

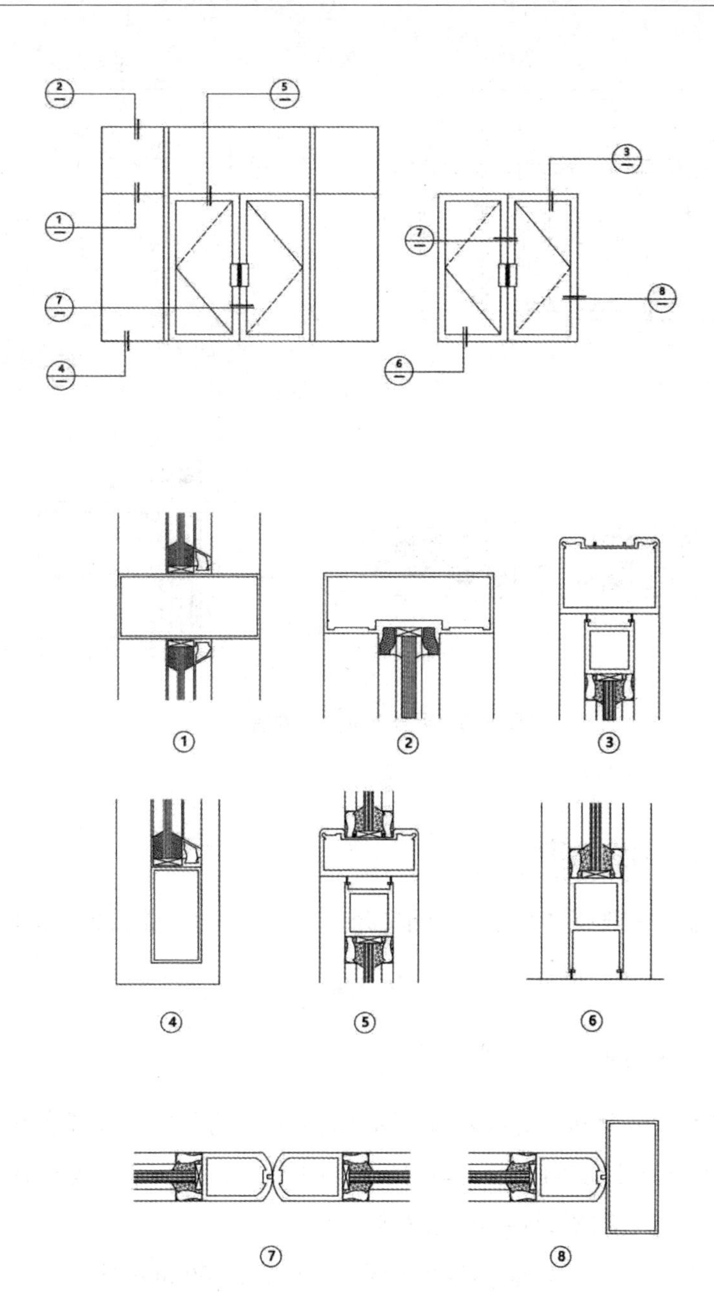

图 5-5　铝合金弹簧门构造

注：①~⑧代表铝合金弹簧门不同的截面。

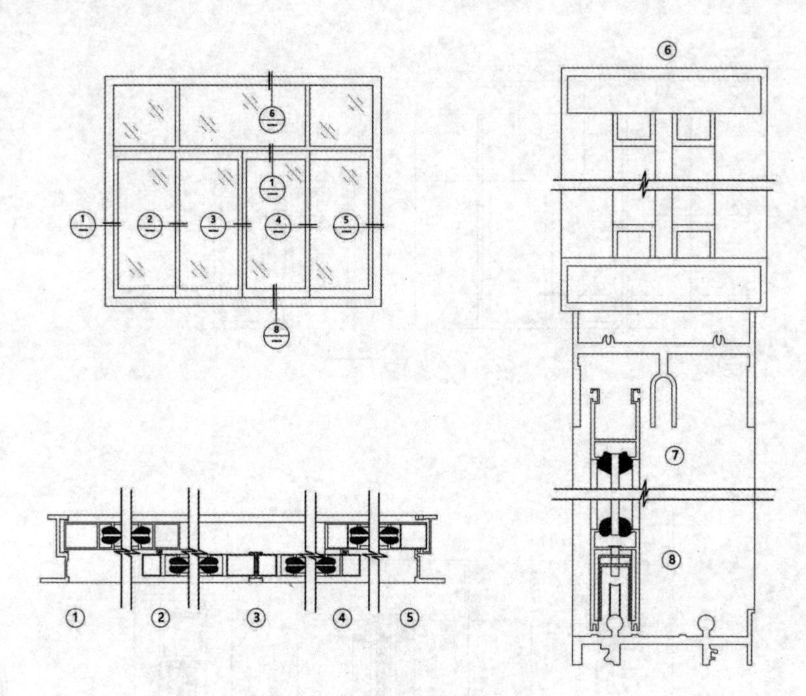

图 5-6　铝合金推拉门构造

注：①～⑧代表铝合金推拉门不同的截面。

5.2.3　铝合金窗

铝合金窗一般有平开窗（滑轴平开、合页平开）、推拉窗、立转窗、悬开窗、百叶窗几种类型。

1. 铝合金窗的五金配件选用

（1）不锈钢滑轴铰链可采用不同开启角度，可使窗扇在任意开启角度上自动定位；铰链的连杆机构的滑块与滑轨摩擦力可调；窗扇开启后能方便地从室内清洁室外一侧的玻璃。

（2）内开窗执手安装高度的确定：扇高＜ 700 mm 时，采用单执手，位置居中；700 mm ≤扇高＜ 1 000 mm 时，安装高度为 200 mm；1 000 mm ≤扇高＜ 1 200 mm 时，安装高度为 250 mm；1 200 mm ≤扇

高＜ 1 400 mm 时，安装高度为 300 mm。

（3）上悬窗亮子执手的位置：扇宽＜ 900 mm 时，安装一个执手，位置居中；扇宽≥ 900 mm 时，安装左右两个执手，它们分别距两端 200 mm。

2. 铝合金窗的构造

铝合金窗型材断面中留有不同形状的槽口和孔，它们分别起空气对流、排水、密封等作用。对于不同部位、不同开启方式的铝合金窗，其壁厚均有规定：普通铝合金窗型材壁厚不得小于 0.8 mm；用于多层建筑的铝合金外侧窗型材壁厚一般为 1.0 ～ 1.2 mm；高层建筑的不应小于 1.2 mm；必要时，可增设加固件。组合门窗拼樘料和竖梃的壁厚则应进行更细致的选择和计算。

铝合金窗框料的系列名称以窗框厚度的构造尺寸来命名，如推拉铝合金窗的窗框厚度构造尺寸为 70 mm，它称为 70 系列铝合金推拉窗，如图 5–7 所示。

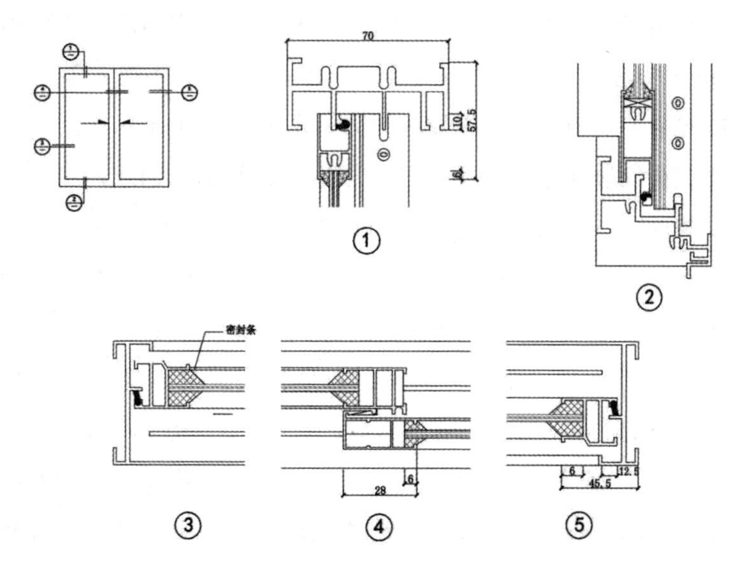

图 5–7　70 系列铝合金推拉窗的构造

铝合金窗进行横向和竖向组合时，应采取套插、搭接的方式，形成曲面组合，以保证窗的安装质量。搭接长度宜为 10 mm，并用密封膏密封，如图 5-8 所示。

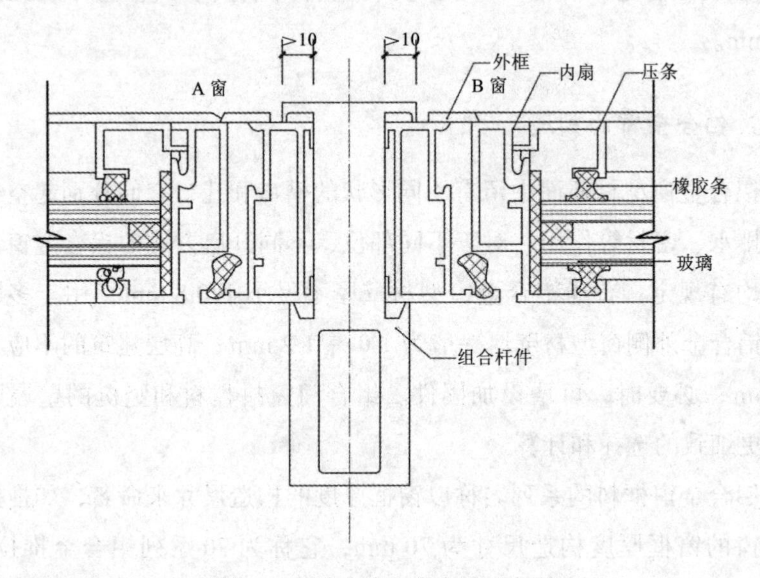

图 5-8　铝合金窗组合方法示意图

铝合金窗与墙体等的连接固定点，每边不得少于两点，间距不得大于 700 mm；在基本风压大于或等于 0.7 kPa 的地区，不得大于 500 mm；边框端部的第一个固定点距端部的距离不得大于 200 mm。

铝合金窗安装所选用的连接件、固定件，除不锈钢外，均应经进行腐处理，并且在与铝型材接触面塑料或橡胶垫片需要被加设。

铝合金窗安装应采用预留洞的方法，预留间隙视墙体饰面材料总厚度而定，一般为 20 ～ 60 mm。四周缝内一般采用填塞矿棉条、玻璃棉毡条或现场发泡聚氨酯的方式接缝，即弹性接缝；缝隙外表面留出 5 ～ 8 mm 深的槽口，填嵌防水密封胶，使窗的气密性、水密性和隔声性能得以保证。弹性接缝不仅可以有效地提高门窗的隔声、保温等功能，防止窗框四周形成冷热交换区产生结露现象；也可避免门窗框直接与混凝土、水泥砂浆接触，避免析碱对铝型材的腐蚀。

5.3　塑钢门窗的装饰构造

以硬质聚氯乙烯（UPVC）为原料，配合一定的着色剂、阻燃剂、抗老化剂、润滑剂等填充剂，用挤出机挤出各种多腔截面的材料在内腔中加入衬钢，用热熔焊接法使之成为框、扇，安装五金配件，满足其开启功能，这就是塑钢门窗的制作过程。塑钢门窗的异型材一般按用途分为主型材和副型材。主型材在门窗结构中起主要作用，截面尺寸较大，如框料、扇料、门边料、分格料、门芯料等；副型材是指在门窗结构中起辅助作用的材料，如玻璃条、连接管以及制作纱扇用的型材等。塑钢门窗框与洞口的连接安装构造和铝合金门窗框墙连接相同。

5.3.1　塑钢门窗的组成

1. 塑钢框

为了加固塑钢型材，塑钢门窗里面都应该夹有钢衬，钢衬有 1.2 mm、1.5 mm 两个厚度。

2. 玻璃

一般采用浮法玻璃，厚度为 4 mm。浮法玻璃较普通玻璃的区别就在于杂质少且更透亮。

3. 五金配件

塑钢门窗一般配有滑轮、合页、门窗锁等五金配件。

4. 纱窗

纱窗分为尼龙网、不锈钢网两种。

5.3.2 塑钢门窗的安装及构造

塑钢门窗由框料、扇料、门边料、分格料、门芯料等组成。塑钢门窗采用预留洞口后安装的方法。门洞宽度为 900 ～ 2 100 mm，高度为 2 100 ～ 3 300 mm；安装缝宽度方向一般为 20 ～ 26 mm，洞口顶面为 20 mm。窗洞宽度为 900 ～ 2 400 mm，高度为 900 ～ 2 100 mm；窗安装缝宽度和高度方向一般均为 40 mm。塑钢门窗适用于风负荷不超过 800 N/m² 的情况。

塑钢门窗固定方式：门窗框连接件（铁脚）与洞口墙体连接，一般采用机械冲孔膨胀螺栓固定，或采用预埋木砖（60 mm×120 mm×120 mm，涂防腐油）螺钉固定。连接件位置排列：靠门窗框夹角边为 150 mm，中间间距不大于 600 mm。塑钢门窗的连接构造如图 5-9 所示。

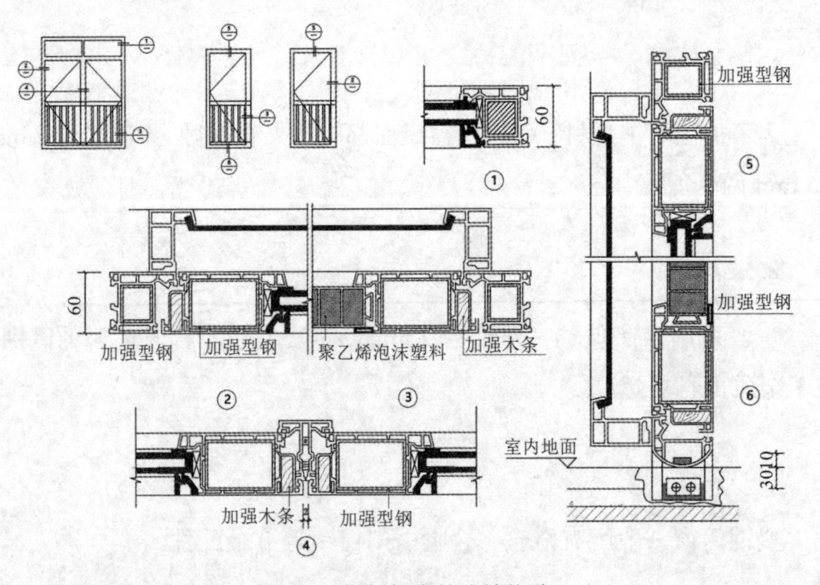

图 5-9 塑钢门窗的连接构造

注：①～⑥代表塑钢门窗不同的截面。

5.4　木质门窗的装饰构造

5.4.1　木质门的构造

木材的质感温暖宜人，因此室内门多用木质门。但木质门不耐潮，所以不宜用作浴室、厨房等潮湿房间的门。木质门主要由门框、门扇、腰头窗（也称亮子）、门用五金配件等部分组成。

1. 门框的结构

（1）断面形式与尺寸。门框的断面形式与门的类型、层数有关且应利于门的安装，并应具有一定的密闭性。门框的断面尺寸主要考虑接榫牢固和门的类型，还要考虑制作时的损耗。

为便于门扇紧闭，门框上应有裁口。根据门扇层数与开启方式的不同，裁口的形式可有单裁口和双裁口两种。裁口宽度要比门扇厚度大 1 ～ 2 mm，深度一般为 8 ～ 10 mm。双裁口的木质门门框厚度为 60 ～ 70 mm，宽度为 130 ～ 150 mm；单裁口的木质门门框厚度为 50 ～ 70 mm，宽度为 100 ～ 120 mm。由于门框靠墙一面易受潮，所以常在该面开 1 ～ 2 道背槽，以免产生变形，同时这有利于门框的嵌固。背槽的形状可为矩形或三角形，深度约为 8 ～ 10 mm，宽度约为 12 ～ 20 mm，如图 5-10 所示。

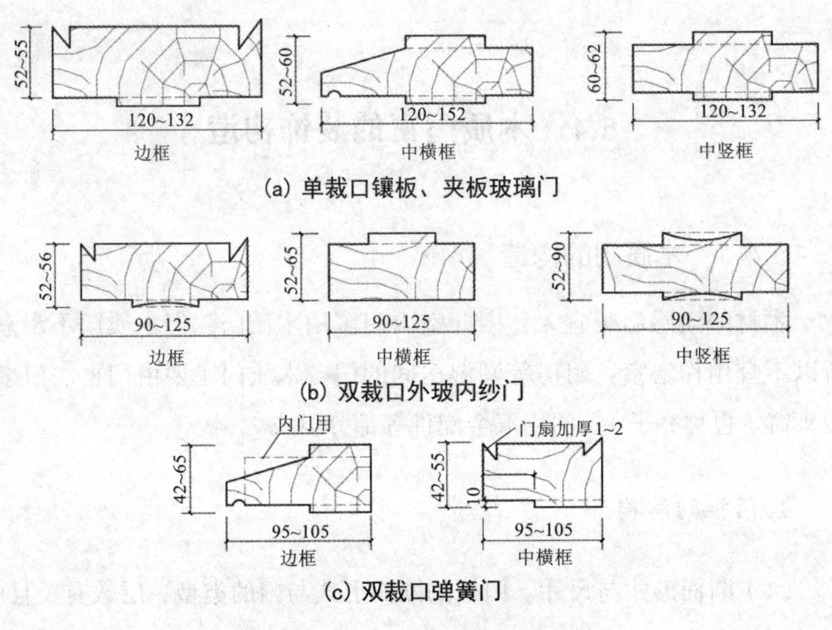

图 5-10　木质门门框的断面形式与尺寸

（2）门框的位置。门框在墙中的位置，可以与墙的内口齐平，即门框与墙内侧饰面层的材料齐平，这类门称内开门；门框也可以与墙的外口齐平，这类门称外开门；弹簧门一般将门框立在墙的中间，可以内开也可以外开，如图 5-11 所示。

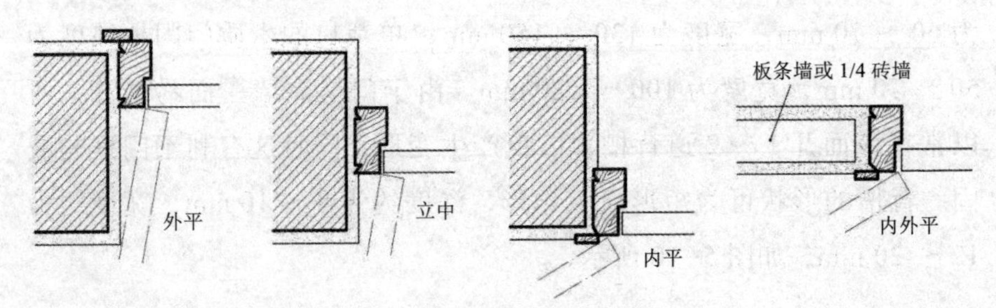

图 5-11　门框的安装位置

门框与墙应牢固地固定连接，连接方式根据施工方法分为塞樘子和立樘子两种。在墙内砌入防腐木砖，再安装门框，称为塞樘子，如图 5-12、图 5-13 所示，这种做法适合在各种墙体上固定门框。采用此种固定门框方式时，洞口的宽度应比门框大。一般情况下，当墙面饰面为涂料时，上下及两边各比门框大 15 ～ 20 mm；当饰面为面砖时，上下及两边各比门框大 20 ～ 25 mm；当饰面为石材时，缝隙宽度应酌情增加，以饰面层厚度能盖过缝隙 5 ～ 10 mm 为宜。防腐木砖间距为 500 ～ 600 mm，门框与墙间的缝隙需用沥青麻丝嵌填。先立门框后砌墙，称为立樘子，这种做法可以使门框与墙结合紧密，但是立樘与砌墙工序交叉，会导致施工不便。

为了行走和清扫方便，内门一般不设下框，门扇底距地面饰面层 5 mm 左右。外门需防水防尘，为了提高其密封性能应设下框，下框应高出地面 15 ～ 20 mm。

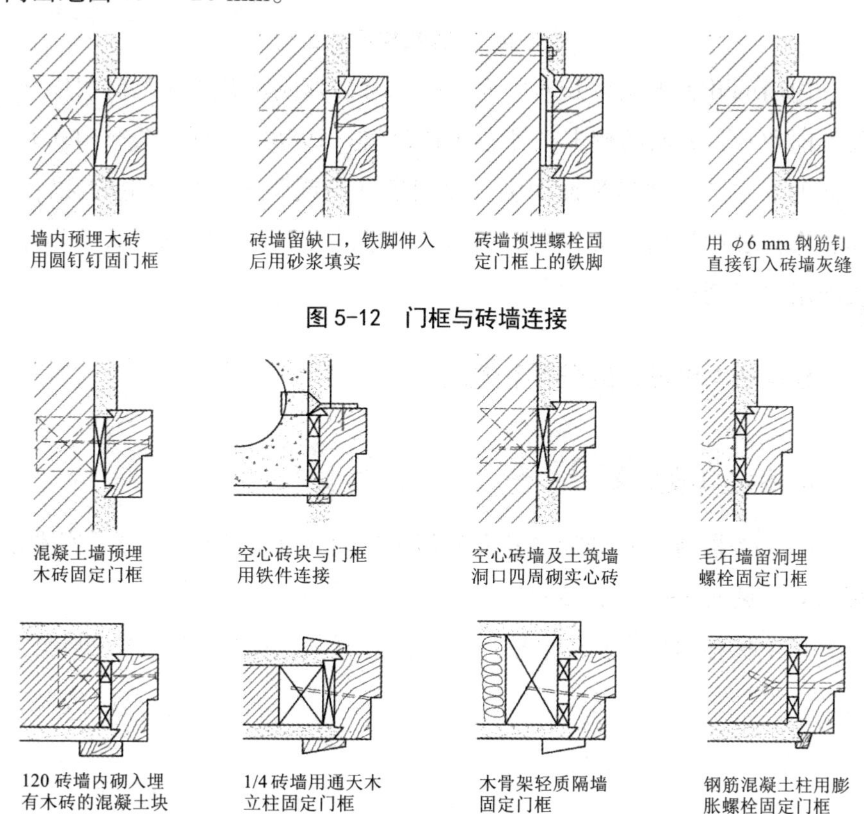

图 5-12 门框与砖墙连接

图 5-13 门框与其他墙体连接

2. 门扇的结构

门扇的主要结构包括正面装饰层、门扇芯层以及反面装饰层，如图5–14所示。对门扇来讲，芯层至关重要，因为它需要安装门锁和合页，这就要求芯层在这些位置使用具有优质受力性能的、具备足够宽度的优质木料。

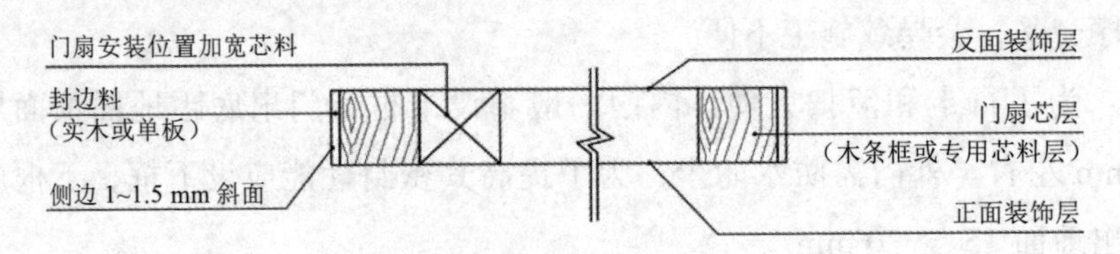

图 5–14　门扇结构示意图

门扇的开关方向以及开关面的标志符号都应符合《建筑门窗扇开、关方向和开、关面的标志符号》（GB 5825—1986）中开、关方向和开、关面的规定：在建筑平面图上，以门扇开启或关闭时所产生的旋转方向，作为表达门扇开关方向的标志；门扇的开面用“0”表示，门扇的关面用“1”表示。

5.4.2　木质门的分类和规格

1. 木质门的分类

（1）按构造形式分为平开夹板门（见图 5–15、图 5–16）、实木镶板门等（见图 5–17、图 5–18）。

（2）按饰面分为装饰单板（木皮）贴面门、色漆（浑水漆）涂饰门。

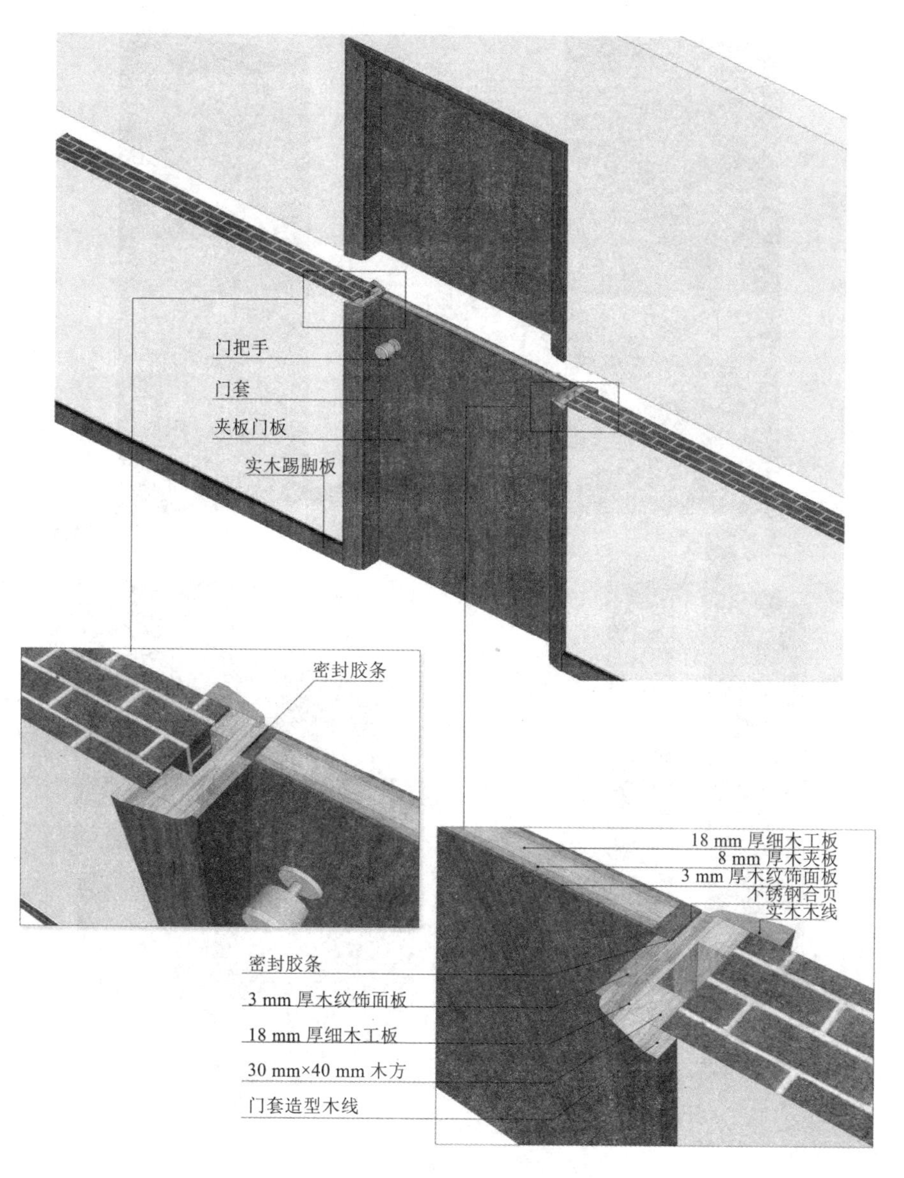

图 5-15　平开夹板门构造 1

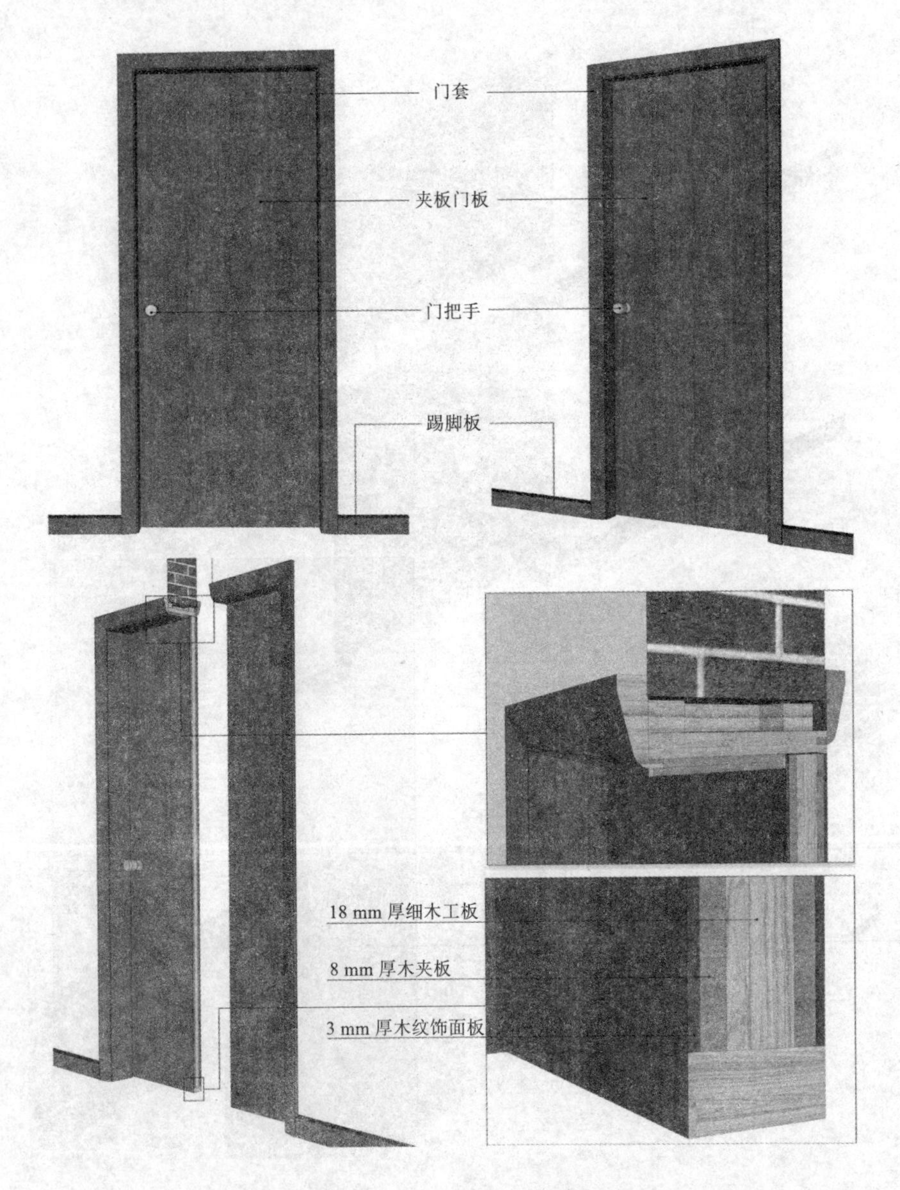

图 5-16　平开夹板门构造 2

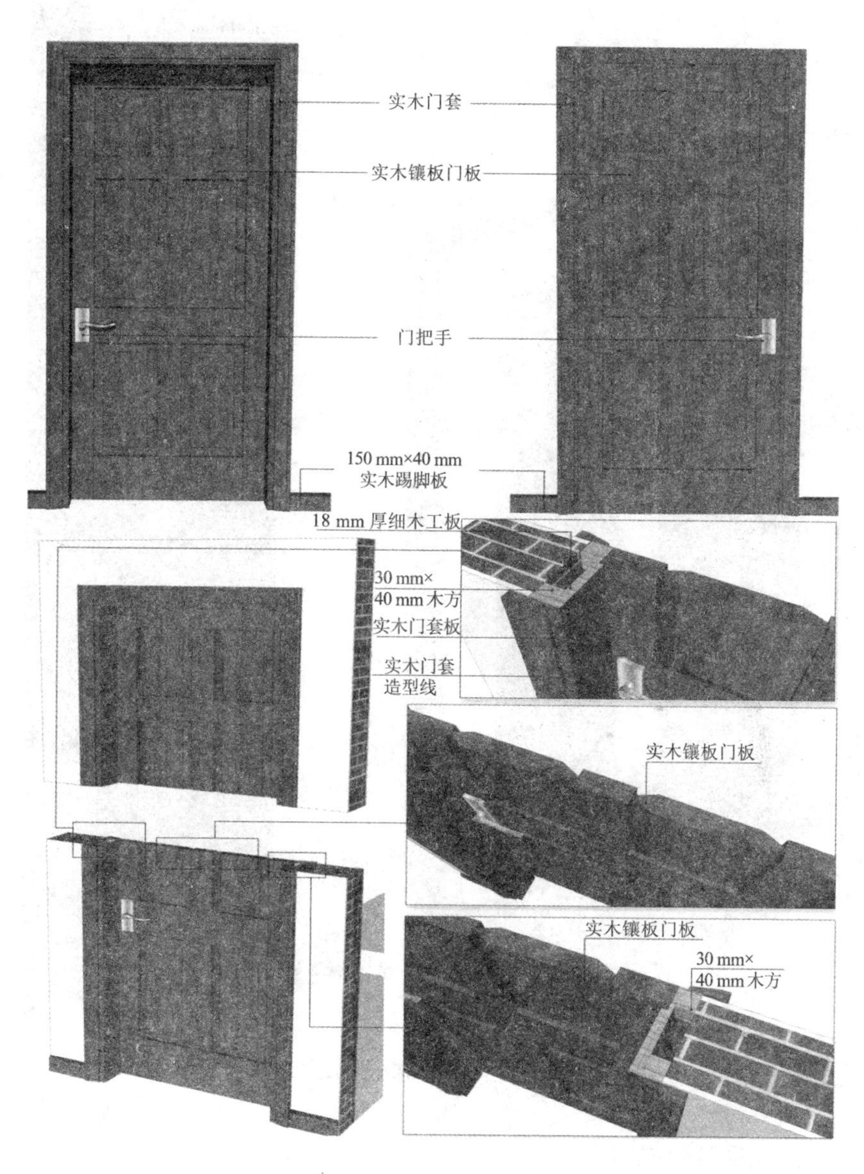

图 5-17　实木镶板门构造 1

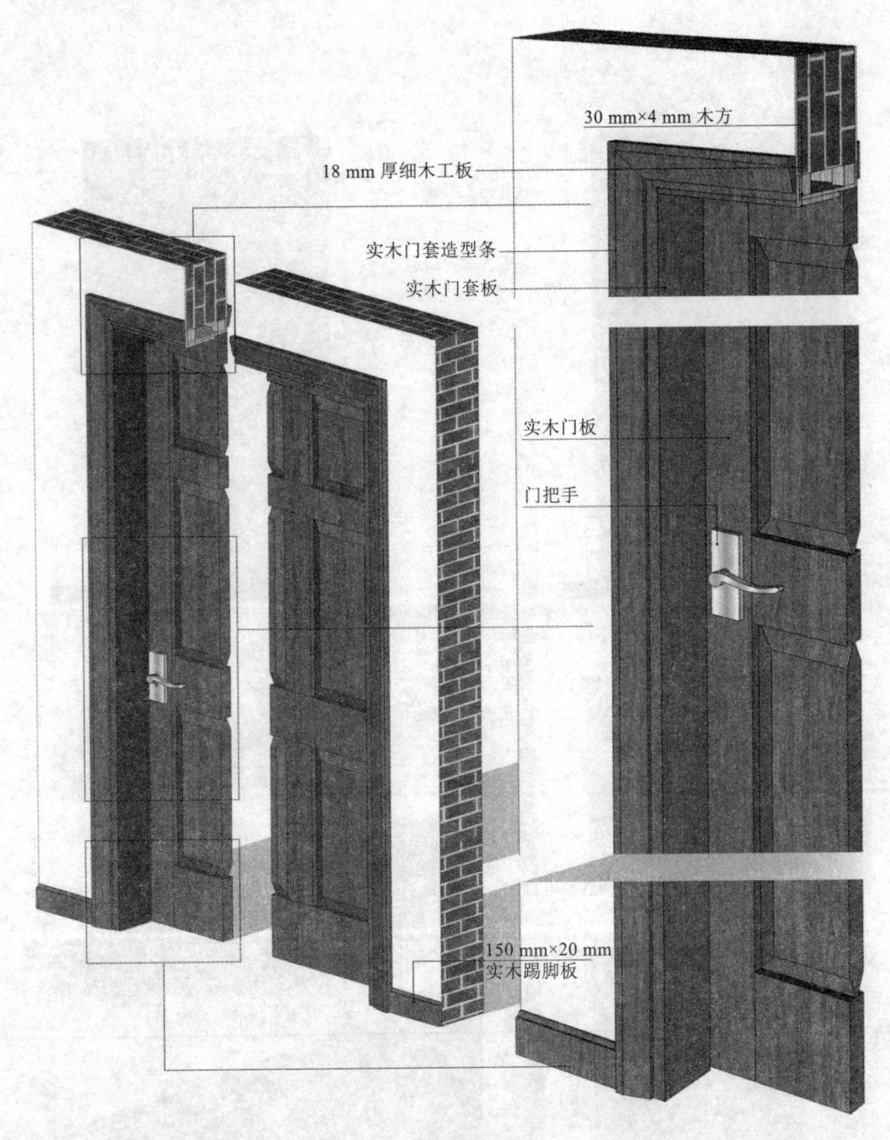

图 5-18　实木镶板门构造 2

2. 木质门的规格

（1）门洞口的尺寸。现代建筑经常使用的门洞口尺寸共有 10 种，分别如下：700 mm×2 000 mm、760 mm×2 000 mm、800 mm×2 000 mm、

900 mm×2 000 mm、700 mm×2 100 mm、760 mm×2 100 mm、800 mm×2 100 mm、900 mm×2 100 mm、1 200 mm×2 100 mm、2 100 mm×2 400 mm。除此之外，其他规格的门洞口尺寸也存在，具体尺寸可以根据设计和测量得出。

（2）门扇的尺寸。门的构造尺寸一般是由门框或门套的尺寸、门扇饰面（装饰单板）材料以及安装缝隙决定的。

（3）门框（套）厚度尺寸。墙体的厚度决定了门框（套）的厚度和尺寸。

（4）门扇厚度及其与门洞口尺寸的相互关系。

①常见的门扇厚度有两种，分别是 40 mm 和 45 mm，特殊厚度的门扇需要专门定制。

② 40 mm 的门扇一般搭配尺寸为（700/800/900）mm×2 100 mm 的门洞口；45 mm 的门扇一般搭配尺寸为（1 200/1 500）mm×2 100 mm、（700/800/900/1 200/1 500）mm×2 400 mm 的门洞口。

（5）门扇立面形式。除如图 5-19 所示的 10 种外观式样外，门扇立面形成也可另行设计。

图 5-19　门扇立面形式

5.4.3 木质窗的构造

木质窗不耐风雨侵蚀，因此一般不用作建筑外窗，只有当建筑装饰需要特定的效果时才选用木质窗，尤在中国传统风格及日式、韩式风格的装饰装修中木质窗采用较多。采用木质窗作外窗时多配以出挑较大的檐口以遮雨。

木质窗由窗框、窗扇及附件组成。窗框断面与门框一样，在构造上应留出裁口和背槽。窗框安装也有立樘子和塞樘子两种。木质窗在墙体上的安装位置，一般与墙内表面齐平，也有立中和外平的形式，如图5-20所示。窗扇安装玻璃时，一般将玻璃放在外侧，用小钉将玻璃卡牢，再用油灰嵌固；对不受雨水侵蚀的窗扇，也可用小木条镶嵌，如图5-21所示。中式木质窗的构造如图5-22所示。

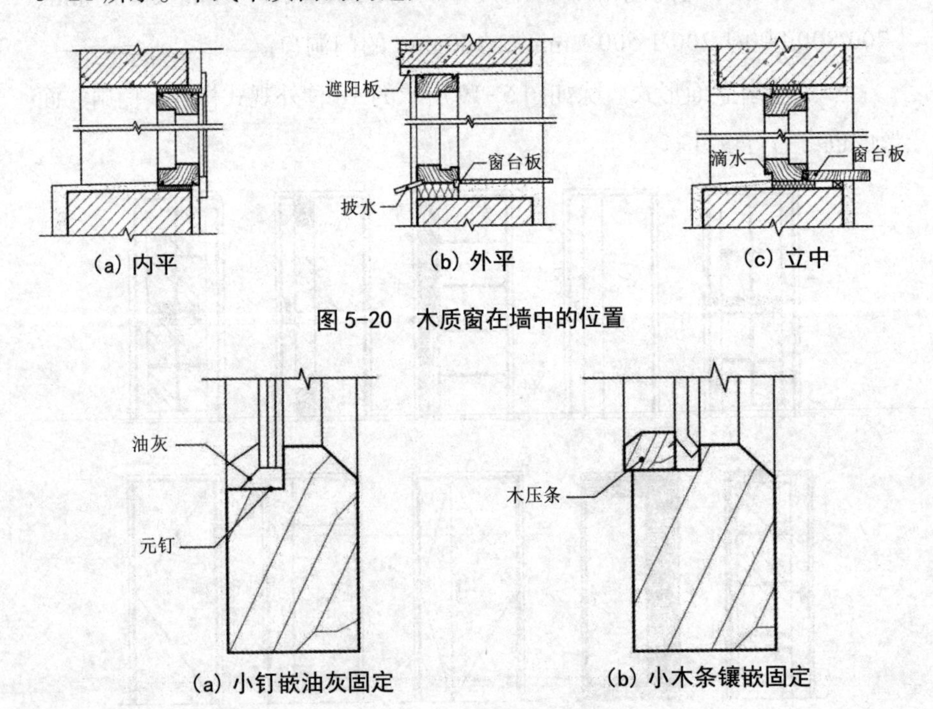

图5-20　木质窗在墙中的位置

图5-21　窗扇的玻璃镶嵌

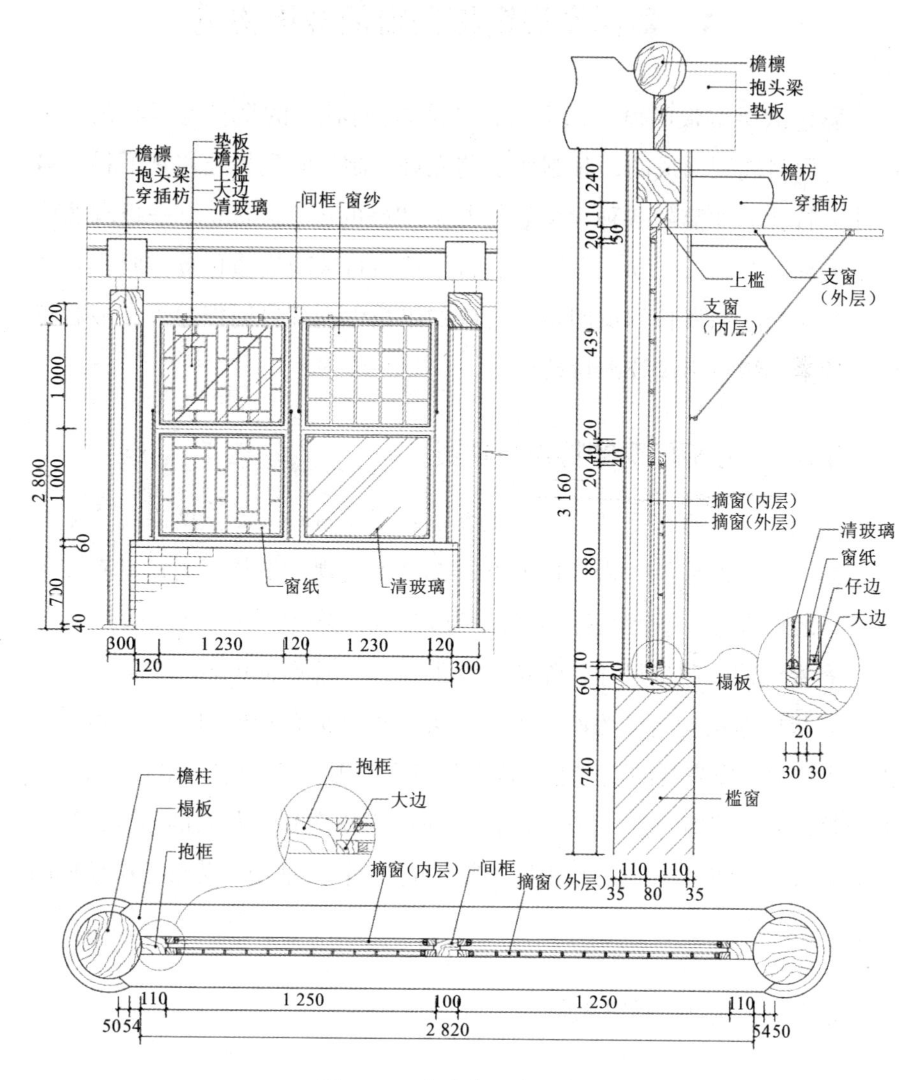

图 5-22　中式木质窗的构造

5.5 彩色涂层钢板门窗的装饰构造

彩色涂层钢板门窗（以下简称“彩板门窗”）的型材是以彩色涂层钢板为原料轧制而成的，其制作工艺先进。制作时先将经切割下料、自动冲床打孔、冲豁的各种异型管材与裁切好的 3 ～ 4 mm 厚平板玻璃或中空玻璃同时送入气动式自动组装台，然后将玻璃周边包裹橡胶密封条后，在压合状态下将门窗四角用特制的组角件和螺钉连接起来，最后将门窗的全部缝隙用橡胶密封条封闭。

5.5.1 彩板门窗的特点及种类

彩板门窗具有以下几个方面的特点：①质量轻；②强度高；③采光面积大；④保温性能、密闭性能好；⑤外形美观、平整度高，具有多种色彩，装饰性好；⑥产品种类多，可适合多种需要，且价格较低。

彩板门窗的洞口尺寸，除特殊要求外，一般按 300 mm 晋级。

彩板门窗按构造分为两种形式，第一种是带有附框的门窗，附框能进一步增强门窗安装的稳定性，这类门窗主要用于保证门窗和内墙面持平的建筑，或者是将瓷砖、玻璃锦砖、大理石作为外墙面材料的建筑；第一种为不带附框的门窗，这类门窗与墙体直接连接，适用于装修档次较低的建筑。

5.5.2 彩板门的构造

1. 框墙间隙及固定点的位置

（1）框墙间隙。一般上口间隙为 10 ～ 15 mm，横向间隙为 15 ～ 33 mm。

（2）固定点位置的确定。门框的每侧最少需要四个固定点。一般在所有的组角及设有横档（门扇上的中冒头）的部位均不应设固定点，且最外侧的固定点与框边沿的距离应不小于 180 mm，其余部分可按所需连接件的数量等分配置。

2. 彩板门的安装构造

以双面弹簧门为例，彩板门的安装构造如图 5-23 所示。

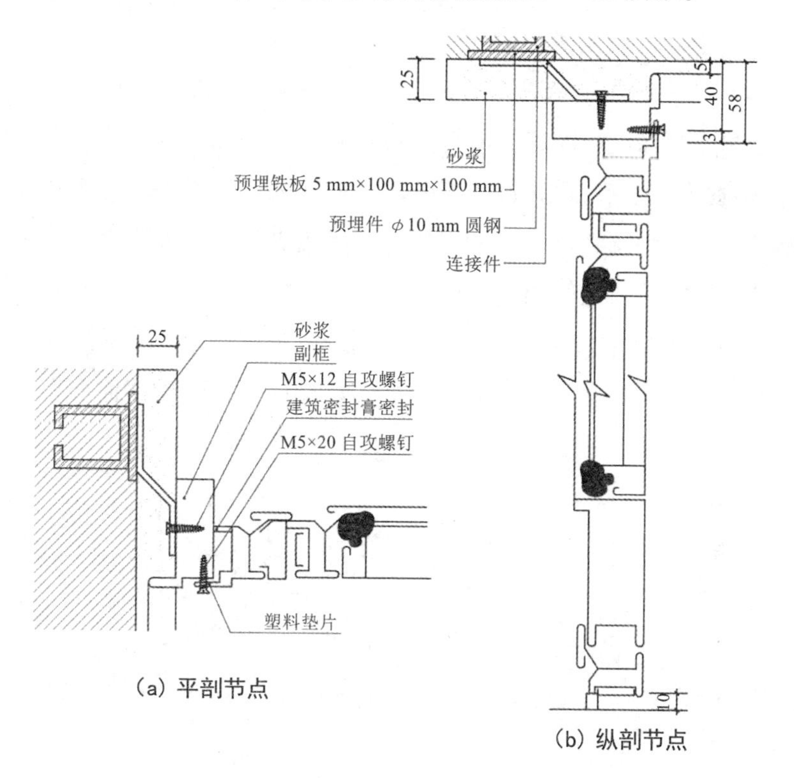

图 5-23　彩板门的安装构造

5.5.3　彩板窗的构造

1. 框墙间隙及固定点的位置

一般彩板窗的框墙下口为 10 ～ 30 mm，其他构造皆与彩板门相同。

其固定点数量，可按下述原则确定：当窗框尺寸＜1 200 mm时，每侧最少需要两个固定点；当窗框尺寸为1 500～1 800 mm时，每侧最少需要三个固定点；当窗框尺寸＞2 100 mm时，每侧最少需要四个固定点，依此类推。

2. 彩板窗的安装构造

（1）平开窗的连接构造。

①连接件副框安装法：图5-24（a）是平开窗的一种连接构造，采用副框和连接件进行固定，窗与内墙齐平。

②直接固定安装法：图5-24（b）的安装方法不用副框，直接用膨胀螺钉将窗框固定在洞口处的墙体上，多用于装饰要求比较低的建筑及室内外墙体饰面已经结束的工程。

（2）推拉窗的安装。推拉窗的安装除必须使用推拉窗框料、扇料和轨道料之外，在是否采用副框、框墙连接件等方面与其他窗型基本一致，外窗框与副框的连接采用的是正面沉头螺钉固定。

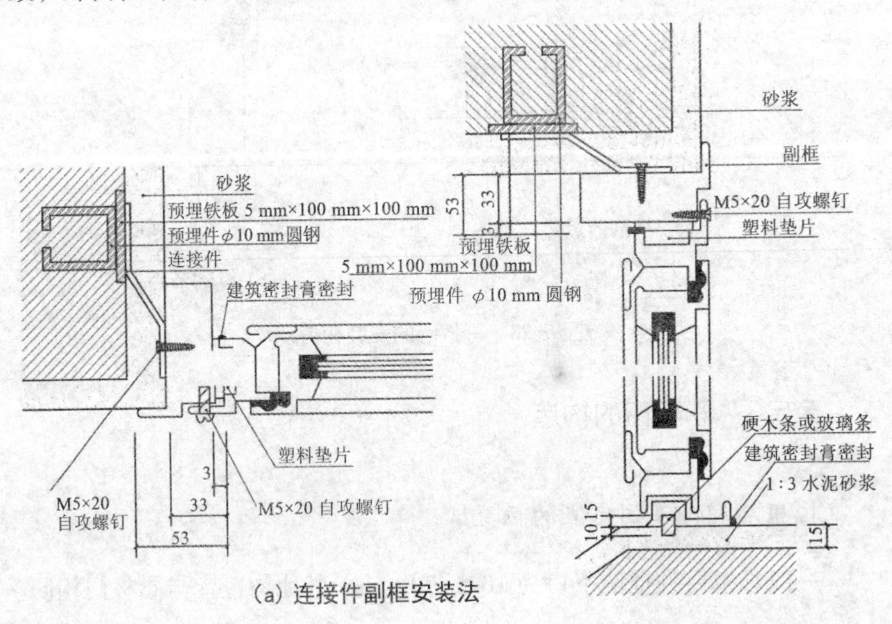

（a）连接件副框安装法

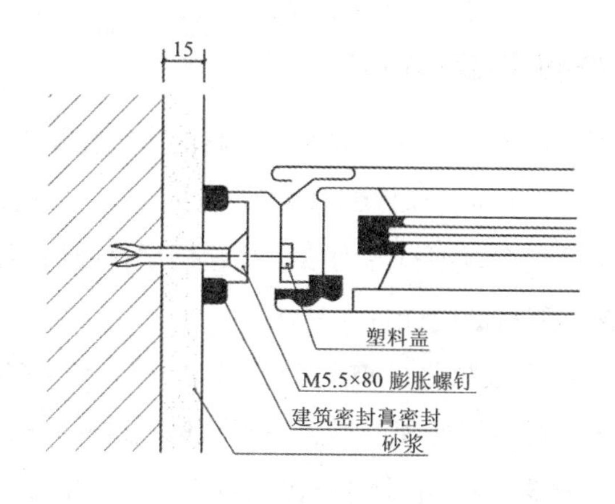

（b）直接固定安装法

图 5-24　平开窗的连接构造

5.6　玻璃钢门窗的装饰构造

玻璃钢型材是一种新型复合材料，是以不饱和聚酯树脂为基体，搭配玻璃纤维及其制品等增强材料得到的玻璃纤维增强复合材料。玻璃钢型材经过拉挤工艺处理后能得到特殊空腹玻璃钢型材，以此为原材料经过切割、组合、喷涂等工序就能得到玻璃钢门窗框，然后将相应的橡胶条、毛条、五金配件安装在门窗框上就能得到完整的玻璃钢门窗。玻璃钢门窗型材符合国家强制性标准规定的各项有害物质限量指标，属于绿色环保的装饰材料。玻璃钢门窗有很多优点，不仅具有比肩铝制或钢制门窗的坚固性，还具有比肩塑料门窗的优质隔声、隔热、节能特性，更重要的是它还具有高温不膨胀、低温不收缩、质量轻、强度高、无须钢衬加固等优点。

5.6.1 玻璃钢门窗的特点

（1）材料强度高不易变形。玻璃钢型材的密度比铝合金型材低，为 1.8 ～ 2.0 g/cm^3，但其强度却比铝合金型材高很多，玻璃钢型材的弯曲强度、拉伸强度是铝合金型材的两倍，是塑钢型材的四倍到五倍，这一特性使其成了塑钢型材的绝佳替代品。

（2）保温、隔声效果好。玻璃钢型材本身的导热系数就不高，想要制成门窗还要经过拉挤处理以形成空腹结构，这种结构具有更强的隔热、保温效果。根据《建筑外门窗保温性能检测方法》（GB/T 8484—2020），玻璃钢门窗的保温性能必须超过一级指标；玻璃钢型材不易发生热形变，因为其热变形温度高达 200 ℃，所以即使长期暴晒也不会发生变形；玻璃钢型材的线膨胀系数与玻璃以及建筑物很接近，在遭遇冷热变化时不会轻易与玻璃和建筑物分离，它具有极强的密封性；玻璃钢型材是由树脂和玻璃纤维复合而成的，其振动阻尼较高，阻隔声音效果可达 26 ～ 30 dB。

（3）使用寿命长。玻璃钢门窗具有较强的耐酸、耐碱、耐腐蚀性，在潮湿环境或者长时间经受海水、雨水、盐、碱、酸以及大部分有机物冲刷时都体现出较强的抵抗能力，甚至能抵抗微生物的侵蚀，无论安装在干燥、潮湿地域，还是安装在化工场所都有较长的使用寿命。

5.6.2 玻璃钢门窗的构造

玻璃钢型材为多腔设计，设有欧式连接槽，可选用多种连接件，可用于制作平开、悬开、平开—悬开复合开启和悬开—推拉复合开启等多种形式门窗，可安装单玻、中空、防弹等多种玻璃。玻璃钢门窗固定方式同塑钢门窗。

5.7　特殊门窗的装饰构造

5.7.1　橱窗

橱窗是商业建筑中展示商品或为了宣传摆放展品的专用窗。前者多附属于建筑物的首层，后者一般单独存在。橱窗需要解决好防雨遮阳、通风采光、冷凝水排除及灯光布置等问题。

1. 橱窗的尺度

橱窗距室外地坪高度一般为 300 ～ 450 mm，最高为 800 mm。橱窗深度一般为 600 ～ 2 000 mm。橱窗的窗口高度随建筑物的层高及展示的展品而定。

2. 橱窗的构造

橱窗的地面宜采用木地板，且应高出室内地面不小于 200 mm。橱窗的玻璃一般选用 6 ～ 12 mm 厚的普通浮法玻璃或者钢化玻璃，且根据不同的展示商品而考虑防盗性能。橱窗的框架可以用钢材、钢木、铝合金、不锈钢、木材等制作。橱窗装饰构造实例如图 5-25 所示。

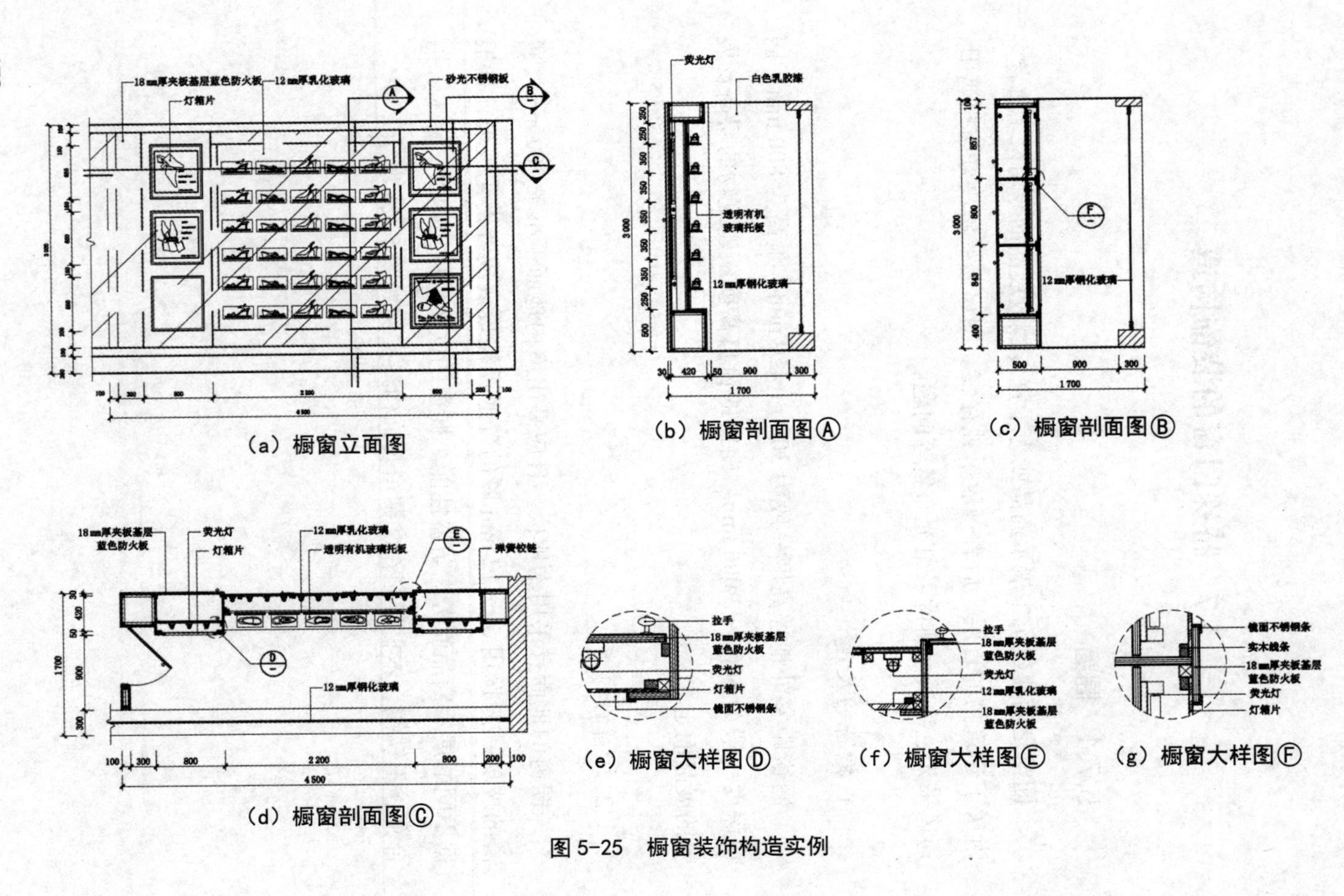

（a）橱窗立面图

（b）橱窗剖面图Ⓐ

（c）橱窗剖面图Ⓑ

（d）橱窗剖面图Ⓒ

（e）橱窗大样图Ⓓ

（f）橱窗大样图Ⓔ

（g）橱窗大样图Ⓕ

图 5-25　橱窗装饰构造实例

5.7.2　隔声门窗

隔声门窗一般用于录音室、播音室等工作时需要尽量保持安静的房间装饰工程，或者是靠近噪声污染区域的建筑室内装饰工程等。隔声门窗构造设计的要点在于门窗扇隔声能力的保证和门窗缝隙密闭性能的处理，这是两个重要环节。

1. 门扇的隔声

门扇的隔声能力称为隔声量，以分贝（dB）表示。隔声量越高，门扇隔声性能越好。门扇的隔声量与所选用的材料及构造有关，提高门扇隔声量常用的方法有如下几种：

（1）选择隔声性能较好的填充材料。例如：选用玻璃棉、矿棉、玻璃纤维板、毛毡等，以提高门扇的隔声能力。

（2）适当增加门扇的质量。原则上门扇越重隔声效果越好，但过重则开启不便，且容易损坏，因此门扇质量应适中。通常采用 1.5 ～ 2.5 mm 厚的钢板作为门扇的面层和衬板。

（3）合理利用空腔构造。利用空腔也可达到隔声的目的，并且可以节约装饰材料，是比较经济方便的一种方法。

（4）采用多层复合结构。因不同的材料和方法所隔绝的声音频率有所差别，采用不同的材料及构造层次可以较好地隔离各种不同频率的声音，从而达到比较全面的隔声效果。

2. 门窗缝隙处理

门窗开启的缝隙应密闭而连续，任何疏漏都将影响门窗整体的隔声效果。门窗缝隙处理主要针对的是门框与门扇、门扇与地面、门扇与门扇之间的缝隙（见图 5–26），具体方法如下：

（1）填充密封材料。在缝隙中填充密封材料，是较为有效的处理方法。密封材料一般选用橡胶条、橡胶管、羊毛毡、泡沫塑料、海绵橡胶条等。

（2）缝隙采用搭接构造，如斜口缝、高低缝等，以便阻止声音直接由缝隙传入室内。另外，隔声门窗还应注意五金配件安装处的薄弱环节，防止出现缝隙。

φ8 mm 橡胶条钉在门框或门扇上

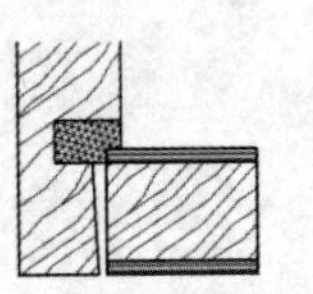

羊毛毡条或软橡胶条嵌入门框

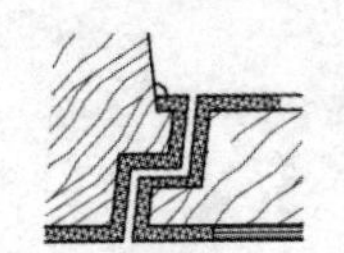

3 mm 厚羊毛毡包 1 mm 厚羊皮裁口处压 15 mm 厚镀锌铁皮

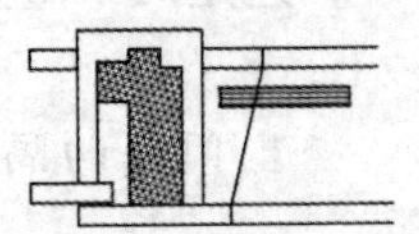

海绵橡胶条分别粘贴在钢门门框及门扇上扇间缝隙处理

(a) 门框与门扇间缝隙处理

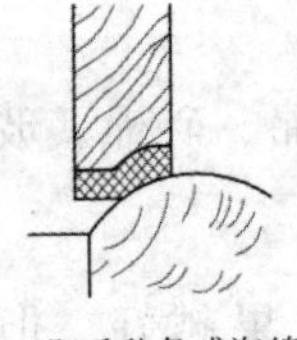

阳毛毡条或海绵橡胶钉于门底

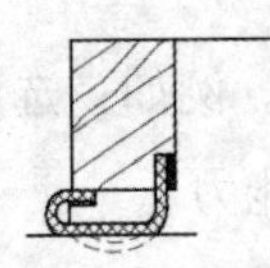

橡胶带用扁钢固定，先固定底部

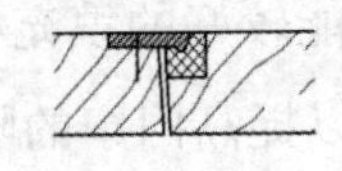

海绵橡胶粘贴在门扇上，用另扇上的异型扁钢压紧

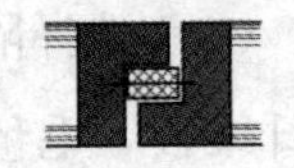

羊毛毡条用 25 mm 长铁钉钉牢，中距 50 mm，固定在一个门扇上

(b) 门扇底部缝隙处理

(c) 门扇与门扇间缝隙处理

图 5-26　隔声门缝隙处理

3. 隔声门窗基本构造

隔声门一般会选择钢板、胶合板、硬质木纤维板作为门的饰面材料，而且选择的都是整体而非拼接的板材，以避免木板干缩产生的缝隙影响隔声，但木板可作为面层的垫层，其厚度为 15 mm 左右，表面钉贴一层人造革面，内填岩棉。

隔声窗一般采用双层或三层玻璃的固定窗形式，以减少缝隙。为避免共振和吻合效应的产生，两层玻璃间不应平行，且应留有较大的间距（≥ 100 mm），并把玻璃安放在弹性材料上（如软木、呢绒、海绵、橡胶条等），在两层玻璃之间沿周边填放吸声材料。

隔声门窗可以采用冷轧薄钢板，即门窗框及门扇框截面内填充隔声材料。门窗扇框应密封良好，所有金属构件表面应进行防腐处理。隔声门有带观察窗和不带观察窗的形式，一般为平开门。

隔声门窗在安装时必须具备足够的锚固强度，其安装可以使用膨胀螺栓直接锚固在墙体当中，也可以将其与预先埋在墙体内的构件通过焊接相连。隔声门构造如图 5-27 所示。

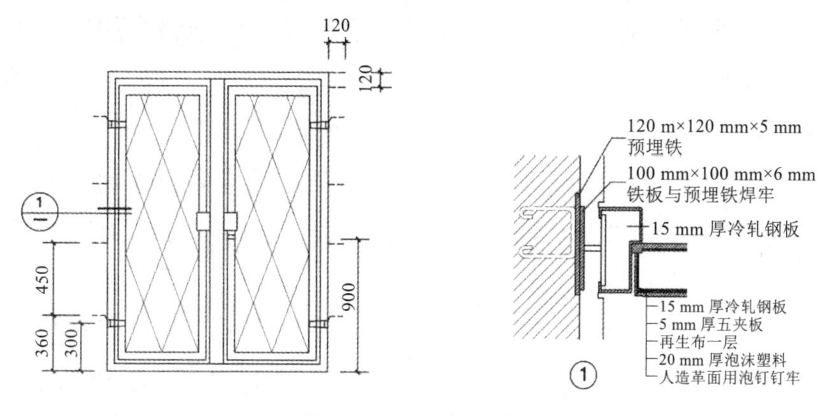

图 5-27　隔声门构造

注：①为左侧隔声门截面图。

5.7.3　防火门、防火卷帘门、防火窗

1. 防火门

防火门是火灾发生后阻隔火灾蔓延的消防设备，多用于防火墙、高层建筑的楼梯间、电梯间，以及高层建筑的竖向井道检查口及防火分区之间，一般是常闭状态。防火门可以手动开闭和自动开闭。手动开闭多用于民用建筑，自动开闭多用于公共建筑或工业建筑的仓库和车间，这类防火门另设一道推拉门，以备平时关闭之用。根据建筑物消防耐火极限等级不同，建筑物内的防火门可分为不同的等级。

防火门按材质不同可分为木质防火门（MFM）、钢质防火门

（GFM）、钢木质防火门（GMFM）、其他材质防火门。

防火门按门扇数量不同可分为单扇防火门、双扇防火门、多扇防火门（含有两个以上门扇的防火门）。

防火门按结构形式不同可分为门扇上带防火玻璃的防火门、带亮窗防火门、带玻璃带亮窗防火门、无玻璃防火门。

防火门按面材及芯材不同可分为如下四类：

（1）木板薄钢板门：这种门采用双层木板（外包镀锌薄钢板）和双层木板单面镶嵌石膏板（外包薄钢板）；或采用双层木板、双层石棉板（外包薄钢板）。它们的耐火极限均在 1.2 h 以上。

（2）骨架填充门：这种门可在木骨架内填充阻燃芯材，并用薄钢板封包，也可在轻钢骨架内填阻燃芯材外包薄钢板。其耐火极限为 0.9 ～ 1.5 h。

（3）金属门：这种门采用轻钢骨架（外包薄钢板），其耐火极限为 0.6 h。

（4）木质门：这种门采用优质的云杉（经过科学难燃化学浸渍处理）作扇材的骨架，门扇外贴滞燃胶合板并涂防火漆，内填阻燃材料。其耐火极限可满足甲、乙、丙三个耐火等级的要求。

防火门按耐火性能不同可分为三级。根据国际 ISO 标准的规定，防火门分为甲、乙、丙三级。通常情况下，甲级防火门最多可以抵挡 1.3 h 的火焰燃烧，乙级防火门能抵挡 0.9 h，丙级防火门只能抵挡 0.6 h。甲级防火门的门扇上一般不会安装玻璃小窗，乙级和丙级防火门可以在门扇的钢板上开一个玻璃小窗，这个小窗的玻璃最好使用复合防火玻璃或夹丝玻璃，厚度要超过 5 mm。

防火门构造如图 5-28 所示。

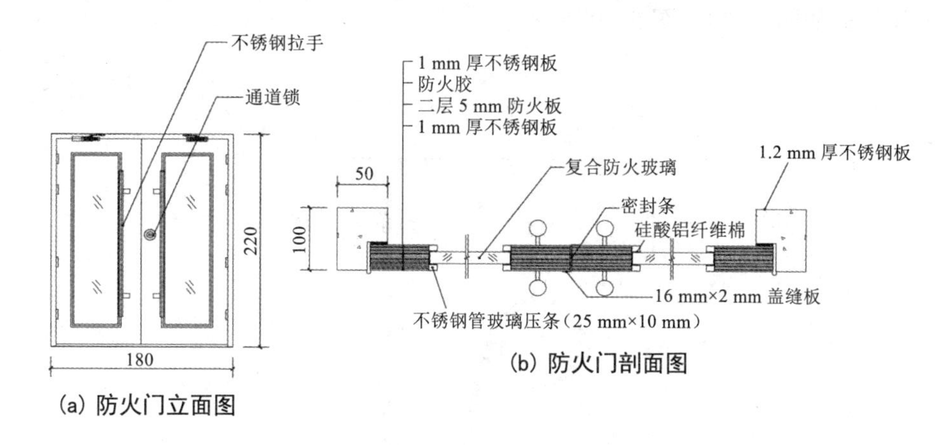

图 5-28　防火门构造

2. 防火卷帘门

防火卷帘门具有防火、隔烟、阻止火势蔓延的作用和良好的抗风压和气密性能，它是由帘板、卷筒体、导轨、电力传动等部分组成的。防火卷帘门可配置温感、烟感、光感报警系统以及水幕喷淋系统，遇有火情可自动报警、自动喷淋，其门体可自控下降，定点延时关闭，使受灾人员得以疏散。耐火极限为 1.3 ～ 4 h。防火卷帘的类型很多，如既防火又防烟的复合型钢质防火卷帘，拥有双重轨道和卷帘的无机特级防火卷帘，以及无机特级折叠式防火卷帘、钢质复合型水平式防火卷帘、钢质复合型侧向式防火卷帘、钢质复合型水喷气雾式防火卷帘与其他带各种帘中门的防火卷帘。防火卷帘门的安装位置多为不便于建造防火墙的位置，如展览楼的展览厅、自动扶梯、敞开电梯厅、百货大楼的宽大营业厅以及建筑物存在的大尺寸洞口。如今的建筑工程正是因为大规模应用防火卷帘门，才拥有优质的防火性能。

防火卷帘门一般安装在墙体的预埋铁件上或混凝土门框预埋件上。一般洞口宽度不宜大于 4.5 m，洞口高度不宜大于 4.8 m。防火卷帘门具体构造如图 5-29、图 5-30 所示。

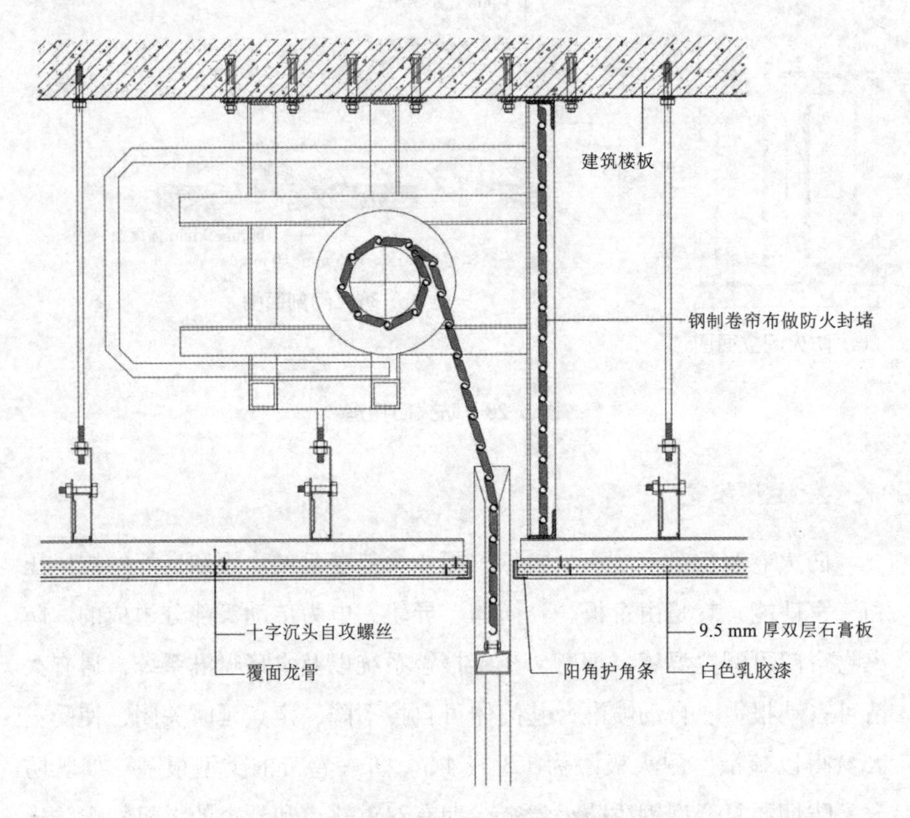

(a) 单轨钢制防火卷帘门剖面图(竖剖)

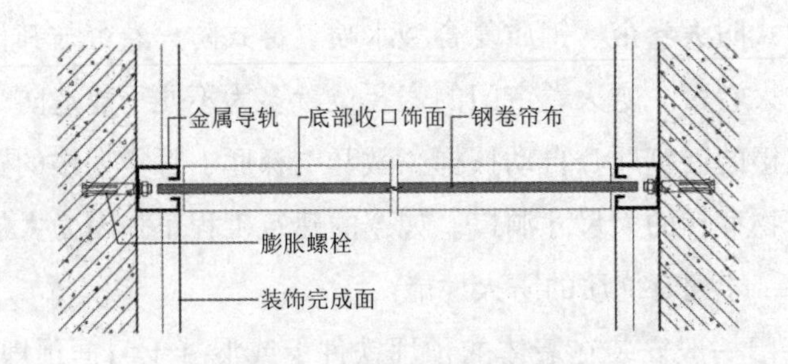

(b) 单轨钢制防火卷帘门剖面图(横剖)

图 5-29　单轨钢制防火卷帘门构造

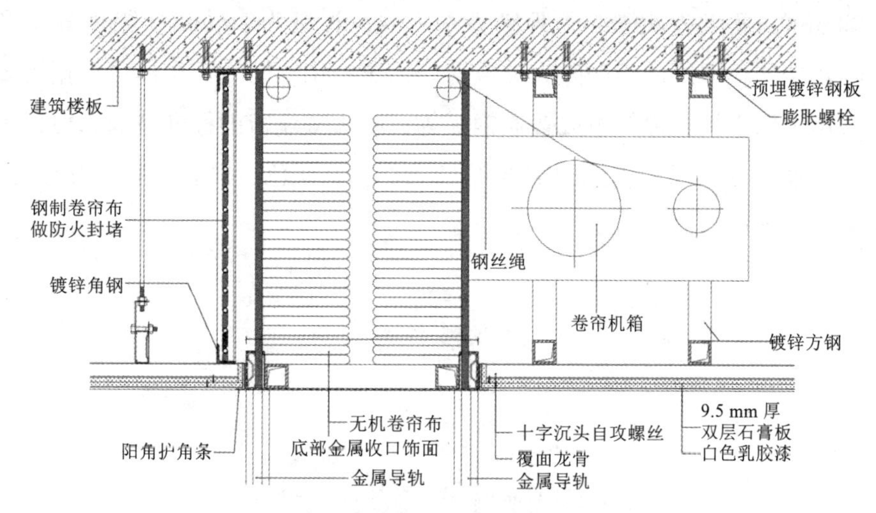

(a) 双轨无机布防火卷帘门剖面图（竖剖）

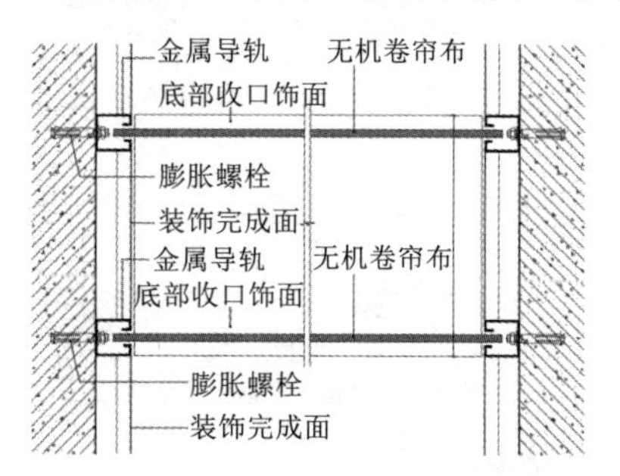

(b) 双轨无机布防火卷帘门剖面图（横剖）

图 5-30　双轨无机布防火卷帘门构造

3. 防火窗

防火窗是指以某种材料为框架在一定时间内能满足耐火稳定性、耐火完整性、耐火绝热性并且可以正常采光的窗，是火灾发生后阻隔火灾蔓延的消防设施。防火窗在建筑中被广泛用作大楼外墙窗、楼梯通道窗、房间走廊分隔窗、房间分隔窗等。

防火窗根据框架材料不同可以分为钢质防火窗和木质防火窗，有固定式、平开式、推拉式等多种开启形式。其耐火等级如下：I 级为

90 min，Ⅱ级为 60 min，Ⅲ级为 45 min，Ⅳ级为 30 min；隔声效果和隔热性均根据所使用的防火玻璃性能而定；钢质防火窗窗体可根据需要采用不锈钢板、镀锌板或普通钢板等；防火玻璃窗的标准玻璃为白色透明玻璃，其可以根据用户需要加工成茶色、蓝色、镀膜、磨砂等形态。钢制防火窗构造如图 5-31 所示。

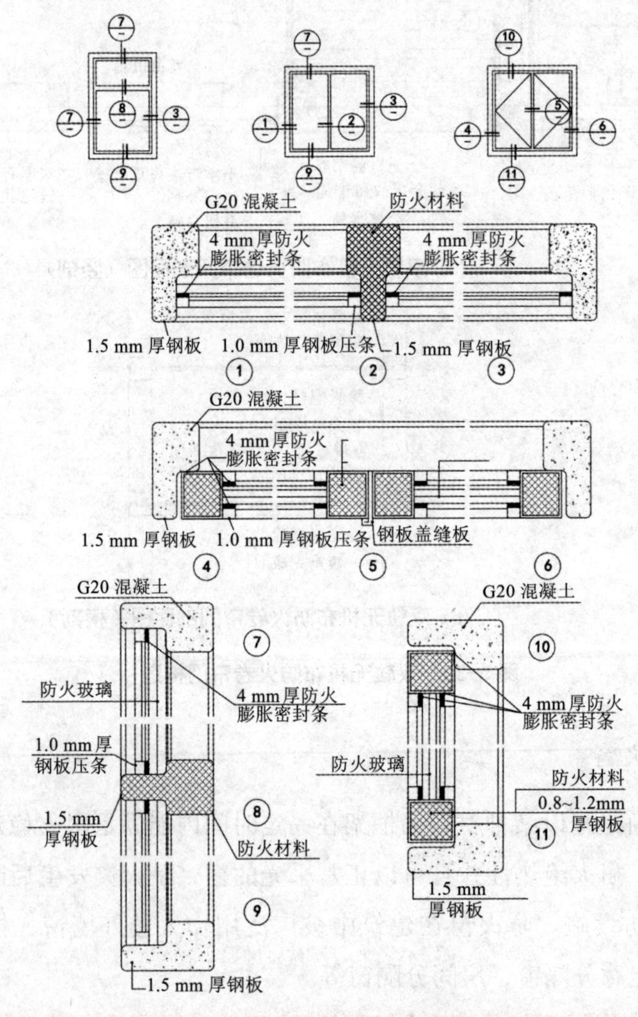

图 5-31　钢制防火窗构造

注：①～⑪为钢制防火窗不同的截面。

6

第 6 章　建筑室内楼梯、自动扶梯及电梯的装饰构造

6.1　建筑室内楼梯、自动扶梯及电梯装饰概述

楼梯、自动扶梯及电梯作为联系垂直交通的纽带，除了解决上下层之间的联系功能以外，还在建筑空间流线组织中起主导作用。楼梯的设计不仅要方便上下通行、物品搬运，还要能够在出现危急情况时具备极强的疏散能力，这就要求楼梯设计综合考虑防火、安全、耐久和坚固等方面的因素。楼梯造型的美观性也十分重要，将楼梯的踏步与扶手、灯柱、绿化小品、家具及环境等进行搭配，可以创造良好的室内装饰效果。

6.2　楼梯的装饰构造

6.2.1　楼梯的分类

楼梯作为楼层之间垂直交通用的建筑部件，根据楼梯在建筑中的位置以及功能可以设计出多种平面布置形式，如图 6-1 所示。根据所用材料不同楼梯可分为钢制楼梯、木质楼梯以及钢筋混凝土楼梯；根据形式不同楼梯可分为直跑式楼梯、双跑式楼梯、双合式楼梯、双分式楼梯、剪刀式楼梯、螺旋式楼梯、折角式楼梯、多跑式楼梯等；根据施工方式不同楼梯可分为现浇式楼梯和装配式楼梯。

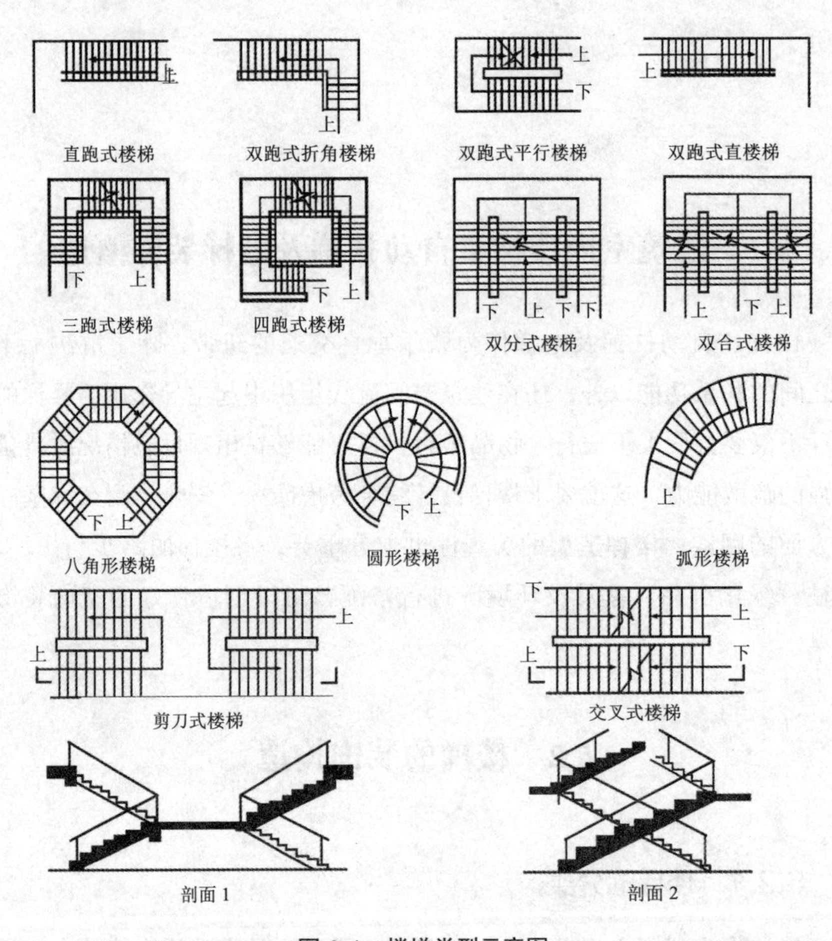

图 6-1　楼梯类型示意图

6.2.2　楼梯的构成

梯段、平台、栏杆和扶手是构成楼梯的四个重要部分，如图 6-2 所示。楼梯的主体部分是梯段，它包括结构支承体、踏步、栏杆、扶手等。踏步由踏面和踢面构成，踏步的水平面称踏面，垂直面称踢面。楼梯平台包含两种形式：一种是楼层平台，它指的是与楼层标高一致的平台；另一种是中间平台，也称为休息平台，它指的是相邻两层楼之间的平台。栏杆是用以保障人身安全或分隔空间用的防护分隔构件。

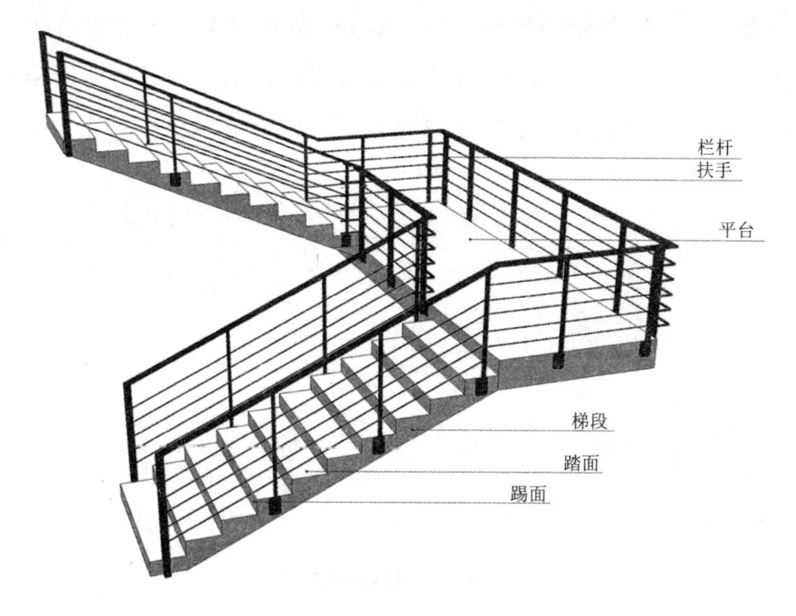

图 6-2　楼梯的构成示意图

1. 梯段宽度

楼梯是人们出行和疏散的关键通道，所以其宽度不仅要遵循建筑防火规范，还要满足人们日常的使用以及紧急情况下的快速疏散。通常情况下，保证人流顺畅通行是楼梯宽度设计最基本的要求和原则。单个行人能够顺畅通行的梯段宽度至少应为 900 mm；双人能够顺畅通行的梯段宽度应为 1 100 ～ 1 400 mm；三人能够顺畅通行的梯段宽度应为 1 650 ～ 2 100 mm。如果要满足更多人的通行需求，可以在此基础上以每个人 550 mm+（0 ～ 150）mm 的宽度得出最恰当的通行宽度。如果楼梯宽度超过 1 400 mm，必须在靠近墙面一侧安装扶手；如果楼梯并排可通行人数为四人或五人，那么需要在楼梯中间安装扶手。

2. 楼梯净高

楼梯净高包含两部分：第一部分是梯段净高，指的是从踏步前缘线

（最低和最高一级踏步前缘线以外 300 mm 范围内）至直上方凸起物下缘间的铅垂高度；第二部分是平台过道处净高，指平台过道地面至上部结构最低点的垂直高度。如图 6-3 所示。

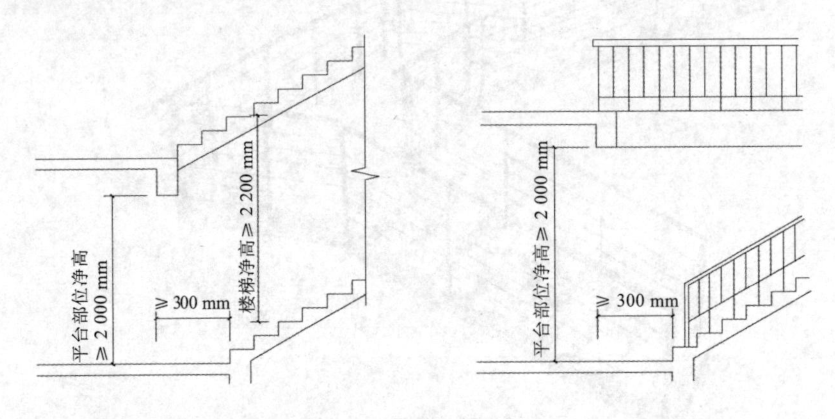

图 6-3　楼梯净高

3. 踏步尺寸

踏步尺寸应由人的脚步尺寸以及步幅决定，同时要考虑建筑物的类型和使用功能。踏步尺寸不仅包括踏步宽度，还包括踏步高度。

在楼梯设计中，楼梯的坡度就是根据踏步高度与踏步宽度的比值确定的。人的踏步过程并不是固定的，所以在同一个坡度上踏步可能会出现多个数值，经过合理的筛选之后就能确定较为适宜的踏步数值区间，从而得到楼梯的坡度。楼梯的坡度需要让人在行走时获得舒适的体验，但是人只有在踏出高度小而宽度大的步伐时才能获得舒适的体验，所以应尽量选择高度偏小的踏步数值，这样更便于人们舒适行走。成人楼梯踏步的最小宽度为 240　mm，由此可得人踏步的舒适宽度约为 300 mm；人踏步的最大高度为 170 mm，舒适高度约为 150 mm。

为了保证行人的行走安全，同一个楼梯选择的楼梯坡度应该相同，即踏步高度和宽度的尺寸是固定的，这样能确保行人在楼梯上行走时步幅和谐。踏步阶梯一般会斜向内或将踏面出挑以增大踏面，这样能让行人的行走更舒适，常见的踏步尺寸如表6–1所示，踏步出挑形式如图6–4所示。

表6-1　常见的踏步尺寸

	建筑类别				
	住　宅	学校、办公楼	剧院、会堂	医院（病人用）	幼儿园
踏步高/mm	156 ~ 175	140 ~ 160	120 ~ 150	150	120 ~ 150
踏步宽/mm	250 ~ 300	280 ~ 300	300 ~ 350	300	260 ~ 300

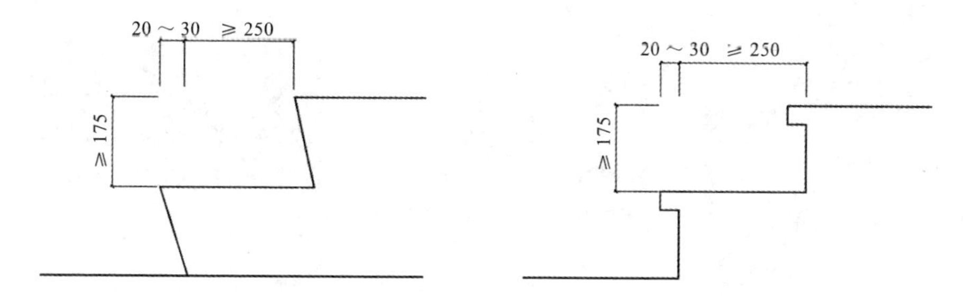

图6–4　踏步出挑形式

4. 栏杆扶手尺寸

栏杆扶手的作用是为行人行走提供帮扶，它必须要有高度，而且这个高度要合理。栏杆扶手的高度指的是从踏步表面中心点到扶手表面的垂直距离。一般楼梯栏杆的高度应大于1 050 mm，顶层楼梯平台的水平栏杆扶手高度为1 100 ~ 1 200 mm，儿童扶手高度为500 ~ 600 mm，竖向栏杆之间的净空不应大于110 mm。

楼梯的栏杆扶手应保持连贯设置，并在超出踏步总长以外不少于150 mm，以保证行走安全。为便于握紧扶手，圆截面的扶手直径应为40 ~ 60 mm，其他形状截面的扶手顶端宽度不宜超过95 mm，木扶手最小截面大多为50 mm×50 mm，室内楼梯扶手高度（自踏步前缘线量至扶手顶面）不应小于900 mm。

6.2.3 楼梯的装饰形式

楼梯的装饰五花八门，大家可以结合建筑的性质以及室内装饰的具体效果来选择。踏面和踢面的装饰材料有水泥砂浆、水磨石、人造石、天然石材、木质材料、地毯、其他材料。栏杆的装饰材料有金属、玻璃、木质材料等，图 6–5 为使用不同装饰材料的楼梯。

(a) 金属栏杆与地砖踏步楼梯 (b) 木栏杆与木踏步楼梯 (c) 木栏杆与石材踏步楼梯

图 6–5 不同装饰材料的楼梯

6.2.4 楼梯踏步的装饰构造

1. 抹灰类饰面踏步的装饰构造

抹灰类饰面一般出现在钢筋混凝土楼梯当中，其具体做法是用水泥砂浆覆盖、涂抹踏步的踏面和踢面，厚度为 20 ～ 30 mm，踏面和踢面也可以做成相同厚度的水磨石面层。为了防止行人摔倒，楼梯需要做防滑处理，具体做法是在距离踏口 30 ～ 40 mm 处安装 1 ～ 2 条防滑条，材质可选择马赛克或金刚砂，此防滑条的高度应比楼梯表面高。防滑条的位置应与楼梯的两侧间隔 150 ～ 200 mm，以方便人们清扫楼梯，部分楼梯尤其是室外楼梯会在楼梯边缘建造泄水槽，防滑条的位置最多与槽口齐平。在楼梯表面做出一个个凹槽，也能起防滑作用，室外楼梯也可以使用铝合金或钢板包角。楼梯踏步抹灰面层及防滑构造如图 6-6 所示。

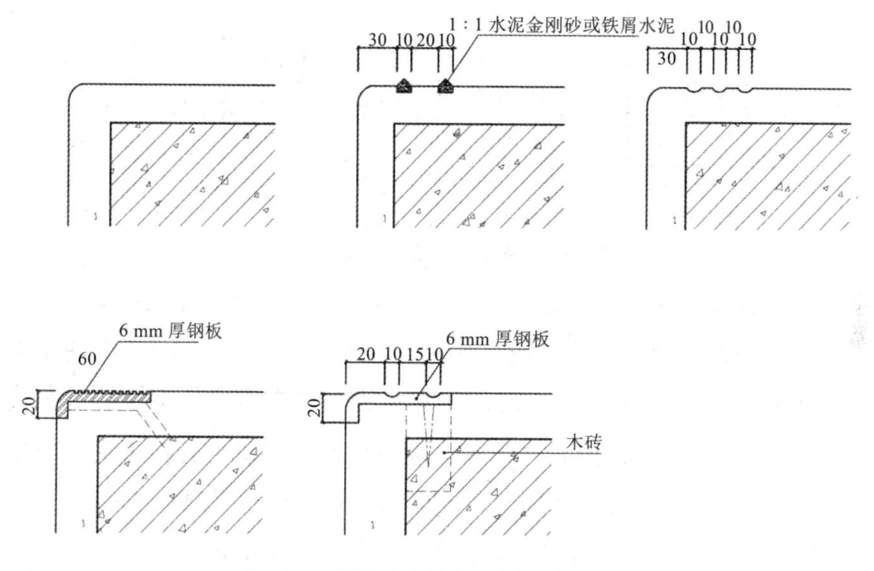

图 6-6　楼梯踏步抹灰面层及防滑构造

2. 铺贴类饰面踏步的装饰构造

铺贴类饰面踏步的装饰材料主要是块状材料，如瓷砖、水磨石板、花岗石板、大理石板、青石板等。铺贴类饰面一般采用水泥砂浆做结合层与原踏步固定。

（1）瓷砖饰面踏步的装饰构造。在原钢筋混凝土楼梯踏面上刷一道素水泥浆，用 1：3 干硬性水泥砂浆做找平层、结合层，在地砖背面抹 2 mm 厚素水泥浆进行铺贴，1 d 后用白色或同色水泥浆勾缝，如图 6-7 所示。

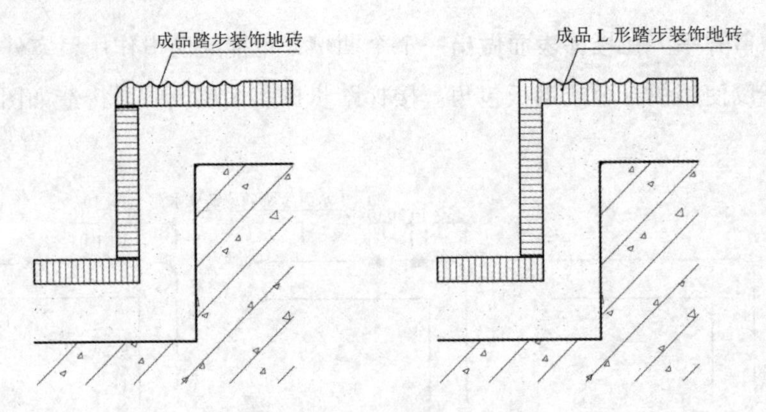

图 6-7 瓷砖饰面踏步的装饰构造

（2）石板材类（花岗石板、水磨石板、大理石板、青石板）饰面踏步的装饰构造。做法：施工时先刷一道素水泥浆，再将 1 : 2 干硬性水泥砂浆摊平，厚度为 20 ～ 30 mm，然后预铺花岗石板，正位后拿起板材在背面抹 2 ～ 3 mm 厚素水泥浆，随后放回原位摆平轻敲压实。养护 1 ～ 2 d 后，用同色水泥浆灌缝。铺贴时由下而上，先铺贴踏面板，后铺贴踢面板。石板材类饰面踏步的装饰构造如图 6-8 所示。

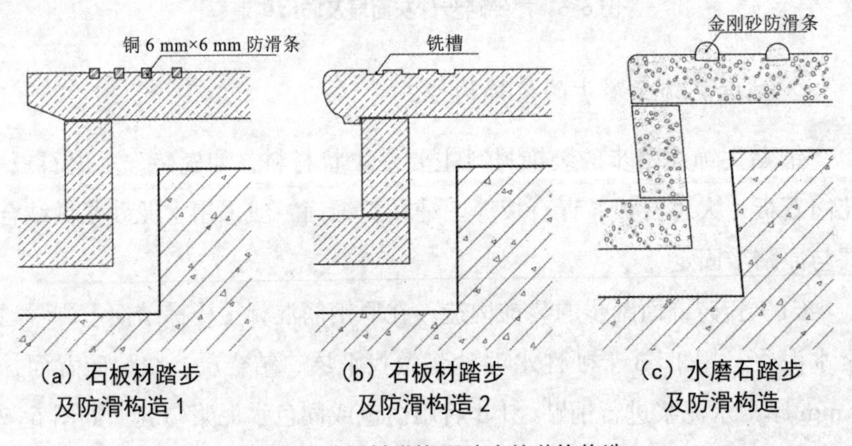

图 6-8 石板材类饰面踏步的装饰构造

3. 地毯饰面踏步的装饰构造

在踏步上铺设地毯要固定牢固，不能有卷边、翻起现象，其表面要平整，视线范围内无明显拼接缝隙。踏步铺设地毯的方法一般有直接黏结固定、倒刺板固定等。

（1）直接黏结固定。直接黏结固定适用于不加设垫层的地毯铺设。所用地毯自带海绵衬底，用地毯胶黏剂固定，将胶黏剂涂抹在踏面和踢面上。铺设前将地毯的绒毛理顺，找出绒毛最为光滑的方向，铺设时以绒毛的走向朝下为准。在每阶踢面、踏面转角处用不锈钢螺钉拧紧铝角防滑条。

（2）倒刺板固定。倒刺板固定适用于加设垫层的地毯。将衬垫用地板木条分别钉在楼梯阴角两边，两木条之间留 15 mm 左右的间隙。在踏面和踢面的转角安装倒刺板，将地毯和衬垫固定在倒刺板上。做法如图 6-9 所示。

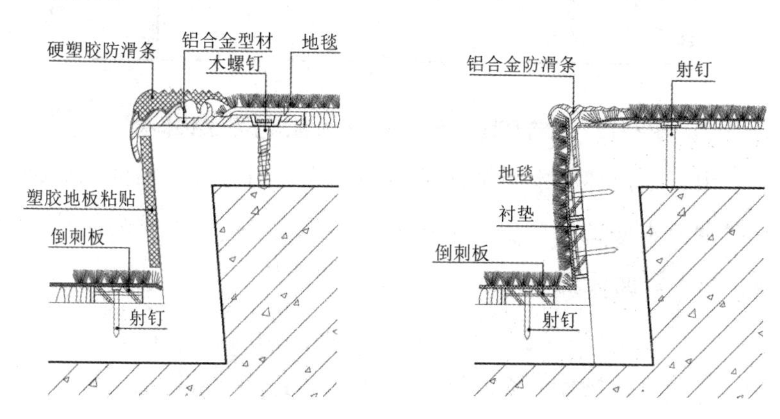

图 6-9　地毯饰面踏步的装饰构造

4. 木质饰面踏步的装饰构造

木质饰面踏步一般多用于住宅户内楼梯，踏面板和踢面板为实木或复合木质材料，木材要通过处理满足防火要求。木质饰面踏步的楼梯梁除采用钢筋混凝土外，还可采用型材或实木材料。

（1）钢筋混凝土楼梯的木质饰面踏步的装饰构造。在混凝土楼梯上安装木质饰面踏步可以采用直接粘贴的做法，在混凝土楼梯踏面和踢面上抹1 ∶ 3水泥砂浆做找平层，水泥砂浆凝固后用胶黏剂粘贴木质饰面踏步；也可采用木质基层加木质饰面踏步的做法，在钢筋混凝土楼梯踏面和踢面直接固定基层板或木骨架时，一般先在踏面打孔，将胀塞或木楔放入孔中，用螺钉或铁钉固定基层板或木骨架，基层板、木骨架要保证一定的平整度，然后通过铁钉加胶铺设木质饰面踏步，如图6-10所示。

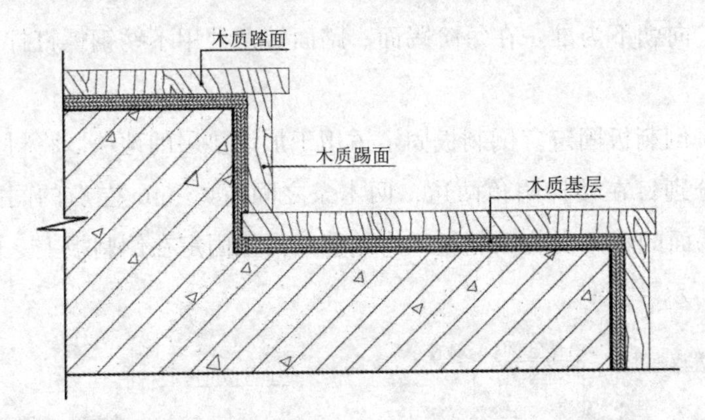

图6-10　钢筋混凝土楼梯的木质饰面踏步的装饰构造

（2）组合式楼梯的木质饰面踏步的装饰。组合式楼梯的木质饰面踏步设置在钢或木质楼梯梁上，如图6-11所示。有时木质饰面踏步只有踏面板，没有踢面板。

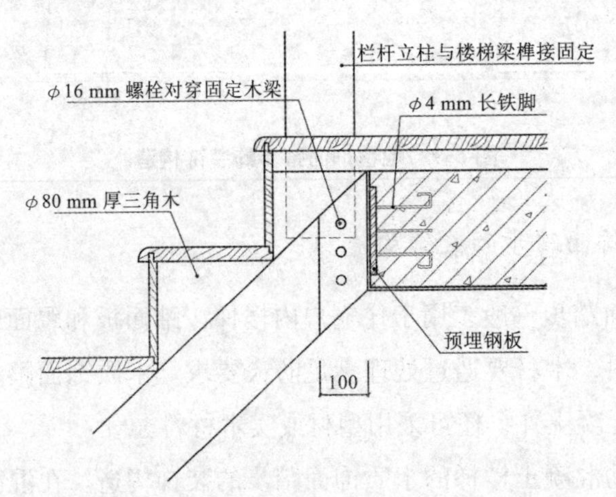

图6-11　组合式楼梯的木质饰面踏步的装饰构造

6.2.5　楼梯栏杆的装饰构造

1. 木栏杆

木栏杆与木扶手一般采用榫接加胶固定，如图 6–12 所示。木栏杆与木踏面连接的做法如下：在踏面的底部有钢板预埋件，用 4 mm 厚扁钢做成套筒，套筒与预埋件焊牢，将栏杆的榫头插入套筒，然后用木螺钉固定，如图 6–13 所示。

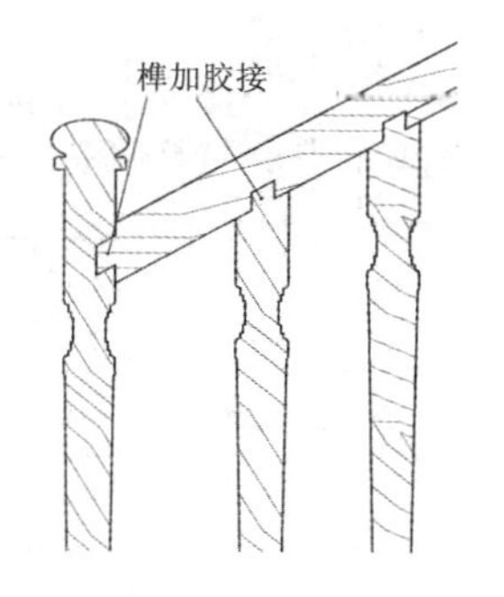

图 6–12　木扶手与木栏杆连接

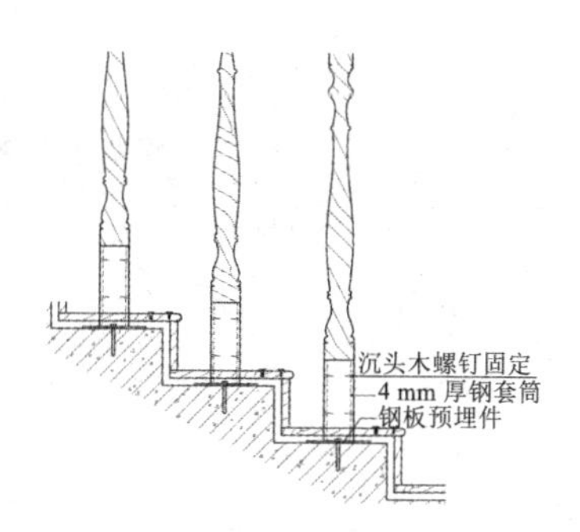

图 6–13　木栏杆与木踏面连接

2. 石材栏板

石材栏板一般用于高档酒店、宾馆等场所，所用石材分天然大理石、天然花岗石和人造石材，它们与基层的固定多采用水泥砂浆粘贴法，如图 6–14 所示。

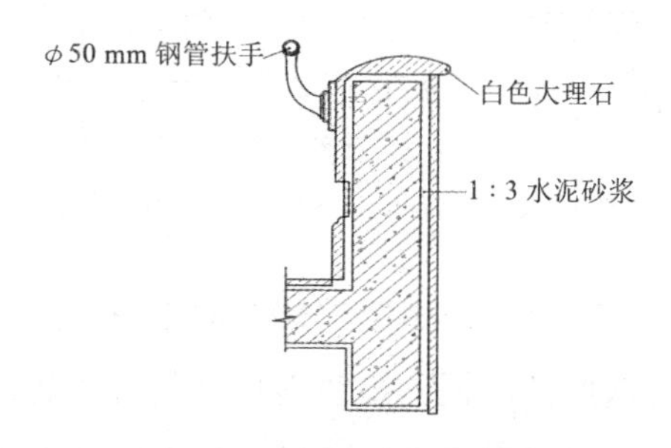

图 6–14　石材栏板构造

3. 金属栏杆

（1）普通钢制栏杆。普通钢制栏杆有圆管、方管等，栏杆之间的缺口和装饰采用方管、圆钢、扁钢等材料。钢制栏杆的表面要进行处理，一般方法有刷漆、喷漆、烤漆、喷塑、电镀等。钢制栏杆安装时一般与踏面的预埋件焊接。预埋件采用钢板，钢板一面焊钢筋呈 U 形，埋入原结构内，栏杆立柱与地面的交接处用装饰盖收口。图 6–15 为钢制栏杆与梯段的连接构造。

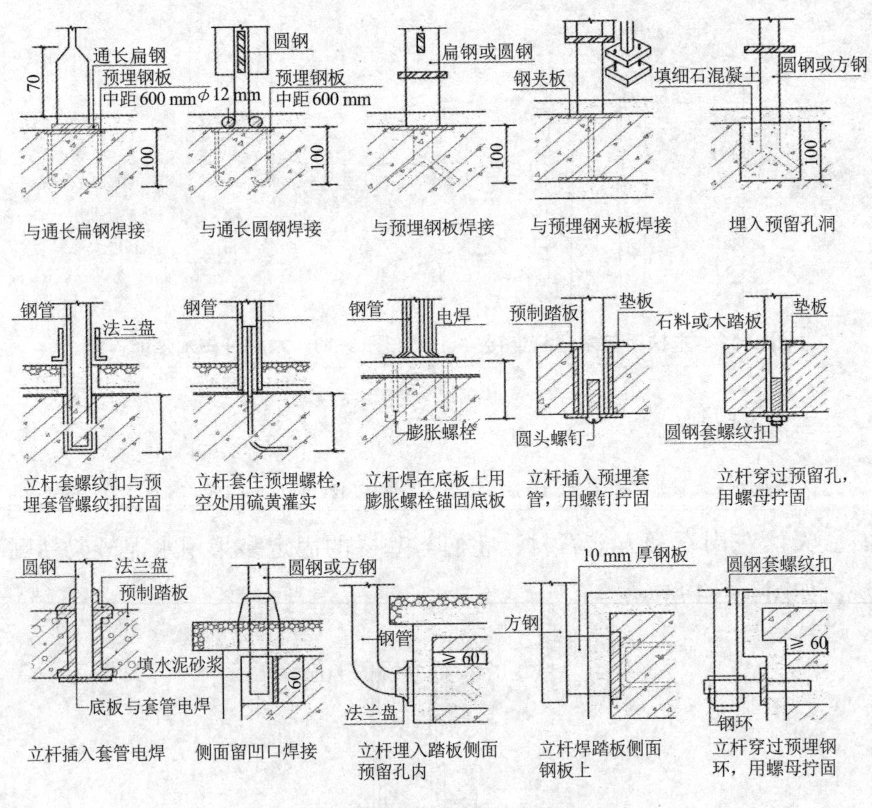

图 6–15　钢制栏杆与梯段的连接构造

（2）铜、不锈钢栏杆。铜、不锈钢栏杆的种类较多，除与预埋件焊接外，装配式栏杆也可用膨胀螺栓通过栏杆上的法兰座直接将栏杆立柱固定在地面上，如图6-16所示。

（3）铸铁、锻铁栏杆。铸铁、锻铁栏杆同钢制栏杆一样也需进行表面处理，固定方式同钢制栏杆。

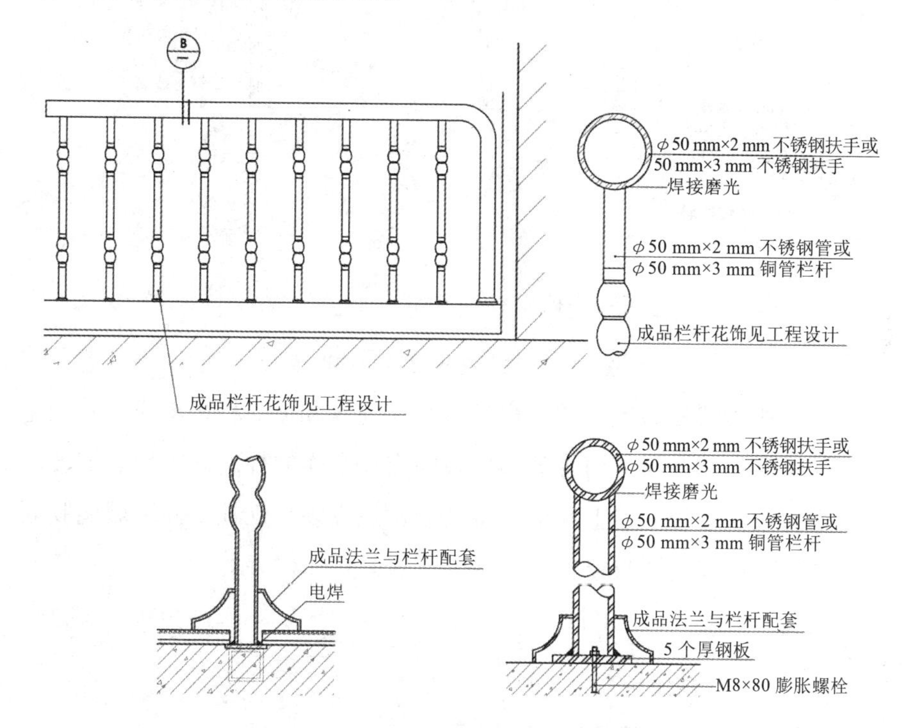

图6-16 铜、不锈钢栏杆的装饰构造

4.玻璃栏板

玻璃栏板一般采用6 mm以上厚玻璃或玻璃与其他材料组合制成的复合材料，有全玻式栏板和半玻式栏板。栏板的固定方式因形式不同而不同。

（1）全玻式栏板。全玻式栏板是全部以玻璃为栏板的，楼梯栏板的上部采用木扶手、不锈钢或黄铜管扶手，其连接一般有以下几种方式：一是在木扶手或金属管扶手的下部开槽，将厚玻璃栏板插入槽内，以玻璃胶封口固定；二是在金属管扶手的下部安装卡槽，将厚玻璃栏板嵌装在卡槽内以玻璃胶封口固定；三是用玻璃胶将厚玻璃栏板直接与金属管黏结；四是采用配件与扶手连接，如图 6-17 所示。

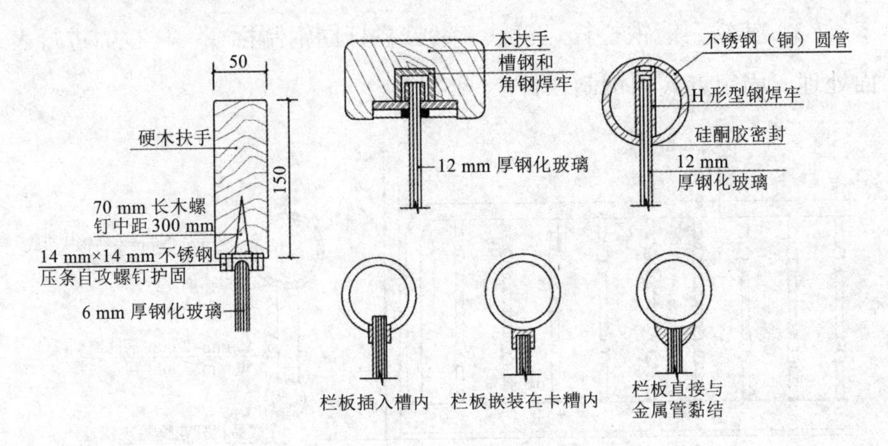

图 6-17　扶手与玻璃栏板的连接

（2）半玻式栏板。半玻式栏板由金属支撑和玻璃栏板组成。其固定方式如下：先用金属卡槽将玻璃栏板固定在金属立柱之间，然后加玻璃胶固定；或在栏板立柱上开槽，将玻璃栏板嵌装在立柱上并用玻璃胶固定；或用玻璃连接件与金属支撑连接，如图 6-18 所示。

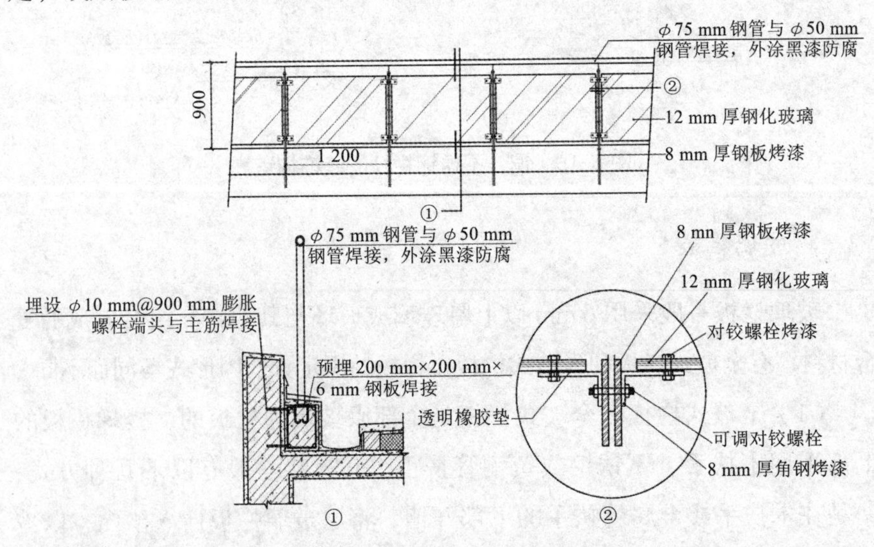

图 6-18　半玻式栏板的装饰构造

注：①~②为半玻式栏板不同的截面示意图。

6.2.6　楼梯扶手的装饰构造

扶手的材料有金属、木质、其他材料。扶手表面要给人舒适的触感，所以表面多为圆面或曲面。图 6-19 为不同材质的扶手断面。

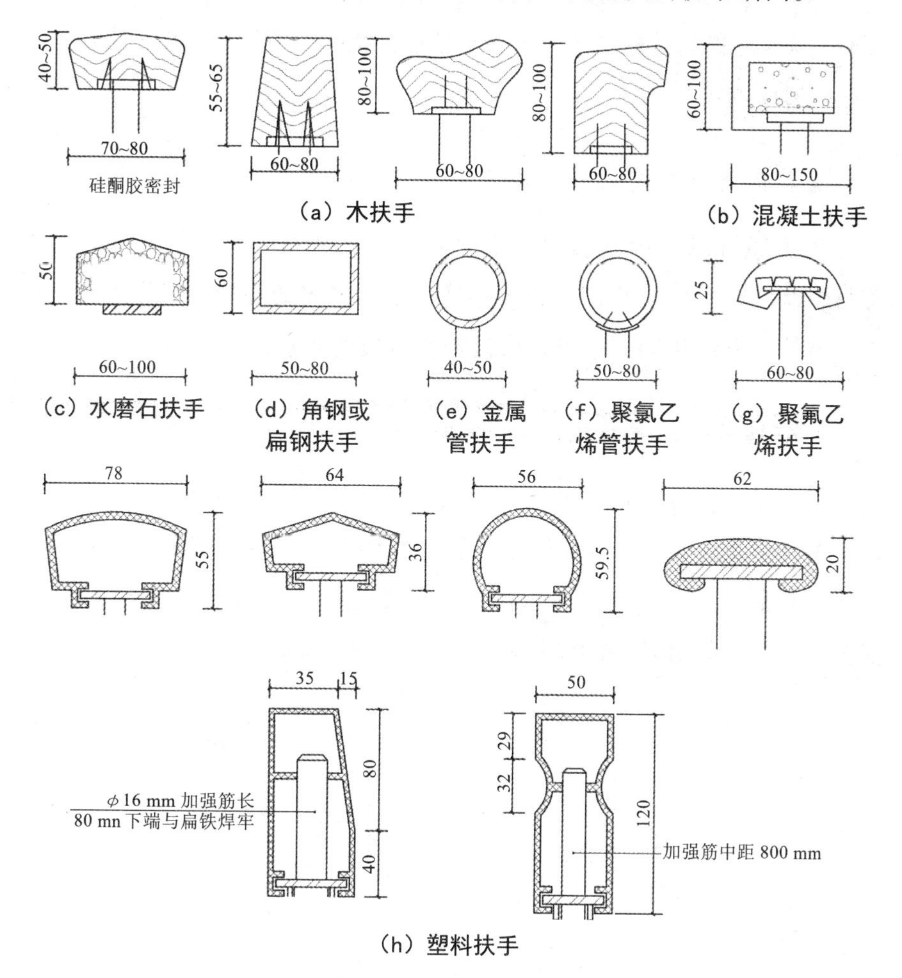

图 6-19　不同材质的扶手断面

1. 金属扶手的装饰构造

金属扶手的装饰构造与栏杆（板）的形式和材质有很大的关系。金属扶手与栏杆的连接可采用焊接、黏结、螺栓连接、配件连接等方式。

2. 木扶手的装饰构造

木扶手与木栏杆连接时一般采用榫接加胶固定方式；与钢制栏杆连接时一般采用螺钉连接方式；与玻璃栏板连接时一般采用黏结或者用玻璃连接件连接方式。

3. 其他材料扶手的装饰构造

扶手还可以采用硬塑料、水泥砂浆、水磨石、大理石和人造石材等材料制作。它们与栏杆（板）的连接根据材料的性质，可以和金属扶手、木扶手方法相同，也可以根据扶手材质的要求另做处理。

4. 靠墙扶手的装饰构造

需靠墙安装扶手时，扶手可以直接与墙面固定。具体做法一般是在墙上开 120 mm×120 mm×180 mm 的洞，将埋件一端做成燕尾状或焊接钢板，将洞内清理干净，放入埋件，长度为 160 mm，然后用 C20 细石混凝土填实。靠墙扶手的装饰构造如图 6-20 所示。

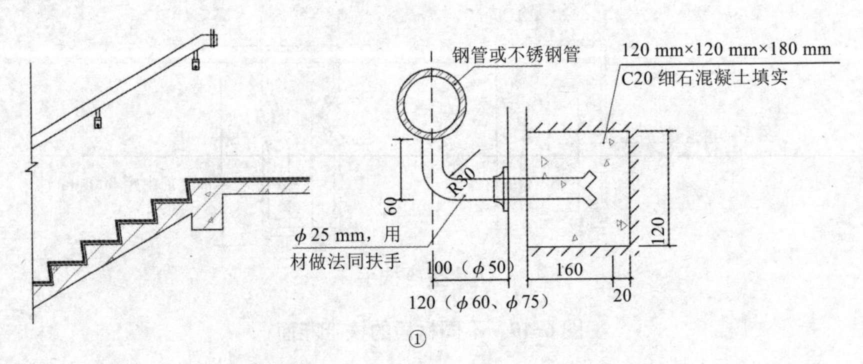

图 6-20　靠墙扶手的装饰构造

注：①为靠墙扶手的截面示意图。

6.2.7　楼梯装饰构造示例

1. 不锈钢玻璃栏板实木扶手楼梯装饰构造

不锈钢玻璃栏板实木扶手楼梯装饰构造如图 6-21 所示。

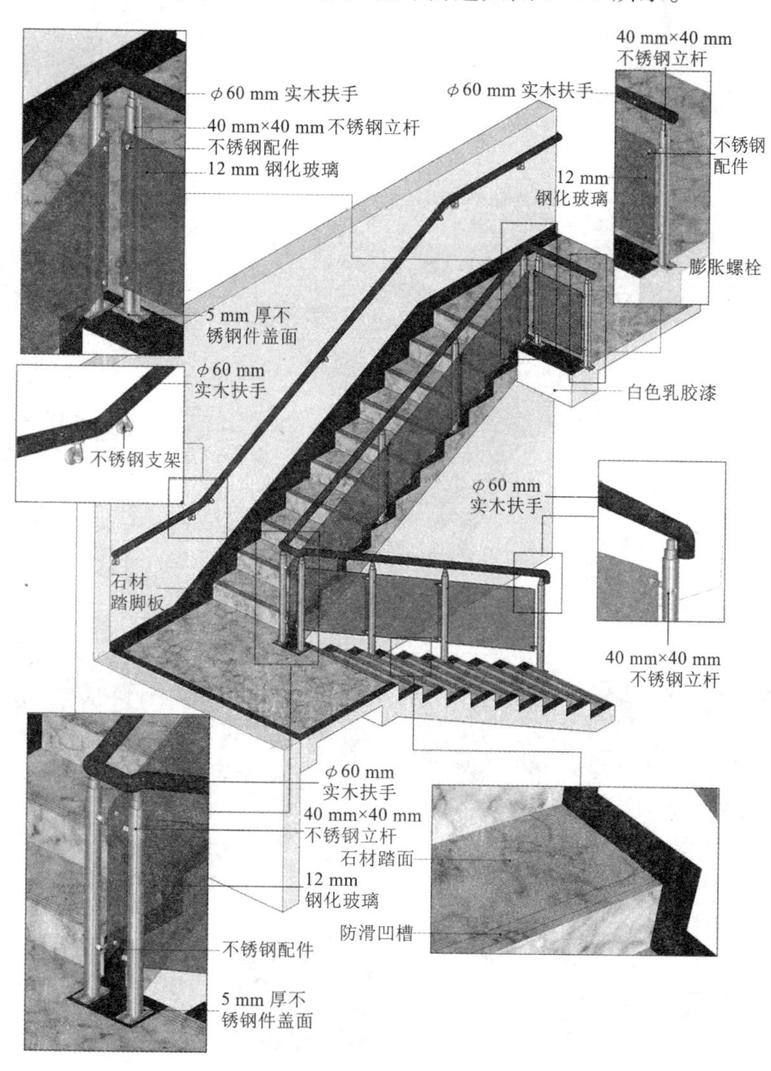

图 6-21　不锈钢玻璃栏板实木扶手楼梯装饰构造

2. 金属楼梯装饰构造

金属楼梯装饰构造如图 6-22 所示。

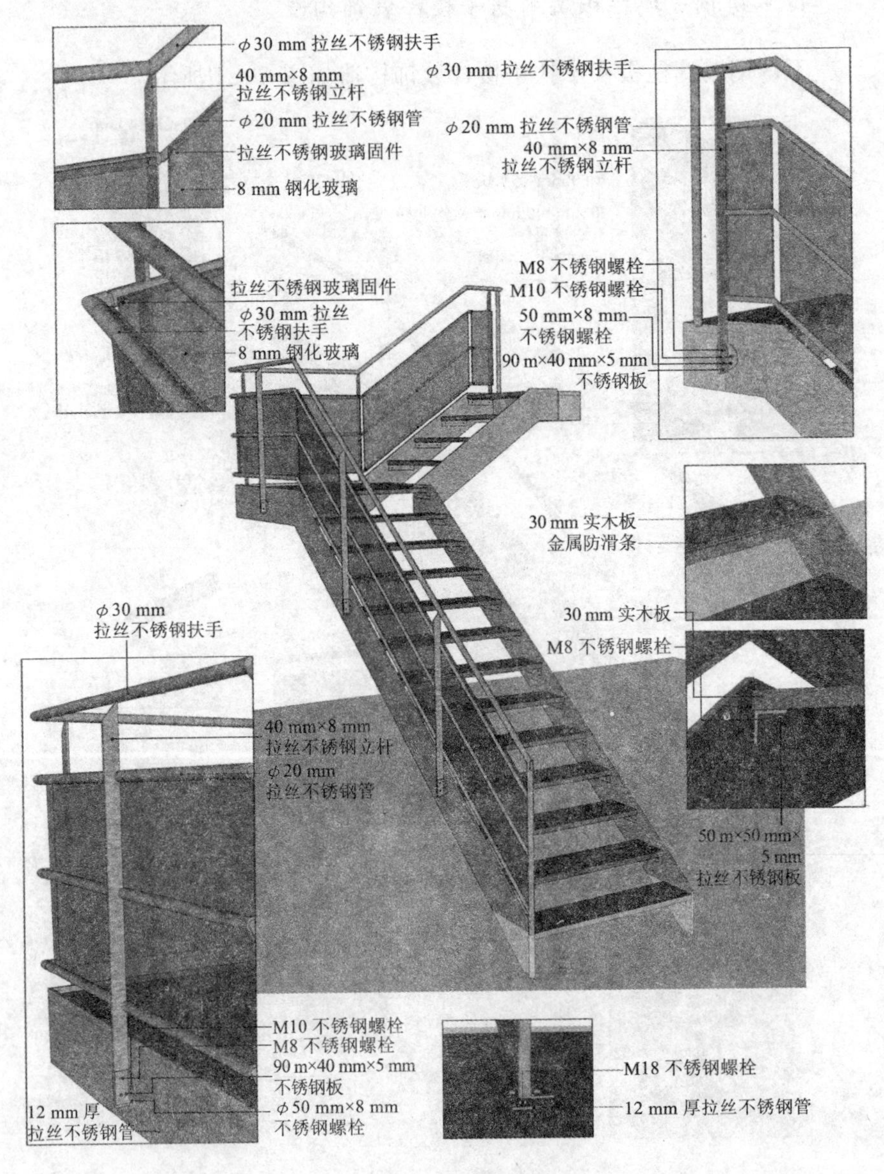

图 6-22 金属楼梯装饰构造

6.3　自动扶梯的装饰构造

6.3.1　概述

自动扶梯也称电动扶梯，是带有循环运行阶梯的一类扶梯，扶梯形式为台阶式，其踏步板装在履带上连续运行，它是用于向上或向下倾斜运送乘客的固定电力驱动设备。自动扶梯是建筑物的垂直交通设施之一，是许多公共建筑、多层建筑的必备交通设施。自动扶梯应符合防火规范所规定的有关防火分区等要求。自动扶梯出入口区域的宽度不应小于 2.5 m，若有密集人流穿行，宽度应根据人流情况加大。自动扶梯的栏板应平整、光滑和无凸出物；扶手带顶面距自动扶梯前缘、自动人行道踏面板或胶带面的垂直高度应大于 0.9 m。自动扶梯的梯级、自动人行道的踏面板或胶带面上空，垂直净高不应小于 2.3 m；自动扶梯的倾斜角不应超过 30°；当提升高度不超过 6 m，额定速度不超过 0.5 m/s 时，倾斜角允许增至 35°，倾斜式自动人行道的倾斜角不应超过 12°。

6.3.2　自动扶梯的构造

自动扶梯由电动机牵动，梯段踏步连同扶手同步运行，机房设在地面以下或悬在楼板下面，楼层下做装饰外壳处理，底层则做地坑。在其机房上部自动扶梯口处做活动地板，以利检修。地坑应做防水处理。自动扶梯的构造如图 6–23 所示。

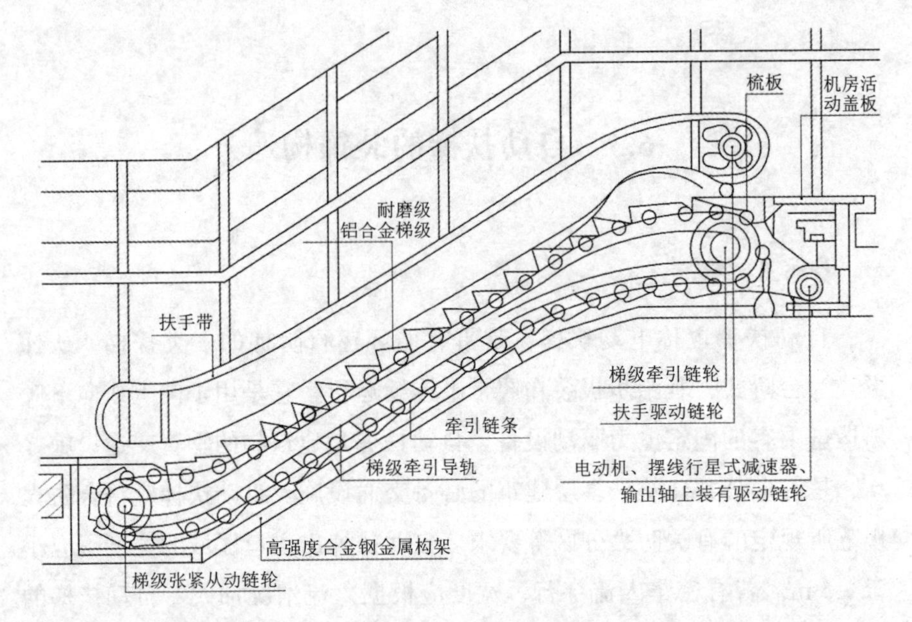

图 6-23　自动扶梯的构造

6.3.3　自动扶梯的装饰要求

自动扶梯的装饰一般是厂家根据用户的需要提供的。主要的装饰部位在扶手带、栏板和梯级。扶手带支撑底盖板的装饰材料有玻璃、喷漆钢板、不锈钢板等，侧盖板的装饰材料有喷漆或烤漆钢板、不锈钢板等；栏板的装饰材料有全透明型、透明型、半透明型、不透明型四种形式，前三种内可装有光源；梯级的装饰材料有铝合金和不锈钢板等。

6.4　电梯的装饰构造

电梯是指服务于建筑物内若干特定的楼层，其轿厢运行在至少两列垂直于水平面或与铅垂线倾斜角小于 15° 的刚性轨道运动的永久运输设备。电梯是由电力驱动的自动升降的一种垂直交通设施。电梯升降速度快、占地面积小，是高层建筑及一些中低层的公共建筑中必不可少的垂直交通设施，如写字楼、宾馆、饭店、医院、商店等。

6.4.1　电梯的类型和组成

电梯按用途分为客梯、货梯、客货两用电梯、病床梯和杂物梯等。电梯主要由机房、井道、轿厢、层门等几部分组成，如图6-24所示。

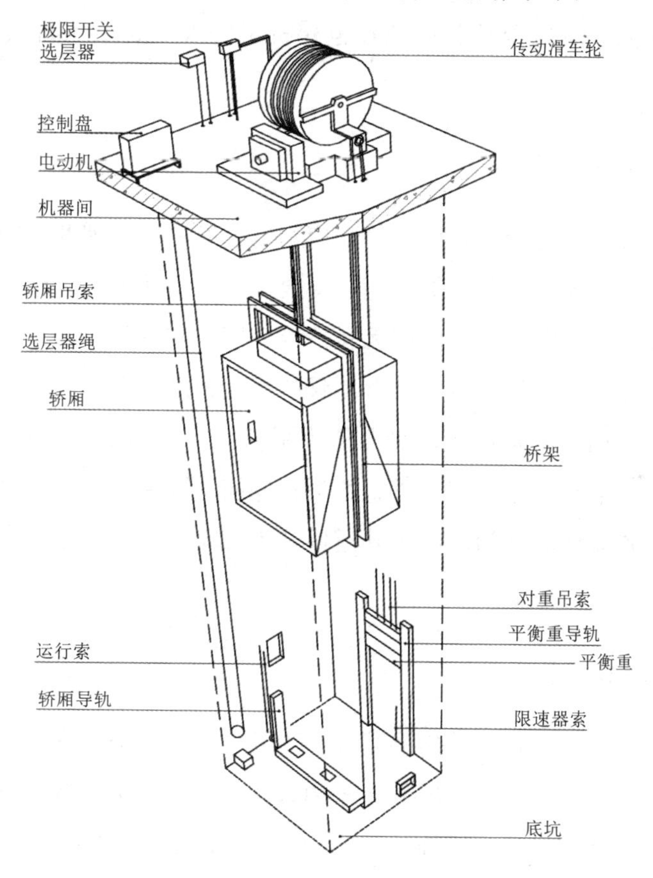

图6-24　电梯的组成

1. 电梯机房

电梯机房应为专用的房间，其围护结构应保温隔热，室内应有良好通风、防尘条件，宜能自然采光，不得将电梯机房顶板作为水箱底板及在电梯机房内直接穿越水管或蒸汽管。电梯机房一般设置在电梯井道的顶部，也有少数设在底层井道旁边。电梯机房地板应能承受一定的压力，地面采用防滑材料，通向电梯机房的道路应畅通且门窗防雨，当对建筑物的功能有要求时，电梯机房的地板、墙壁和顶棚应能大量吸收电梯运行产生的噪声。为便于安装，电梯机房的楼板应按机器设备要求的部位留孔洞。主电源开关应装在电梯机房内入口处距地面 1.3 ～ 1.5 m 的墙上。

2. 电梯井道

电梯井道是电梯运行的通道，应为电梯专用，电梯井道内一般不得装设与电梯无关的设备，如电缆、管道等。电梯井道可以用砖砌筑或钢筋混凝土浇筑。电梯井道应用无孔的墙，底板和顶板完全封闭，电梯井道的墙、地面和顶板材料应具有足够的机械强度。电梯井道顶部应设置通风孔，其面积不得小于电梯井道水平断面面积的 1%，通风孔可直接通向室外。电梯井道四壁应垂直，当相邻两层地坎的距离超过 11 m 时，其中间位置应设安全门。电梯井道底坑不应有漏水或渗水，底坑底部应光滑平整且做防水处理。

3. 电梯轿厢

电梯轿厢作为运载乘客和货物的主要空间，一般要求其内部整洁优美，厢体经久耐用。电梯轿厢多采用金属框架，内部主要对壁面、地面和顶棚进行装饰，这些装饰是厂家依据客户的要求提供的。例如：壁面一般采用光洁有色钢板、有色有孔钢板、不锈钢板、塑料型材板等作为面层；地面一般采用花格钢板、橡胶地板革、石材等材料饰面；顶棚一般采用透光吊顶、不锈钢格栅吊顶，内装荧光灯局部照明等。电梯轿厢装饰如图 6–25 所示。

（a）观光梯轿厢

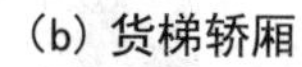

（b）货梯轿厢

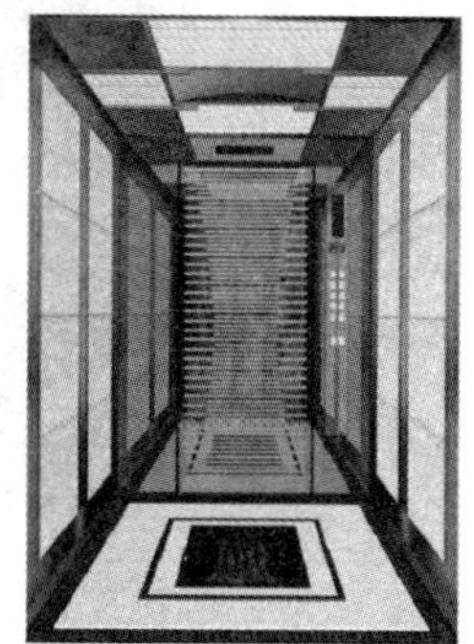

（c）客梯轿厢

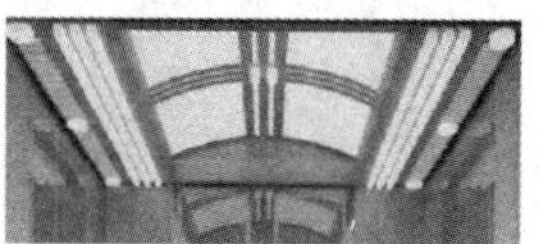

（d）电梯轿厢顶棚

图 6-25　电梯轿厢装饰

4. 电梯层门

电梯层门是候梯厅与电梯轿厢的出入口，开设在电梯井道墙壁上。当电梯轿厢停靠在各楼层时，电梯层门和轿厢门将同时开启，供乘客和货物出入。电梯层门由门扇、门套、开关门按钮等组成，如图 6-26 和图 6-27 所示。电梯层门和候梯厅是电梯装饰工程的重点部位，也是电梯装饰构造的主要内容。

图 6-26　电梯层门

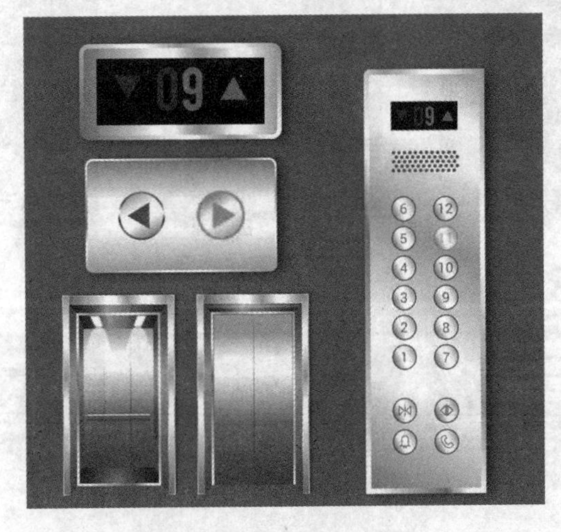

图 6-27　指示灯和开关门按钮

6.4.2　电梯的装饰构造

电梯的装饰构造内容主要是候梯厅和层门的门套。装饰的材料和效果根据建筑物本身的功能和装饰要求来确定。

1. 候梯厅的装饰构造

候梯厅人流较多，对候梯厅顶棚、地面和墙面的装饰根据建筑物本身的装饰效果要求来确定。墙面多采用高级的装饰材料，如花岗石板、大理石板、不锈钢板、铝塑板、玻璃、木饰面板、壁纸等。装饰要点如下：一是解决好墙面装饰与层门门套装饰的收口关系；二是在候梯厅墙面上安装电梯的指示灯和开关门按钮，注意预留位置的准确性和收口的协调性。

2. 层门门套的装饰构造

在层门的门框与门洞周边一般都制作装饰门套，这一方面可以增强装饰的效果，另一方面可以起到保护层门的作用。凸出墙面的门套装饰材料一般与墙面的材料不同，装饰材料的种类比较多，如花岗石板、大理石板、不锈钢板、彩钢板、铝塑板、木饰面板等，装饰时需与电梯厂方沟通构造关系，如图 6-28 所示。

(a) 木门套

(b) 不锈钢门套

(c) 大理石门套

图 6-28　不同材料电梯层门门套装饰构造

（1）花岗石（大理石）门套装饰构造。花岗石（大理石）门套一般采用水泥砂浆挂贴或干挂法。

（2）不锈钢门套装饰构造。不锈钢门套可采用木质基层板加不锈钢板（用玻璃胶或不锈钢成型门套螺栓固定）的方式。

（3）木饰面板、铝塑板门套装饰构造。木饰面板、铝塑板门套采用木质基层板加饰面板的方式。

电梯层门门套的做法可参考前面有关的章节，电梯层门门套装饰构

造如图 6-29 所示。

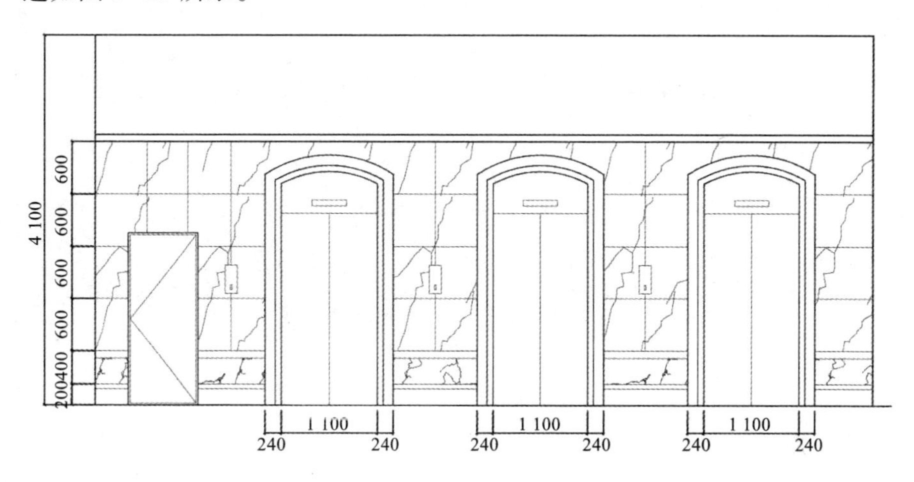

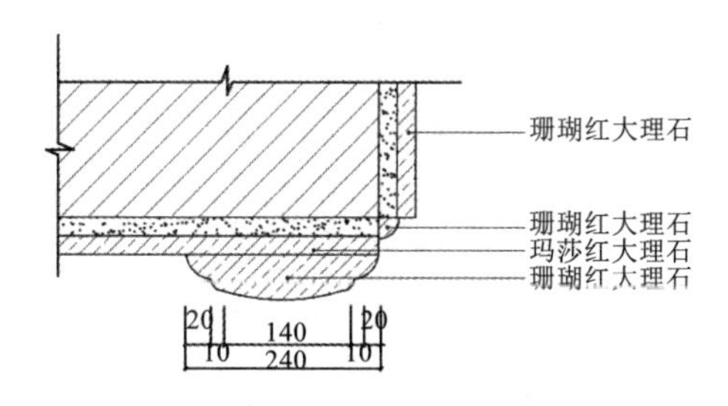

（a）电梯厅立面形式及门套装饰构造

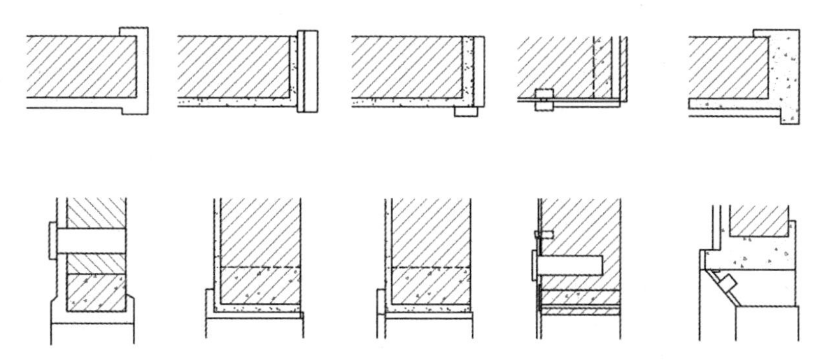

（b）水泥砂浆门套 （c）水磨石门套 （d）大理石门套 （e）木板门套 （f）钢板门套

图 6-29　电梯层门门套装饰构造

7

第 7 章　建筑室内的相关装饰构造

7.1　柜台、吧台与服务台的装饰构造

柜台、吧台、收银台等是商业建筑、旅馆建筑、机场、邮局、银行等公共建筑中必不可少的设施。这些柜台、服务台等有的是服务性质的，有的是营业性质的，有的是服务兼营业性质的。柜台、服务台的构造设计必须满足使用要求。柜台、吧台、收银台等的功能要求不一样，其构造方式，包括基层结构、面层材料选择、连接方式都可能不同。例如：为满足保密性、安全性要求，银行柜台多采用钢筋混凝土结构基层，面层材料多采用不透明的石材、胶合板材、金属饰面板；为了商品展示的需要，商店柜台多采用不锈钢或铝合金型材构架，正立面和柜台面面层则多采用玻璃，甚至柜台面和四周均采用玻璃。另外，酒吧在餐厅中占有重要位置，吧台、酒柜及其上部顶棚的装饰构造，选用的材料、灯光、色彩对气氛的烘托、意境的创造都非常重要。

由于柜台、吧台、服务台等设施必须满足防火、防烫、耐磨、结构稳定和实用的功能要求，以及满足创造高雅、华贵的装饰效果的要求，因而这些设施多采用木结构、钢结构、砖砌体结构、混凝土结构、厚玻璃结构等组合。钢结构、砖砌体结构或混凝土结构作为基础骨架，可保证结构的稳定性，木结构、厚玻璃结构可组成台、架功能使用部分。大理石、花岗石、防火板、饰面板等是这些设施的表面装饰，不锈钢槽、不锈钢条、木线条等则构成其面层点缀。

这种混合结构各部分之间的连接方式如下：

（1）石板与钢管骨架之间采用钢丝网水泥镶贴，石板与木结构之间采用环氧树脂黏结。

（2）钢骨架与木结构之间采用螺钉连接，砖、混凝土骨架与木结构之间采用预埋木砖、木楔的方式钉接。

（3）厚玻璃结构间以及厚玻璃与其他结构间采用卡脚和玻璃胶固定。

（4）不锈钢管、铜管架采用法兰座和螺栓固定，线脚类材料常用钉接、黏结固定。

（5）钢骨架与墙、地面的连接用膨胀螺栓或预埋件焊接。

7.1.1 零售柜台

零售柜台的作用是陈列和售卖商品，所以其高度一般为 1 m 左右，所用材料多为厚玻璃，玻璃柜台构造如图 7-1 所示。

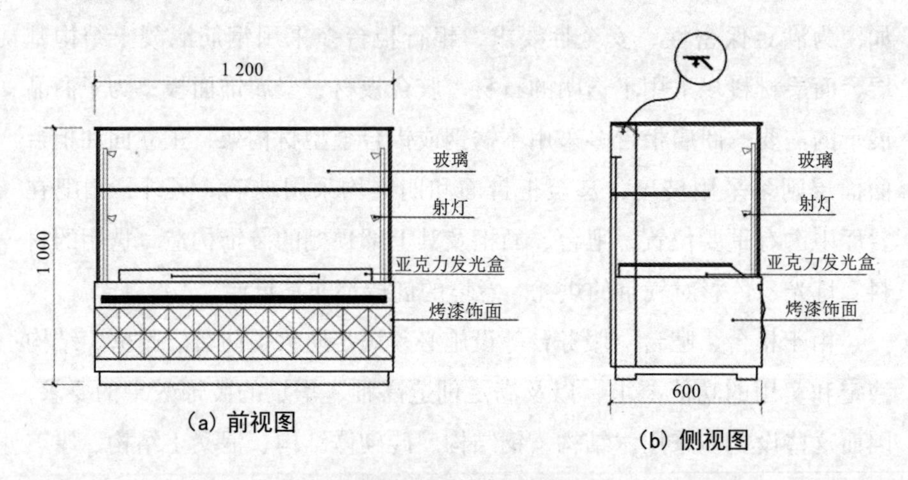

图 7-1 玻璃柜台构造

7.1.2 吧台

1. 吧台的设计要点

吧台是酒吧和咖啡厅内的核心设施。吧台的服务内容从调制花式香槟、加工冷热饮料，到配置冷拼糕点、供应苏打水，应有尽有。吧台的台面兼作散席顾客放置酒具之用。吧台的上翼台面应采用耐磨、抗冲击、易清洁的材料，材料的表面宜选深色，以避免光反射，便于识别酒液纯度。吧台的功能按延长面可划分为加工区、储藏区和清洗区。吧台上方应有集中照明，照度一般取 100 ～ 1 500 lx，照明灯应具有防光设施，以防止眩光。

2. 吧台构造

吧台构造如图 7-2 所示。

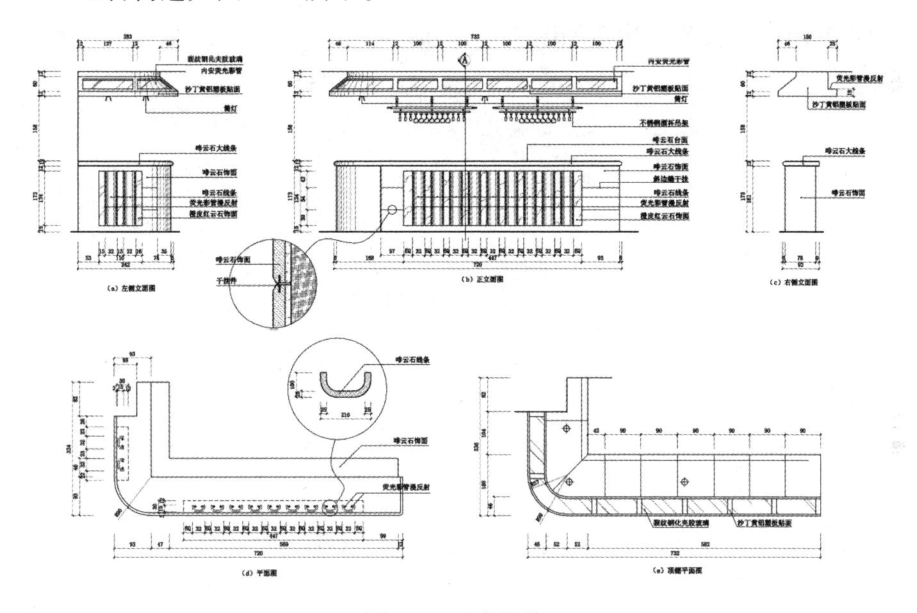

图 7-2　吧台构造

7.1.3　接待服务台

一般具有代表性的接待服务台为酒店总服务台、餐厅服务台。总服务台是酒店用来接待客人住宿和结账的设施，餐厅服务台是接待顾客入座、就餐、结账的设施。

1. 酒店总服务台

许多大型酒店总服务台利用计算机系统来完成简单的客房预订、现金结账等操作，进行复杂的酒店管理。酒店总服务台长度根据酒店等级和规模确定。例如：客房数在200间以下，酒店总服务台长度取0.05 m/间；客房数在600间以下，酒店总服务台长度取0.03 m/间；客房数在600间以上，酒店总服务台长度取0.02 m/间。

酒店总服务台的构造形式有两种，一种是固定式，另一种是家具活动式。酒店总服务台构造如图7–3所示。

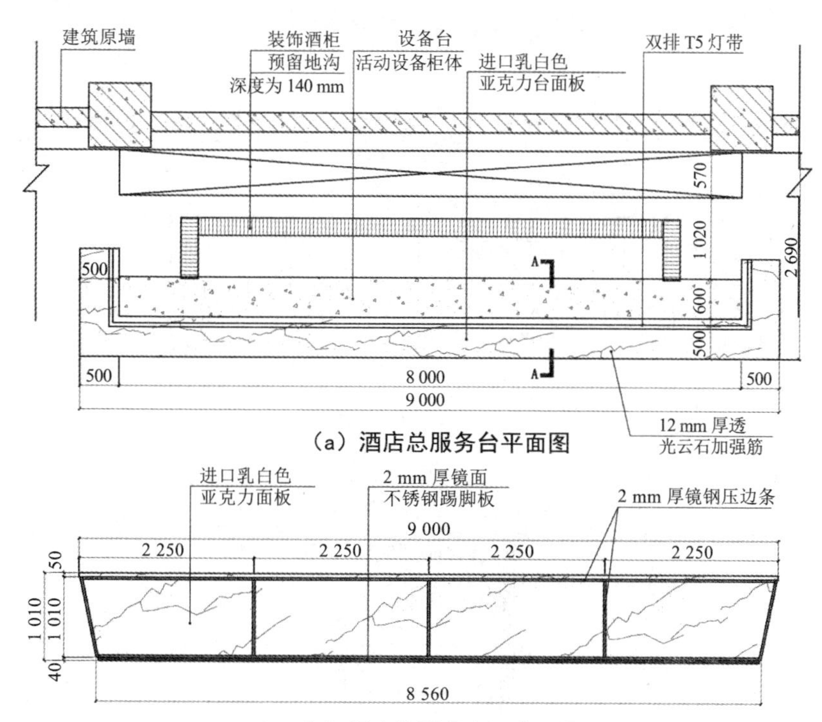

(a) 酒店总服务台平面图

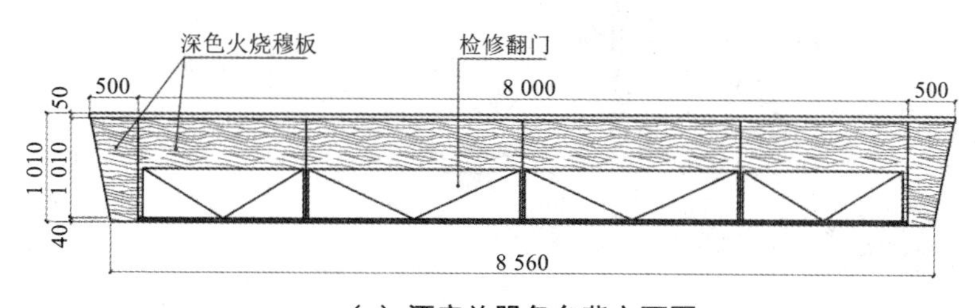

(b) 酒店总服务台正立面图

(c) 酒店总服务台背立面图

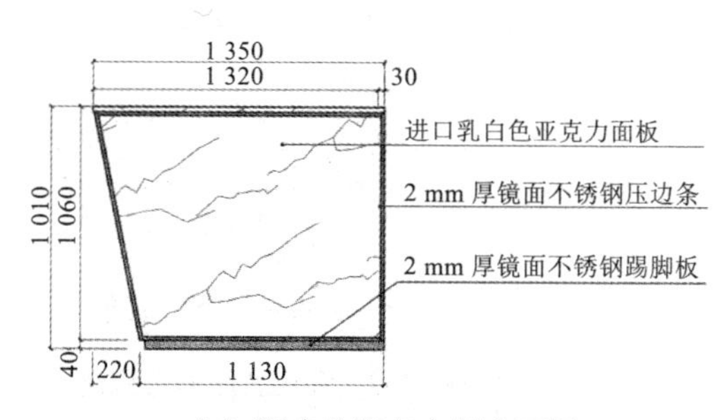

(d) 酒店总服务台侧立面图

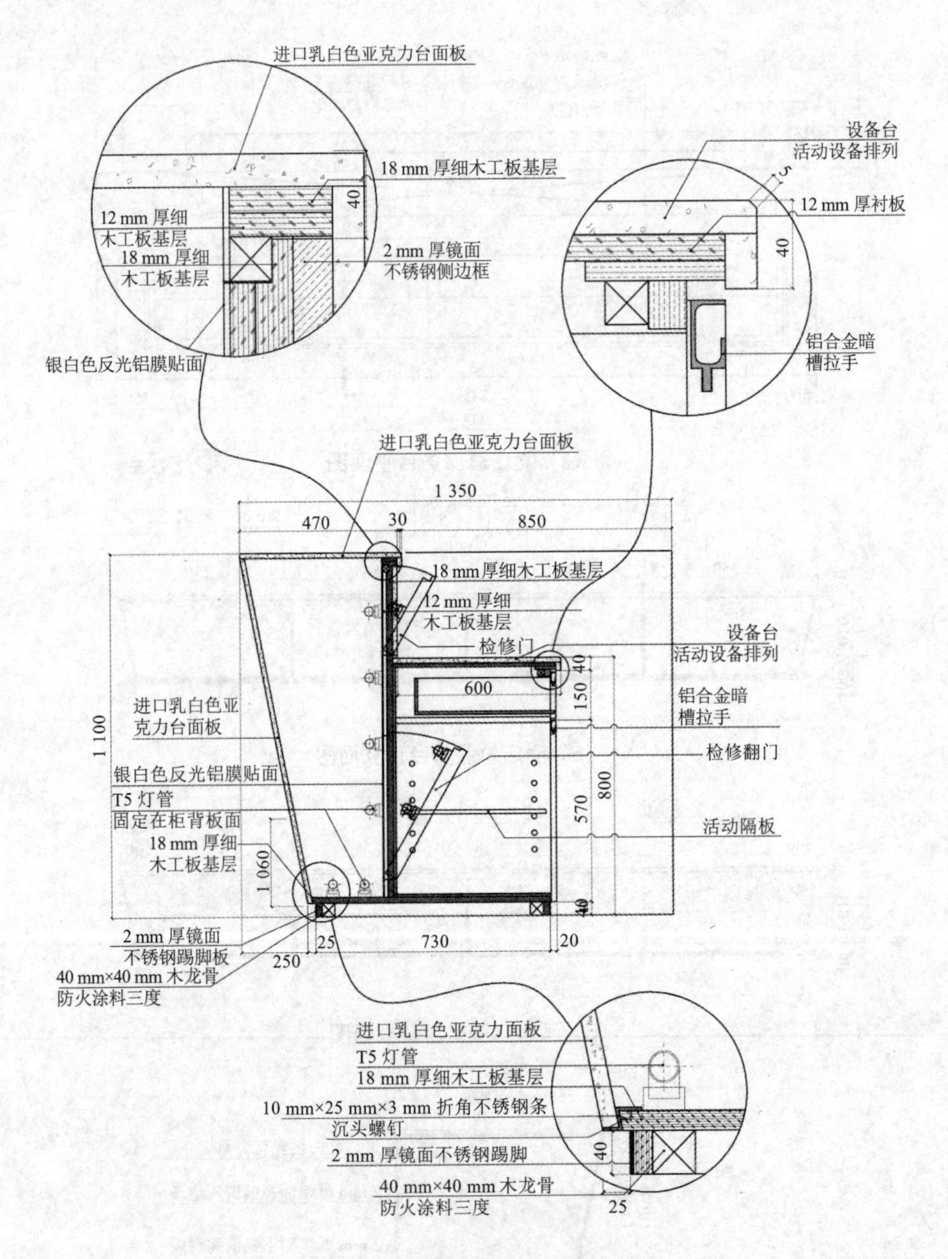

(e) 酒店总服务台剖面图

图 7-3　酒店总服务台构造

2. 餐厅服务台

餐厅服务台一般位于餐厅入口处或其他较明显的位置，根据餐厅的档次和服务等级的不同，餐厅服务台的功能也有简繁之分。一般情况下，餐厅服务台的基本功能是接引顾客就座、用餐和结账，档次较高的餐厅服务台还提供现金的存取、兑换以及贵重物品的寄存等服务。

7.2　壁橱与壁炉的装饰构造

7.2.1　壁橱

壁橱是现代生活中使用频率很高的一种固定家具，一般设在建筑物的入口附近、边角部位或与家具组合在一起，可充分利用空间，具有强大的储藏功能。

壁橱深一般不小于 500 mm，它由壁橱板和壁橱门构成，壁橱门可平开或推拉，壁橱门也可不设。壁橱内有抽屉、隔板、挂衣架等结构，较大的壁橱还可以安装照明灯具。壁橱的构造应解决防潮和通风问题，当壁橱作为两个房间的隔断时，应保证良好的隔声性能。壁橱隔板材料可用木板、胶合板、纤维板、钢丝网水泥板或钢筋混凝土板等，壁橱装饰构造如图 7-4 所示。

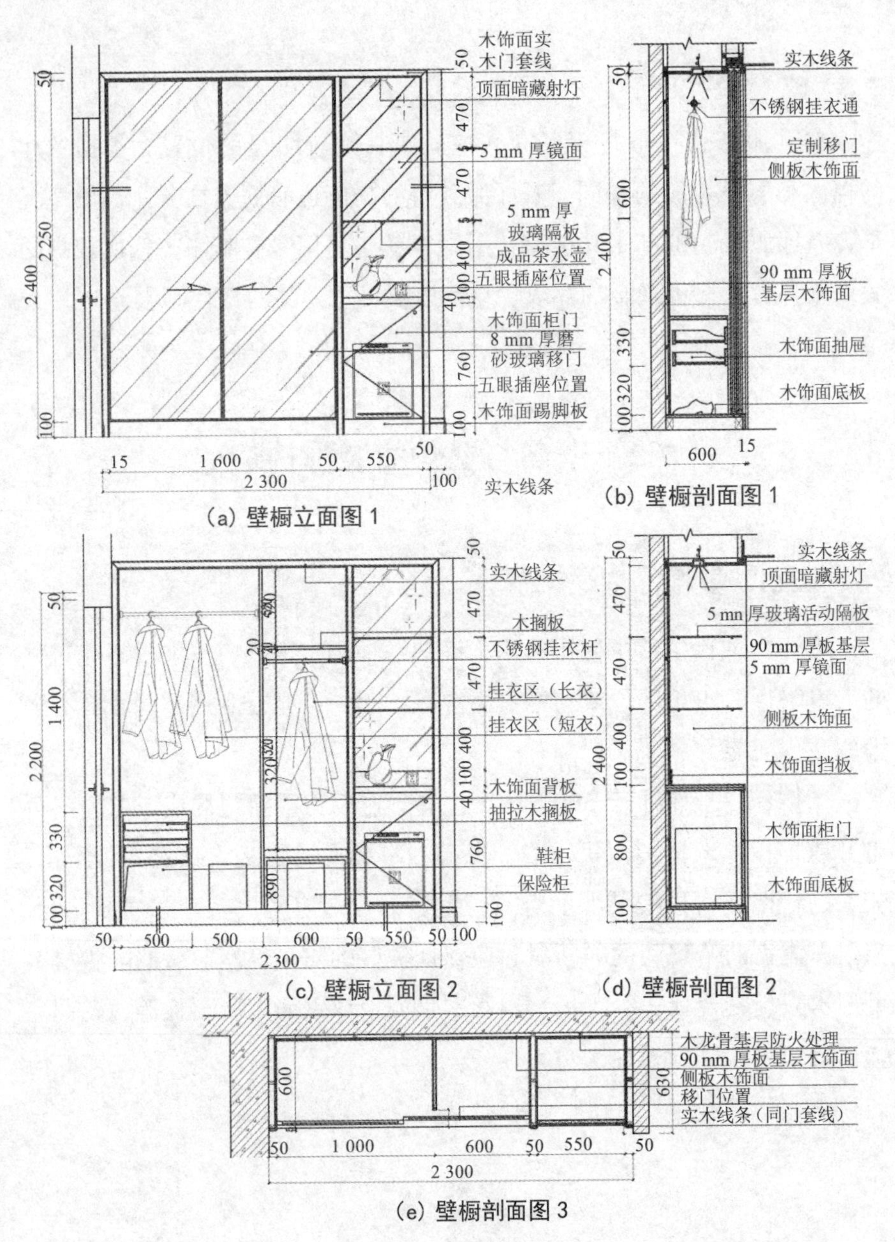
木饰面实
木门套线
顶面暗藏射灯
5 mm 厚镜面
5 mm 厚
玻璃隔板
成品茶水壶
五眼插座位置
木饰面柜门
8 mm 厚磨
砂玻璃移门
五眼插座位置
木饰面踢脚板
实木线条
(a) 壁橱立面图 1
实木线条
不锈钢挂衣通
定制移门
侧板木饰面
90 mm 厚板
基层木饰面
木饰面抽屉
木饰面底板
(b) 壁橱剖面图 1
实木线条
木搁板
不锈钢挂衣杆
挂衣区（长衣）
挂衣区（短衣）
木饰面背板
抽拉木搁板
鞋柜
保险柜
(c) 壁橱立面图 2
实木线条
顶面暗藏射灯
5 mn 厚玻璃活动隔板
90 mm 厚板基层
5 mm 厚镜面
侧板木饰面
木饰面挡板
木饰面柜门
木饰面底板
(d) 壁橱剖面图 2
木龙骨基层防火处理
90 mm 厚板基层木饰面
侧板木饰面
移门位置
实木线条（同门套线）
(e) 壁橱剖面图 3

图 7-4　壁橱装饰构造

7.2.2　壁炉

壁炉是独立或者就墙壁砌成的室内取暖设备，以可燃物为能源，内部上通烟囱，起源于西方家庭或宫殿取暖设施。壁炉基本结构包括壁炉架和壁炉芯、烟道。壁炉架起装饰作用，壁炉芯起实用作用，烟道用于排气。壁炉架根据材质不同分为大理石壁炉架、木质壁炉架、仿大理石壁炉架（树脂）、堆砌壁炉架；根据壁炉芯所用燃料不同分为电壁炉、真火壁炉（燃碳、燃木）、燃气壁炉（天然气）。真火壁炉需要建造烟囱、炉膛。炉膛可以用铸铁壁炉芯，也可以用耐火砖堆砌。烟囱也可以用铸铁管代替，铸铁管直径不小于 120 mm，内径不小于 110 mm。

国内普通城市住宅的采暖方式一般是集中供暖。壁炉以装饰作用为主，实用价值不大。真火壁炉在国内主要应用于别墅，其设计施工精良的范例不多，这限制了壁炉应有的取暖功能。装饰性壁炉构造如图 7–5 所示。

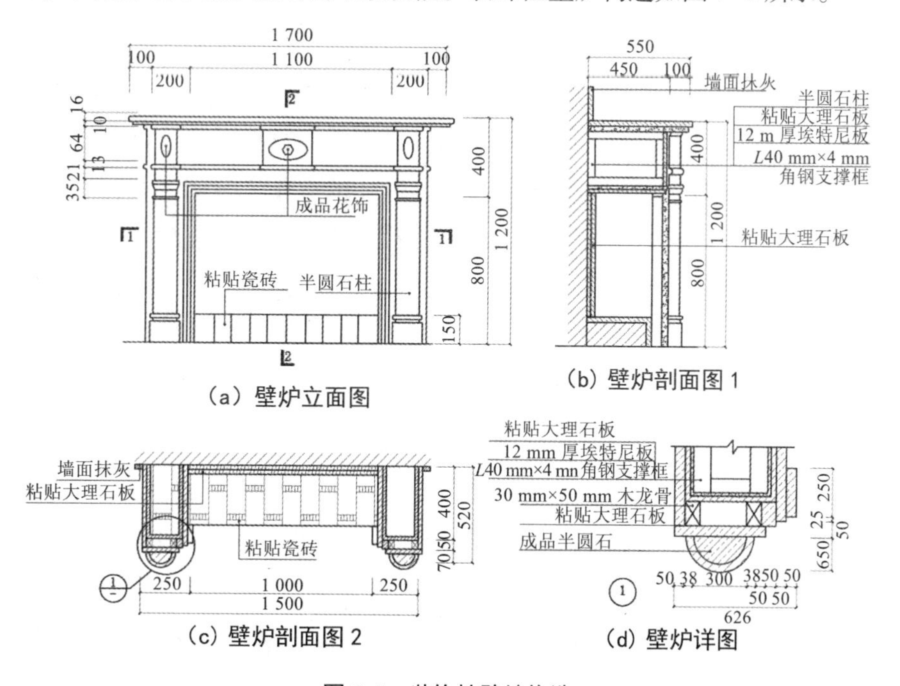

（a）壁炉立面图

（b）壁炉剖面图 1

（c）壁炉剖面图 2

（d）壁炉详图

图 7–5　装饰性壁炉构造

7.3 建筑花格的装饰构造

建筑花格是建筑整体中一个华丽的组成部分，一般有竹木花格、金属花格、玻璃花格、混凝土及水磨石花格等，通常用于建筑内部或外部空间的局部点缀。建筑花格不仅可用来装饰空间、美化环境、增强建筑艺术效果，还能起到联系和扩展空间的作用，并能提升空间的层次感和流动感。有些伴有吸声、隔热的效果。

建筑花格作为建筑整体的一个组成部分，它的设计和安装，必须从建筑的总体要求出发，保持与空间、环境的协调配合。只有图案比较、材料选用、体型大小、色调和谐、制作安装质量等各个方面做到精益求精，才能充分发挥建筑花格的综合效果。

7.3.1 竹木花格

竹木花格格调清新、玲珑剔透，可以较好地体现民族特色或地域特色，多用于室内的隔断或隔墙。竹木花格与植物绿化的配适度较高，竹木材料具有较强的亲和力，可满足人们希望“回归自然”的心理，其应用颇为广泛。

1. 竹花格

竹材易生虫，因此在制作竹花格前应做防蛀处理，如用石灰水浸泡等。竹材表面可涂清漆，可烧成斑纹、斑点，也可刻花刻字等。利用竹材本身的色泽和形象特点来装修及制作花格，可获得清新自然、生动简雅的装饰效果。

竹材的结合，通常以竹销或钢销为主，也可用套、塞、穿等方法，或将竹材烘弯，或用胶。

2. 木花格

木花格的样式极为丰富，用于通透式隔断的木材多为硬杂木，其造型处理可与雕刻装饰相结合以达到不同的风格要求，其表面可涂色漆或清漆。

木材的连接方法多以榫接为主，此外还有胶接、钉接和螺栓连接等方法。竹木花格样式如图 7–6 所示。

图 7–6　竹木花格样式

木花格制作方法如下：

（1）配料。按设计要求选择木材。一般先配长料，后配短料；先配框料，后配花格料；先配大面积板材，后配小块板材。

（2）下料。毛料断面尺寸应大于净料尺寸 3 ～ 5 mm，长度按设计尺寸放长 30 ～ 50 mm，将毛料锯成段备用。

（3）刨面、起线。用刨子将毛料刨平、刨光，并用专用刨刨出装饰线。刨料时，不论是用手工制作还是用机械刨均应顺木纹刨削，这样刨出的刨面才光滑。刨削时先刨大面，后刨小面。刨好的料的断面形状、尺寸都应符合设计净尺寸。

（4）画线开榫。榫结合的形式很多，如双肩斜角明榫、单肩斜角开口不贯通双榫、贯通榫、夹角插肩榫等。

（5）拼装。将制作好的木花格的各个部件按图拼装好备用。为确保工程质量和工期，木花格应尽可能地提高预制装配程度，减少现场制作工序。

（6）打磨。拼装好的木花格应该用细砂纸打磨一遍，以使其表面光滑，并应该刷一遍底油（干性油），以防止受潮变形。

木花格连接形式如图 7-7 所示。

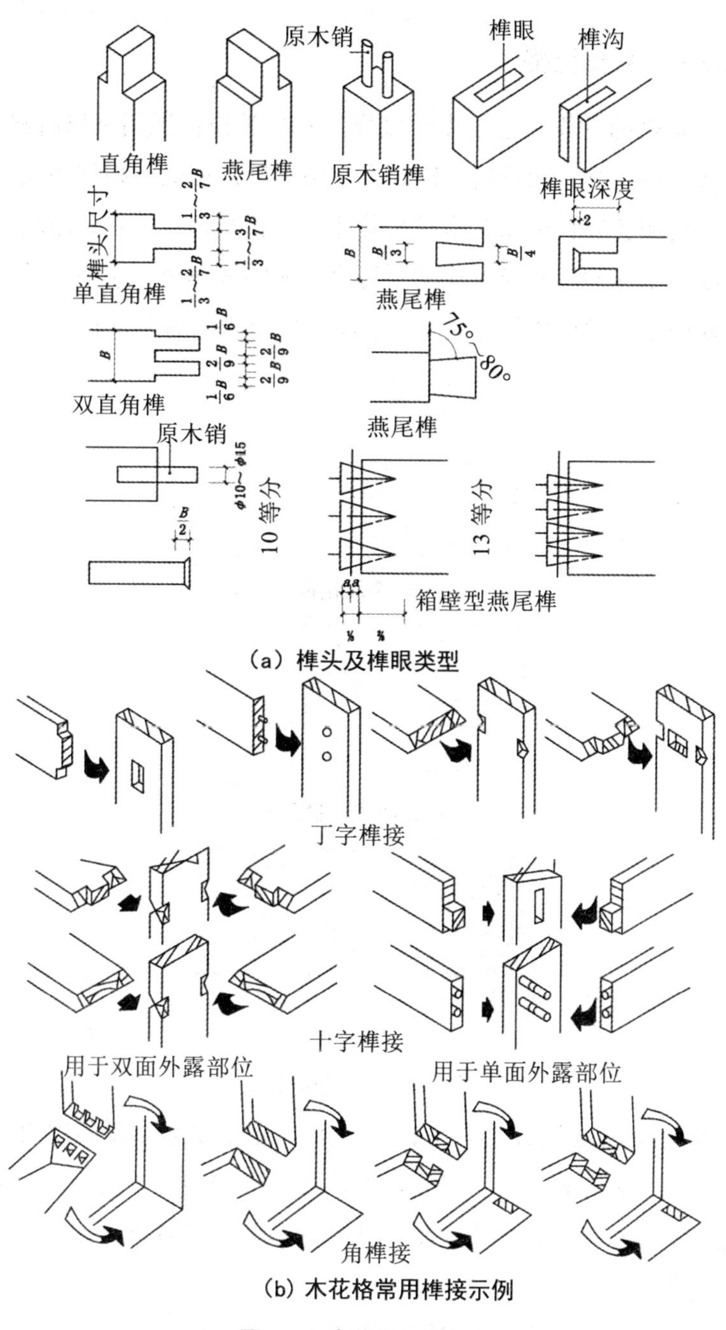

(a) 榫头及榫眼类型

(b) 木花格常用榫接示例

图 7-7　木花格连接形式

7.3.2 金属花格

金属花格的种类、造型多种多样。其种类根据所用金属材料来分，有铁花格、钢花格、铜花格、铝合金花格。其造型效果根据图案、材料的不同而情调各异，金属花格或与其他材料相结合，如彩色玻璃、有机玻璃或硬杂木饰件；或通过涂漆、烤漆、镀铬或鎏金、包塑、贴铜箔或铝箔来取得富丽堂皇的装饰效果，金属花格形式如图 7-8 所示。

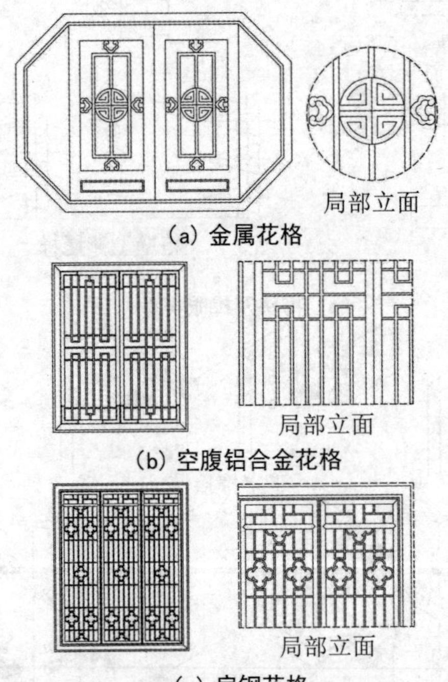

图 7-8　金属花格形式

金属花格的成形方法有两种：一种是浇铸成形，即利用模型铸出铁、铜或铝合金花格；另一种是弯曲成形，即用型钢、扁钢、钢管或钢筋预先弯成小花格，再用小花格拼装成大隔断，或者直接用弯曲成形的办法制成大隔断。

金属花格的连接可用焊接，也可用铆接或螺栓连接。

7.3.3　玻璃花格

玻璃花格是建筑室内装饰较常用的一种形式。玻璃花格的材料常用彩色玻璃、磨砂玻璃、夹花玻璃、套色刻花玻璃、银光刻花玻璃、压花玻璃或玻璃砖和玻璃管等。彩色玻璃通过加入一定的矿物颜料呈现某种色彩。磨砂玻璃具有一定的透光和遮挡视线的性能。夹花玻璃在两层平板玻璃中间夹上剪纸花。套色刻花玻璃的制作工艺大体上与银光刻花玻璃相同，套色刻花玻璃只是在玻璃制造时已套上各种颜色，腐蚀有色的一面，露出光玻璃，并可在腐蚀时控制不同的时间，以使颜色有深浅之分，腐蚀后不用磨砂，外观显得更加华丽、美观，装饰效果也超出预料。

玻璃花格通常会搭配不同材质的框架使用，较为常见的框架是金属框架或木质框架。玻璃花格与框架的组合方式千变万化，从而形成千奇百怪的造型，呈现五花八门的装饰效果。玻璃花格的样式示例如图 7-9 所示。

（a）金属彩色玻璃花格

（b）夹花玻璃花格

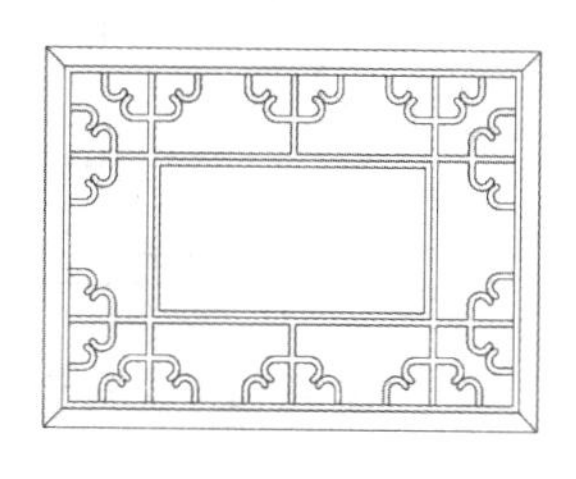

（c）磨砂玻璃花格

图 7-9　玻璃花格的样式示例

7.3.4 混凝土及水磨石花格

混凝土及水磨石花格是一种经济美观、使用普遍的建筑装修配件，可以整体预制或用预制块拼砌。混凝土花格多用于室外，水磨石花格多用于室内。

混凝土花格一般是用 1 : 2 水泥砂浆一次浇筑成形的，当要求厚度超过 25 mm 时，可以用 C20 细石混凝土浇筑。花格用的模板要求表面光滑，浇筑前必须涂脱模剂以便脱模。拼砌花格用 1 : 2 水泥砂浆，花格表面的做法有白色胶灰水刷面、水泥色刷面及无光油涂面等。

水磨石花格一般是用 1 : 1.25 的白水泥或配色水泥与大理石屑一次浇筑成形的，在凝形后需要进行粗磨、拼装，然后用清水和醋酸细磨至光滑状态，最后用白蜡罩面。

混凝土花格和水磨石花格本身形状固定，两两连接方式以及整体的造型也具备一定的特点。花格一般由混凝土或水磨石竖板和花饰组成，如图 7–10 所示。混凝土花格连接节点构造如图 7–11 所示。

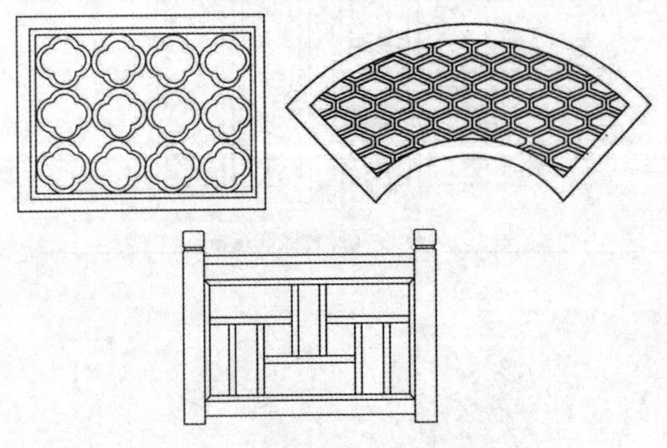

图 7–10　混凝土及水磨石花格样式

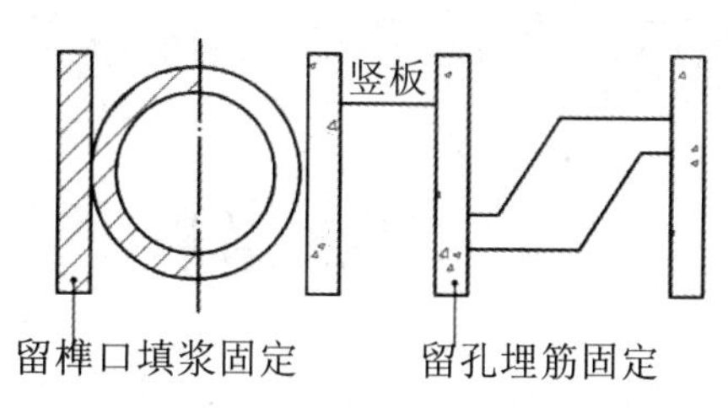

（a）花饰与竖板连接

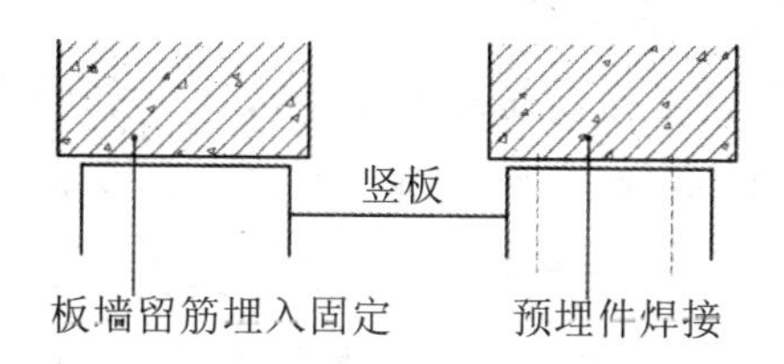

（b）竖板与梁连接

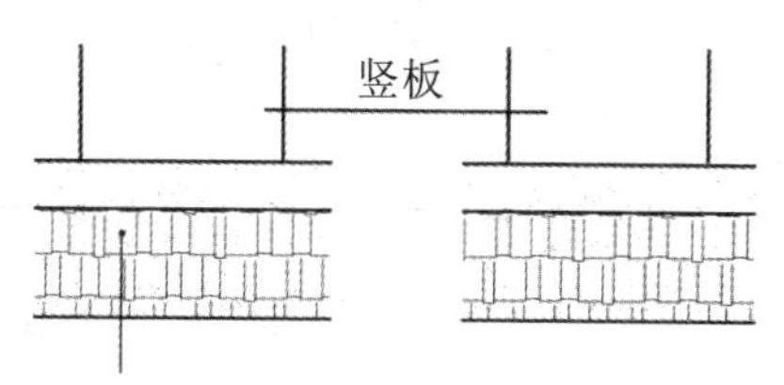

（c）竖板与地面连接

图 7-11　混凝土花格连接节点构造

7.4 装配式装修

7.4.1 装配式装修概述

“装配式装修”这个概念是随着中华人民共和国建设部（现为中华人民共和国住房和城乡建设部）2002年印发《商品住宅装修一次到位实施细则》而产生的，该细则的第1.1.5条指出，坚持住宅产业现代化的技术路线，积极推行住宅装修工业化生产，提高现场装配化程度，减少手工作业，开发和推广新技术，使之成为工业化住宅建筑体系的重要组成部分。

由上述内容可知，装配式装修是现代建筑产业发展的必然结果，它符合建筑物可持续发展的需求，其实施结构和部分部件体系构成了统一的整体，同时作为室内装修的一个重要部分，装配式装修是装配式建筑体系的一部分，这对实现装修全工业化和房屋建筑优质化具有重要意义。目前，精装修装配式建筑主要涉及墙面、地面、整体式卫浴及厨房，发达国家对于整体式卫浴及厨房的应用已经非常成熟，随着中国建筑领域的优化与改革，装配式装修技术的适用范围也将逐步扩大。

7.4.2 装配式装修的特征

1. 设计标准化

在装配式装修中，装修设计与建筑设计可以做到一体化，这样能够最大程度地解决建筑结构、安装设备、管线等和装修内容所带来的冲突问题。

2. 生产工业化

装配式设计下产品部件可以依据统一型号规格、统一设计标准来进行规模生产，以达到快速换装的目的。

3. 施工装配化

现场统一交由专业技术人员进行装配，使装配及现场管理可以更好地展开。

4. 协同信息化

各个部件的信息测量能够做到数据实时传输给工厂，现场进度能够与工厂生产进度吻合，这极大地提升了装修效率。

7.4.3 装配式装修的优势

1. 进度优势

装配式装修的首要优势就是进度优势，这一优势在人工材料成本日趋增长的今天越发重要。在装配式装修下，装修材料的标准化装配流程可以大大简化装修的操作环节，这不仅能提升效率，还能缩短施工时间，更重要的是能提升施工现场的空间利用率。例如：将复杂的产品分解成多个简易部分，在工厂使用机械设备进行标准化生产，然后将所有产品零部件运输到施工现场，再进行简单安装。若住宅采用装配式装修方法施工，100 m^2 的空间只需 10 d 即可完成施工。

2. 质量优势

装修施工质量主要体现在两个方面，第一个是材料的质量，第二个是工人的操作质量。传统的装修施工需要大量的施工人员参与，在材料质量保证的情况下，这些工人的操作质量直接决定了整体施工的质量，这种情况下不可控因素太多。若装修施工采用现代化的工厂标准化加工，即依靠现代化机械设备加工，在施工现场由原来的纯手工作业转换为工厂化加工和工业化标准工艺加工的装修施工，则可以进一步保障装修材料的工艺水平，稳步提升施工质量。

3. 性能优势

早在 20 世纪 80 年代，装配式装修的方法就已经被提出并在实践中得以运用，但该实践并没有被广泛推广和延续，很大一部分原因是当时的装配式住宅建筑物理性能水平有待提高。但随着生活质量的提高，人们对住宅装修的美观性、个性化有了更多要求。长期以来，许多非装配式建筑在施工完成后一段时间就会出现漏电、漏水等一系列质量问题，需要二次施工。而装配式装修属于高度集成化的施工，且在研发过程中就充分考虑过建筑的物理性能，所以采取这种施工方式生产出的建筑部品具有优良的防潮、防水、隔热、隔声以及热工性能，能有效弥补建筑建设过程中可能出现的物理性能缺失。

4. 造价优势

装配式装修所用的装饰材料采用的基材很少有纯木，大都是人工合成板材，这不仅能节约大量成本，还能对森林资源、生态环境的保护有很大帮助。工厂标准化加工不仅能提升材料的利用率，还能提升产品的生产、加工效率，大大节约生产、加工成本。在工厂标准化加工过程中，所有材料的使用都经过详细的计算才能确定切割的尺寸，这不仅提升了材料的使用效率，还有效地节约了材料用量。装配式装修单凭提升材料利用率和缩减施工工期就能使装修的材料成本和人工成本缩减 20%，其他可能缩减的间接费用更无法估量。

5. 安全优势

装修工程在施工过程中需要搭配各种各样的装饰材料，这些材料的施工方法各不相同，大大增加了施工安全风险，如果施工现场不能及时地预防、控制、消除可能出现的安全隐患，就很容易造成安全事故。采用工厂标准化施工时，流水线生产具有极强的安全性，可以有效降低施工现场的安全风险。传统现场加工方式的装修质量会受到工人施工水平、原材料质量以及其他不确定因素的影响，装修效果无法得到保证。装配式装修采用建材生产厂商直接提供的成品，这些产品性能和质量信息都可以溯源。大多数厂商的产品品质的管理机制较为完善，这使装配式装修有更加优良的施工质量与效果。

6. 环境优势

传统的装修施工都是在现场进行的，装修设备、装修材料需要空间存放，装修工人需要空间开展工作，施工现场空间狭小，总会出现一些状况，如施工设备、施工材料乱堆乱放或者工人重复工作，这不仅造成了材料浪费，还增加了成本。装配式装修中使用的材料大多来自工厂化生产，这使得产品在每个环节的污染输出更加可控，节省了现场空间，使得现场更加整洁，且集约化的生产不仅能够减少建筑垃圾和废水的产生，还能够有效降低施工噪声，减少有害气体及粉尘的飞散排放，在一定程度上起到保护环境的作用。

7. 可维护性优势

传统的建筑装修借助湿装修工作，将管道和电线等全部埋入建筑围护结构中，一旦某处发生故障，要想快速定位故障发生区域有一定困难，设施更换起来则更为麻烦。装配式装修中采用的管线分离体系大大降低了故障发生时的维修工作量，这是传统装修模式很难达到的效果。

7.4.4 装配式装修的组成

装配式装修是针对公共建筑的特点，将工厂生产的部品部件在现场进行组合安装的装修方式，主要包括集成地面系统、集成墙面系统、集成吊顶系统、生态门窗系统、集成设备和管线系统。

1. 集成地面系统

集成地面系统（见图 7-12）主要采用干式工法施工，能使楼板承受的荷载大幅度降低；支撑结构变得更平齐、稳定、牢固，使用寿命更长；保护层的平衡板热效率更高；施工现场装配更为便捷，效率更高；施工现场环境干净、整洁，基本无施工垃圾产生，无施工污染。集成地面系统构造如下：

（1）架空构造。架空地面高度为 100 mm，与常规地面高度相同。架空层下可以敷设管线。

（2）干式工法。地面取消垫层，无抹灰层。

（3）面层材料。面层材料可自由选择，可采用地毯、木地板、PVC 地面卷材等。

（4）现场快速安装。地板可以自由组装和拆卸，后期出现破损能直接更换。

图 7-12　集成地面系统构造

2. 集成墙面系统

集成墙面与传统墙面相比有以下优点：

（1）保温、隔热、隔声、防火。

（2）绿色环保、无辐射、防火、防潮。

（3）安装省工、省时、节约空间。在设计时采用传统的扣板安装方式，可直接在毛坯墙上安装。

（4）立体感强。将传统墙面的平面装饰效果升级为立体多层次装饰效果。

（5）集成墙面采用轻钢龙骨，填充岩棉，表面是一体化带饰面的涂装板，这省去了表面贴壁纸或刷涂料的工序，既省工省钱又环保，如图 7–13 所示。

图 7–13　集成墙面系统构造及实例效果

3. 集成吊顶系统

集成化的吊顶安装方式适用于多种室内顶面材料（高精石膏板、矿棉板、铝板、PVC 板、软膜天花等），实现了真正的顶面材料与设备系统的集成设计。

集成吊顶系统特点如下：

（1）调平。使用专用的几字形龙骨与墙板顺势搭接，自动调平。

（2）加固。专用上字形龙骨承插加固吊顶板。

（3）饰面。在顶板基材的表面集成金属、油漆或壁纸等特殊的装饰效果。

集成吊顶系统优势：龙骨与部品之间拥有超高的契合度；不需要打孔、吊筋，不会出现施工噪声；施工操作更为方便、简单，安装效率也得到了大幅提高，方便后期维修。集成吊顶安装如图 7–14 所示。

图 7–14　集成吊顶安装

4. 生态门窗系统

门窗在工厂完成，门扇与铰链门锁集成制造，门套与合页集成制造。现场安装使用螺钉旋具拧好即可。仅用螺钉旋具和若干螺丝钉，即可完成门的安装。

5. 集成设备和管线系统

设备管线可以铺设在地面保留的架空层以及顶棚和轻质的隔墙当中，这样不仅安装方便，后期维修和更换也十分方便。

集成设备和管线系统优势如下：该系统可以降低上层排水时产生的噪声，大大提升了居民的居住体验；装饰材质拥有更强的耐腐蚀、耐高温性能；室内空间可以得到高效利用；胶圈承插施工操作更为简便，残留的隐患很少；在对公共区域进行集中检修时不会干扰下层住户等。集成设备和管线系统如图 7–15 所示。

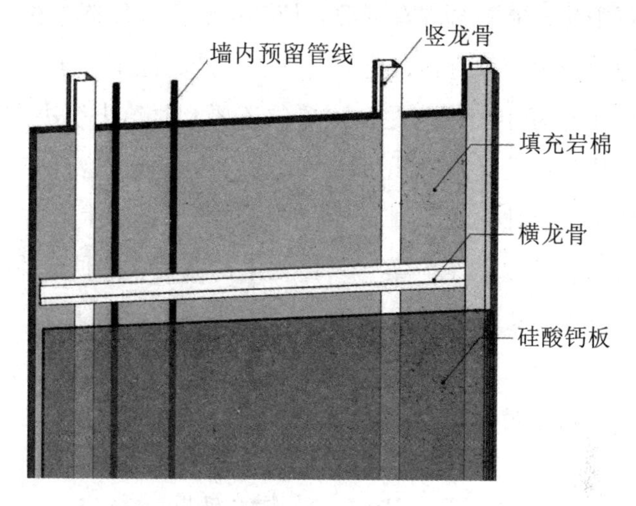

图 7-15　集成设备和管线系统

7.4.5　装配式装修的发展趋势

1. 标准化体系的建设

造成装配式装修造价居高不下的主要原因是尚未形成规模效应。装配式装修要根据不同户型制定差异化的装修方案并单独开模，前期投入成本较高。从这一点上看，装配式装修想要得到更广泛的应用，必须先制定严格规范，如明确规定几何尺寸、接口技术、边界条件等，通过规范行业标准提高装修效率，实现全产业链的协调发展；要进一步构建标准化、模数化的机制，借助统一的标准，为客户制定不同层次、不同组合的设计方案。

2. 设计采购施工一体化（EPC）模式的应用

由于装配式装修技术尚未得到广泛应用，与之相关的体系尚未构建完全，所以对实施工程的整体管理至关重要。管理模式直接决定了装配式装修的质量和效果。应用 EPC 模式，能从整体上对装配式装修的过程进行细化，能整合现有资源，使其优势得以发挥。在此模式下，工程总承包单位负统领责任，监管设计、生产、施工、运维等所有环节，如果在施工过程中出现问题，该单位还要及时给出解决方案。在 EPC 模式下，从装修设计阶段开始便可考虑客户需求，这打破了传统模式下设计和施工完全独立的限制。在前期设计阶段，对生产需求以及用料成本进行分析，反复调整方案，以优化生产流程、降低成本。在生产阶段，EPC 模式根据设计阶段的成果，严格监督各流程的施工质量与进度，以优化生产顺序，从而使资源得到合理利用。在施工阶段，EPC 模式严格要求施工精度和速度，根据实际情况调整方案。

3. 建筑信息模型（BIM）技术的应用

BIM 技术的优化与完善是装配式装修技术可持续发展的关键。通过应用 BIM 技术，设计装修各阶段的主体与施工项目都能构建更为标准、统一的模块系统管理机制，整合现有资源，对项目全程采取信息化操作，实现全信息化测算、自动预警、智能审查、精准计算、无缝对接生产。因此，利用 BIM 能缩短设计修改时间及提高出图效率。依托 BIM 的综合运行系统，工作人员能直接从系统中获得施工所需的各项信息，如材料名称、施工项目尺寸、施工时间等，且当这些信息发生改变时，系统也能在第一时间做出修改，使工作人员能在第一时间针对装配式装修出现的问题采取应对措施，从而减少损失。

8

第 8 章　建筑室内装饰构造工程实例

8.1　建筑室内装饰构造工程实例学习的目的和方法

掌握建筑室内装饰构造需要较强的实践运用能力，本实例为公共建筑室内装饰构造项目，内容较为丰富，构造较为复杂，学习这套图样，有利于掌握识读整套室内装饰施工图的方法，并且有利于加深对建筑室内装饰构造的理解。

8.1.1　学习实例的目的

学习本实例的目的是清楚了解建筑室内装饰构造的基本原理，掌握并巩固前面提到的所有知识和内容，然后合理地进行应用，同时培养自身三种独特的能力：

（1）识读装饰施工图的能力。

（2）绘制装饰施工图的能力。根据现成施工图放大装饰样品；补充样品设计；改变材料或做法等。

（3）审核装饰施工图的能力。审核现有施工图，及时发现其中存在的错误、疏漏以及可能与实际存在出入的地方。

这三种能力互相联系、逐层递进。

8.1.2　学习实例的方法

先整体后局部，再从局部到整体。相互对照，逐一核实。读图的程序一般如下：

（1）先浏览图样目录，清楚本套图样的基本信息，如图样类别（建筑、结构、设备、装饰……）、设计单位、施工单位及图样总共有多少张等。中小型装饰工程也许只有装饰施工图。

（2）根据图样目录检查图样的数量是否足够，图名是否与编号对应，图样是否使用了标准图，标准图的类别及设计单位是否全面等，要把它们查全并准备在手边，以便随时查看。

（3）看设计说明，了解工程概况、技术要求等。在正式观看装饰施工图之前，需要先了解、掌握整个建筑的整体施工图，如果装饰工程体量极大，还要浏览结构施工图、设备施工图等与装饰施工有关的图样，对照图样内容。

（4）看建筑施工图，按图样目录依次阅读，即平面图、立面图、剖面图、大样图等。平面图中一般会包含大量的基础信息和技术信息，如房屋的长宽高、平面形状、轴线的位置、轴线之间的尺寸、相邻房间的信息等，然后以平面图为主，对照着看立面图和剖面图，搞清楼层标高、门窗标高、顶棚标高以及各结构构件和装饰构件的形状、尺寸、材料等，建立起空间轮廓的初步印象。

（5）在对建筑有了总体的了解之后，认真翻看装饰施工图。通常情况下，装饰施工图包含两部分，分别是室内装饰施工图和室外装饰施工图。本实例为室内装修，所以只有室内装饰施工图。装饰施工图基本不会标注建筑结构，而设备部分随工程规模和装饰标准差异很大，通常由水、暖、电等各专业人员设计、专业公司施工，此处从略。

具体装饰施工图如下：①平面图（家具设备布置图）；②地面铺装图；③顶棚平面图（含灯具、空调、消防位置）；④放样图（局部平面图）；⑤房间展开立面图；⑥节点大样图（详图）；⑦其他（说明、门窗表等）。在按照此顺序通读的基础上，应反复对照，确保理解无误。

8.2　建筑室内装饰构造工程实例图样

8.2.1　室内装饰构造工程实例效果图

室内装饰构造工程实例效果图如图 8-1 ～图 8-9 所示。

图 8-1　总经理办公室效果图 1

图 8-2　总经理办公室效果图 2

图 8-3　总经理办公室效果图 3

图 8-4　总经理办公室效果图 4

图 8-5　休息室效果图 1

图 8-6　休息室效果图 2

图 8-7　餐厅效果图

图 8-8　卫生间效果图 1

图 8-9　卫生间效果图 2

8.2.2　室内装饰构造工程实例图样

图 8-10 ~图 8-45 是一整套工程实例图样，供读者参考学习。

图纸目录

工程名称：×× 公司室内设计装饰工程　　专 业：装饰　　版本号：××××

页码	图纸编号	图纸名称	图幅	页码	图纸编号	图纸名称	图幅	页码	图纸编号	图纸名称	图幅
—	封面	封面	A3	25	EL-03	总经理办公室 E、F立面图	A3	50			
1	图纸目录	图纸目录	A3	26	EL-04	餐厅 A、C立面图	A3	51			
2	SJ-01	设计说明一	A3	27	EL-05	餐厅B、D立面图	A3	52			
3	SJ-02	设计说明 二	A3	28	EL-06	领导休息室A、C立面图	A3	53			
4	SJ-03	设计说明 三	A3	29	EL-07	领导休息室B、D立面图	A3	54			
5	SJ-04	装饰材料表	A3	30	EL-08	卫生间立面图	A3	55			
6	PL-01	平面布置总图	A3	31	SD-01	节点图一	A3	56			
7	PL-02	平面索引总图	A3	32	SD-02	节点图二	A3	57			
8	PL-03	墙体定位总图	A3	33	SD-03	节点图三	A3	58			
9	PL-04	地面铺装总图	A3	34	SD-08	节点图八	A3	59			
10	PL-05	天花总图	A3	35	SD-04	节点图四	A3	60			
11	PL-06	灯具布置总图	A3	36	SD-05	节点图五	A3	61			
12	PL-07	灯具连线总图	A3	37	SD-06	节点图六	A3	62			
13	PL-08	插座布置总图	A3	38	SD-07	节点图七	A3	63			
14	PL-09	总经理办公室平面布置图	A3	39				64			
15	PL-10	总经理办公室地面铺装图	A3	40				65			
16	PL-11	总经理办公室天花图	A3	41				66			
17	PL-12	总经理餐厅平面布置图	A3	42				67			
18	PL-13	总经理餐厅地面铺装图	A3	43				68			
19	PL-14	总经理餐厅天花图	A3	44				69			
20	PL-15	办公区平面布置图	A3	45				70			
21	PL-16	办公区地面铺装图	A3	46				71			
22	PL-17	办公区天花图	A3	47				72			
23	EL-01	总经理办公室 A、C立面图	A3	48				73			
24	EL-02	总经理办公室 B、D立面图	A3	49				74			

审定：　　日期：

图 8-10　图纸目录图

图例说明

材料编号	材料名称	防火等级	使用位置	备注
—LED—	LED 灯带			
—R—	日光灯带			

材料编号	材料名称	防火等级	使用位置	备注

图 8-11　图例说明图

装饰材料表

材料编号	材料名称	防火等级	使用位置	备注
PT 01	白色乳胶漆	A1	吊顶、普通办公室	
PT 02	矿棉板	A1	普通办公室	
PT 03	酒红色墙面肌理漆	A1	茶室、餐厅	
WP 01	壁纸	B1	领导休息室、领导办公室、餐厅	
UP 01	皮革硬包	B1	茶室、领导办公室、餐厅	
ST 01	黑色大理石	A1	过门石	
ST 02	浅色大理石	A1	窗台板	
ST 03	米黄色大理石	A1	领导休息室卫生间台面	
CT 01	灰色瓷砖	A1	走廊、过厅	
CT 02	浅色瓷砖	A1	普通办公室	
CT 03	仿大理石瓷砖	A1	领导办公室	
CP 01	艺术地毯	B1	客房1	
WD 01	实木复合饰面板	B1	总经理办公室、吊顶	
WD 02	实木复合踢脚	B1	总经理办公室、吊顶	
WD 03	实木造型隔断	B1	茶室、总经理办公室、餐厅	
TF 01	木地板	B1	茶室	
MT 01	黑色不锈钢	A1	总经理办公室、餐厅	
MT 02	铝扣板	A1	厨房、公共卫生间	
GL 01	银镜	B1	卫生间	

材料编号	材料名称	防火等级	使用位置	备注

图 8-12　装饰材料汇总图

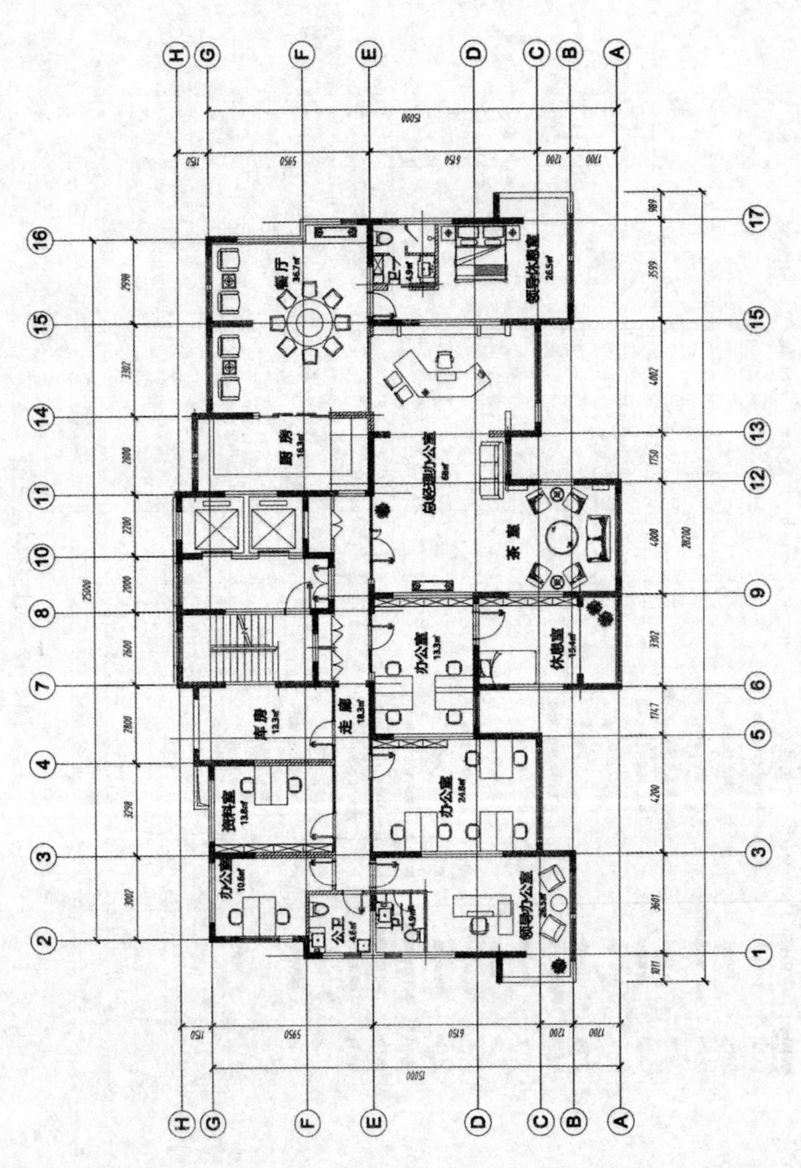
餐厅
领导休息室
厨房
总经理办公室
茶室
办公室
休息室
走廊
库房
资料室
公卫
领导办公室
15000
28200
25000

图 8-13　平面布置总图

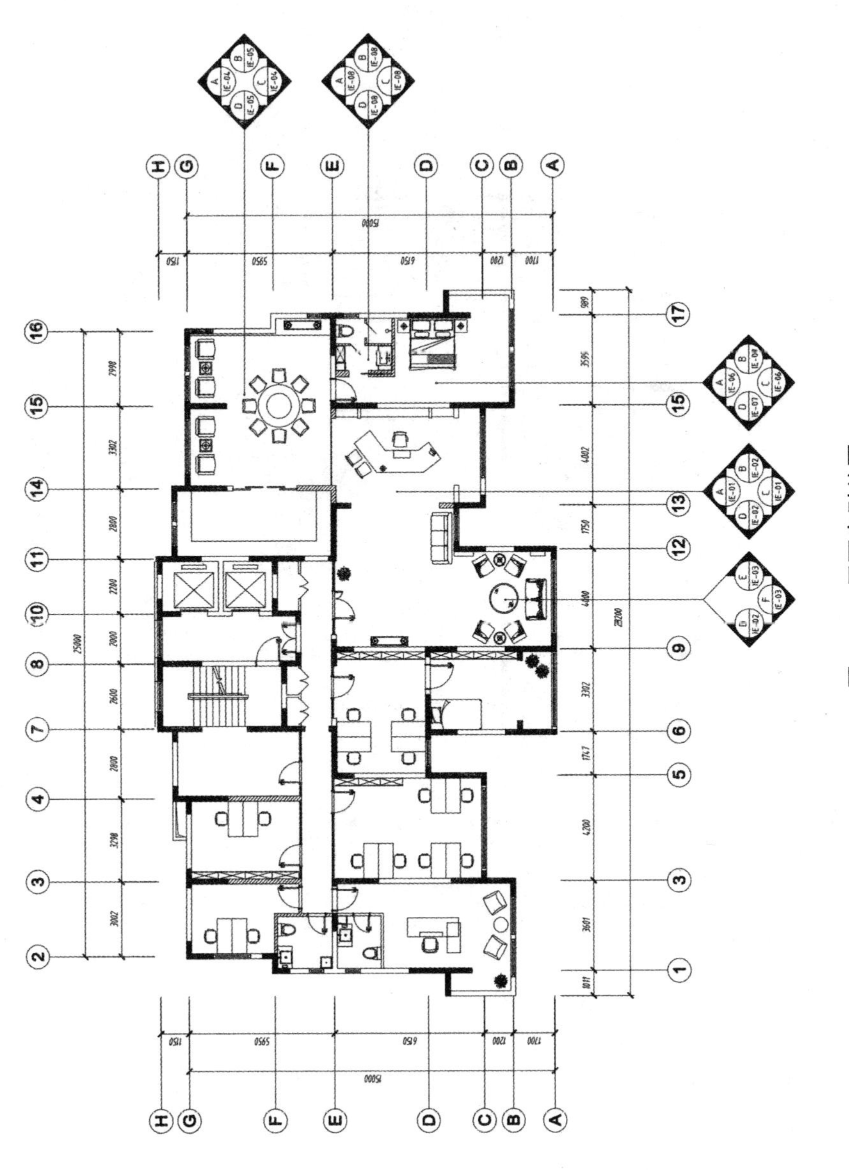

图 8-14　平面索引总图

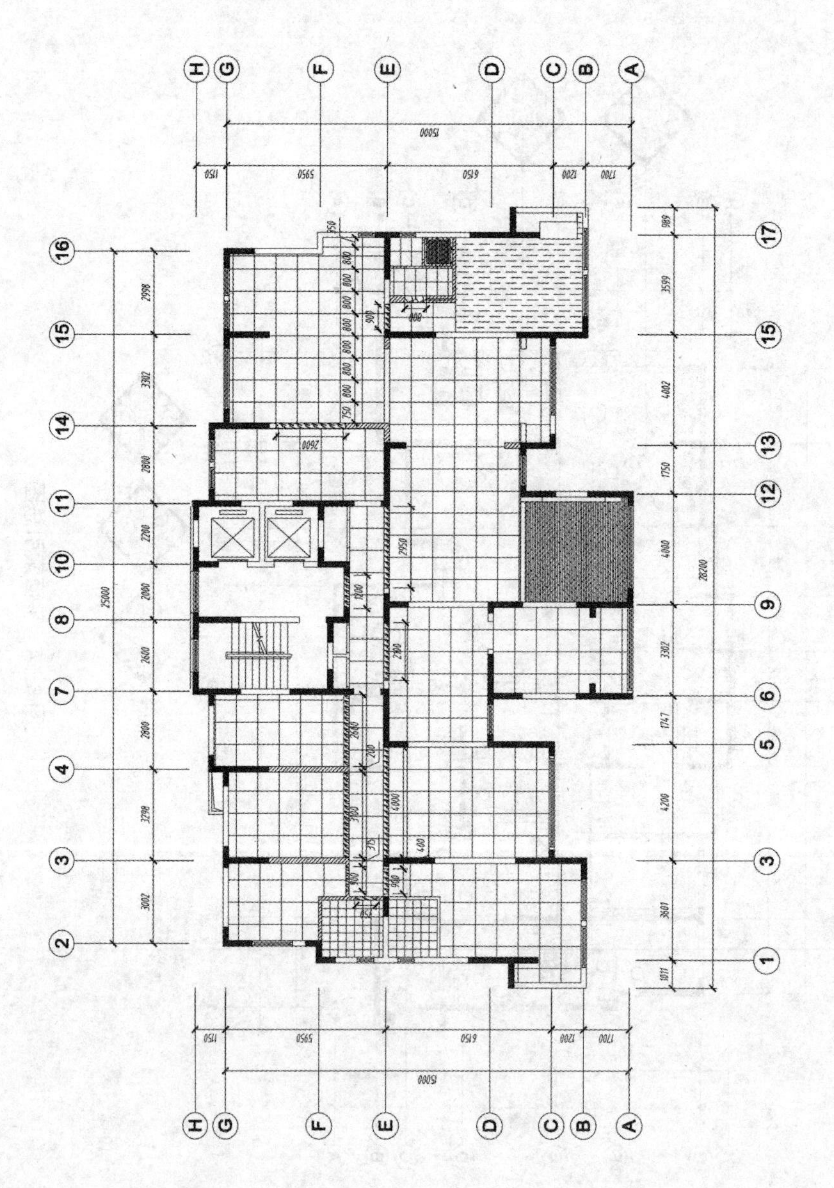

H
G
F
E
D
C
B
A
15000
1150
5950
6150
1200
1700
16
15
14
11
10
8
7
4
3
2
25000
2998
3302
2800
2200
2000
3600
2800
3298
3002
17
15
13
12
9
6
5
3
1
989
3599
4002
1750
4000
3302
1747
4200
3601
1811
28200

图 8-15 地面铺装总图

装饰材料表

材料编号	材料名称	防火等级	使用位置	备注
PT 01	白色乳胶漆	A1	吊顶、普通办公室	
PT 02	矿棉板	A1	普通办公室	
PT 03	酒红色墙面肌理漆	A1	茶室、餐厅	
WP 01	壁纸	B1	领导休息室、领导办公室、餐厅	
UP 01	皮革硬包	B1	茶室、领导办公室、餐厅	
ST 01	黑色大理石	A1	过门石	
ST 02	浅色大理石	A1	窗台板	
ST 03	米黄色大理石	A1	领导休息室卫生间台面	
CT 01	灰色瓷砖	A1	走廊、过厅	
CT 02	浅色瓷砖	A1	普通办公室	
CT 03	仿大理石瓷砖	A1	领导办公室	
CP 01	艺术地毯	B1	客房1	
WD 01	实木复合饰面板	B1	总经理办公室、吊顶	
WD 02	实木复合踢脚	B1	总经理办公室、吊顶	
WD 08	实木造型隔断	B1	茶室、总经理办公室、餐厅	
TF 01	木地板	B1	茶室	
MT 01	黑色不锈钢	A1	总经理办公室、餐厅	
MT 02	铝扣板	A1	厨房、公共卫生间	
GL 01	银镜	B1	卫生间	

材料编号	材料名称	防火等级	使用位置	备注

图 8-12　装饰材料汇总图

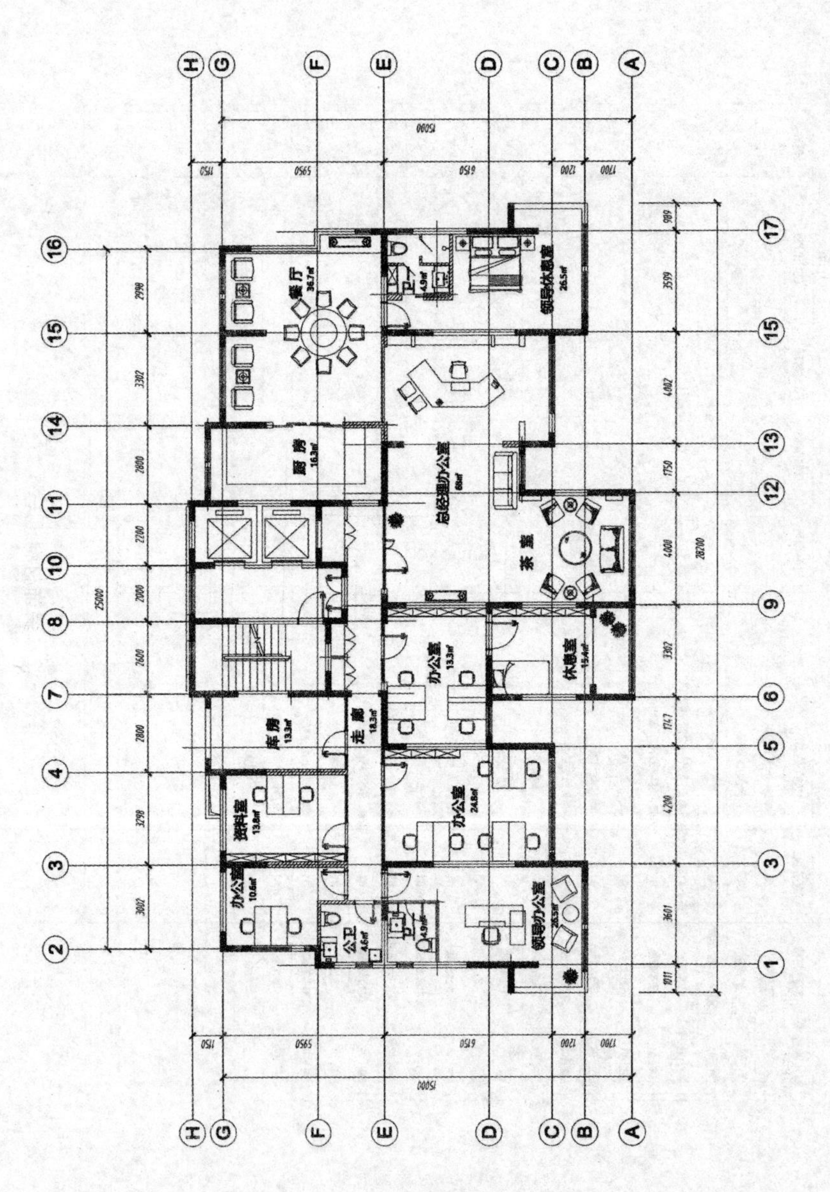

图 8-13　平面布置总图

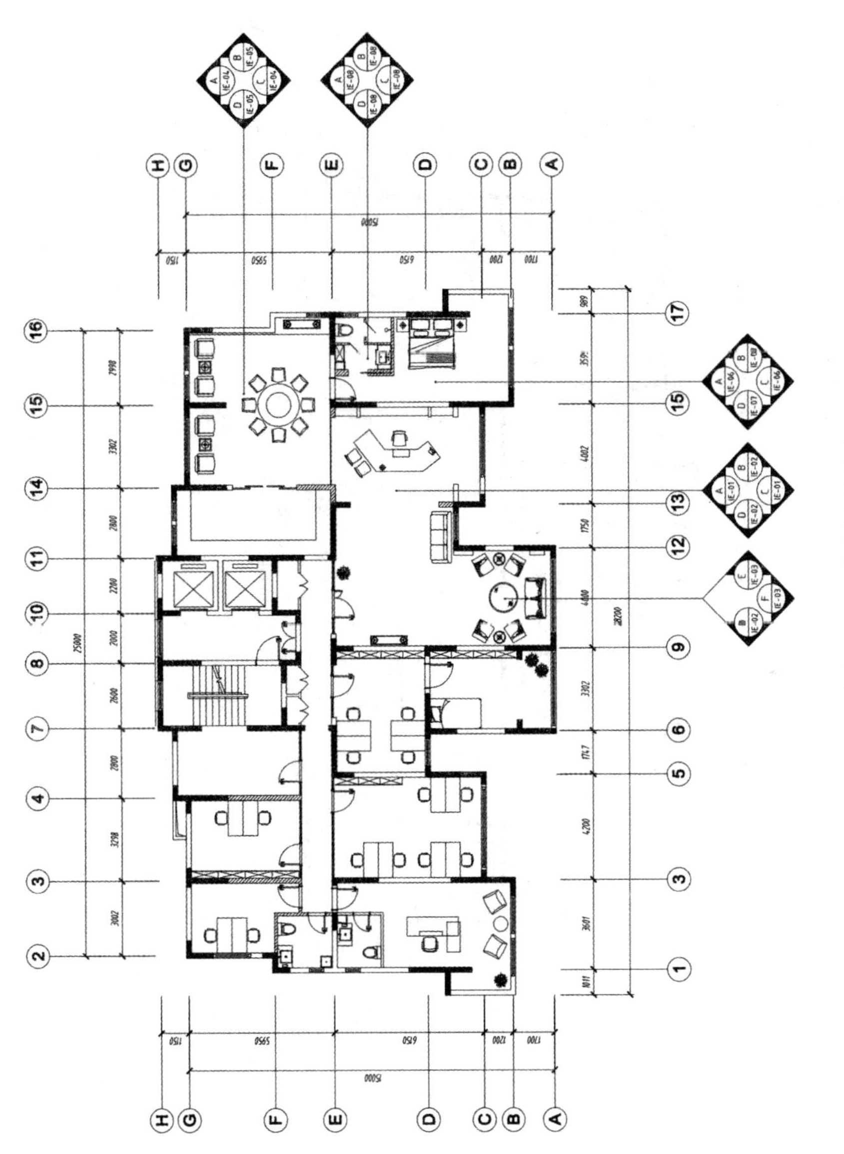

图 8-14　平面索引总图

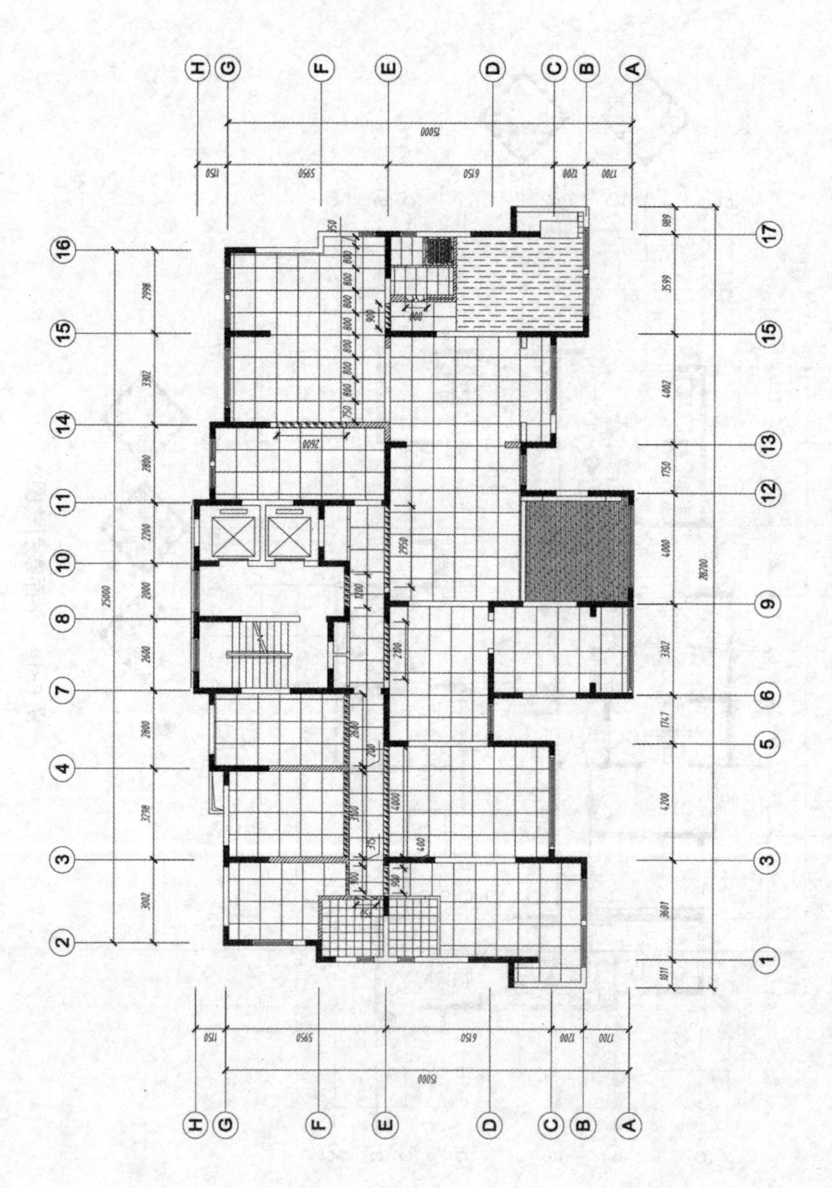
H
G
F
E
D
C
B
A
15000
1150
5950
6150
1200
1700
2
3
4
7
8
10
11
14
15
16
1
3
5
6
9
12
13
15
17
25000
28200

图 8-15　地面铺装总图

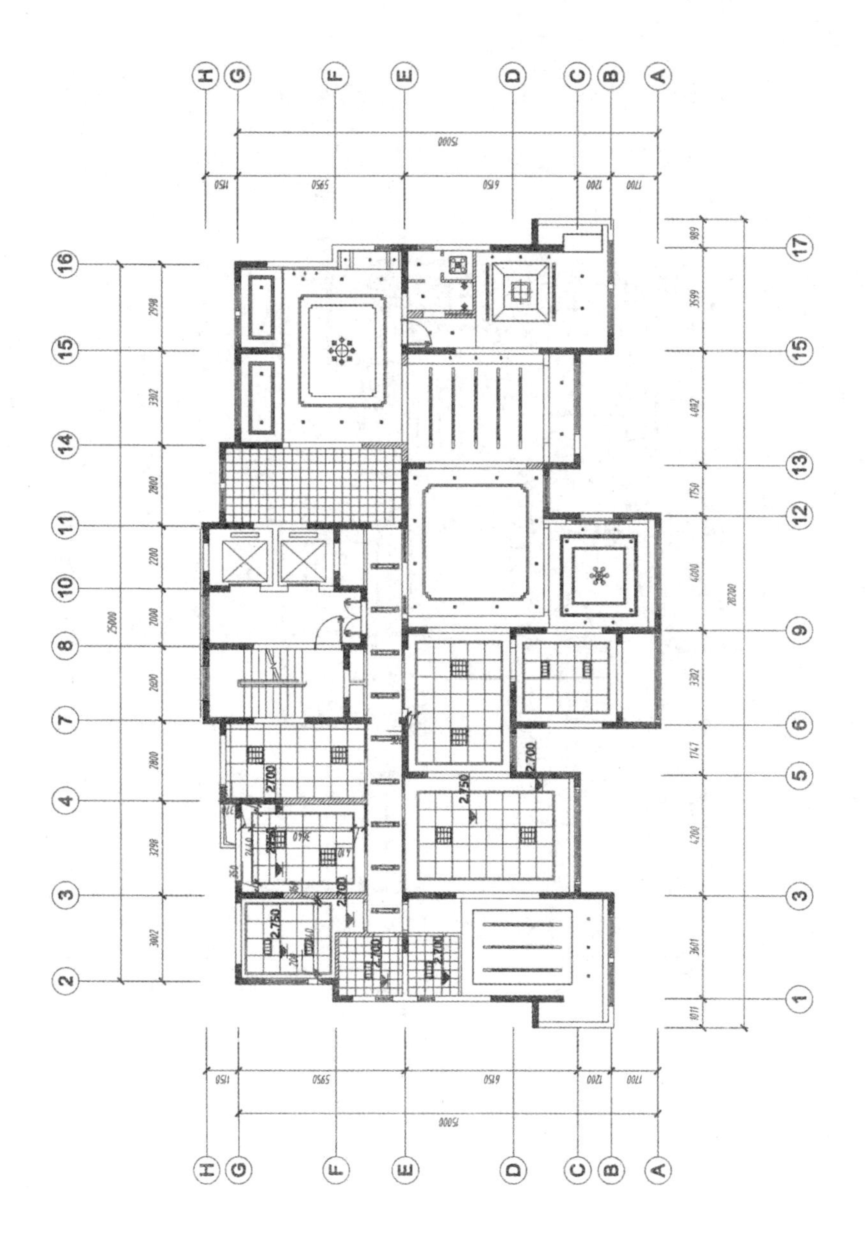
A
B
C
D
E
F
G
H
1
2
3
4
5
6
7
8
9
10
11
12
13
14
15
16
17
15000
25000
28200
2.700
2.750

图 8-16　天花总图

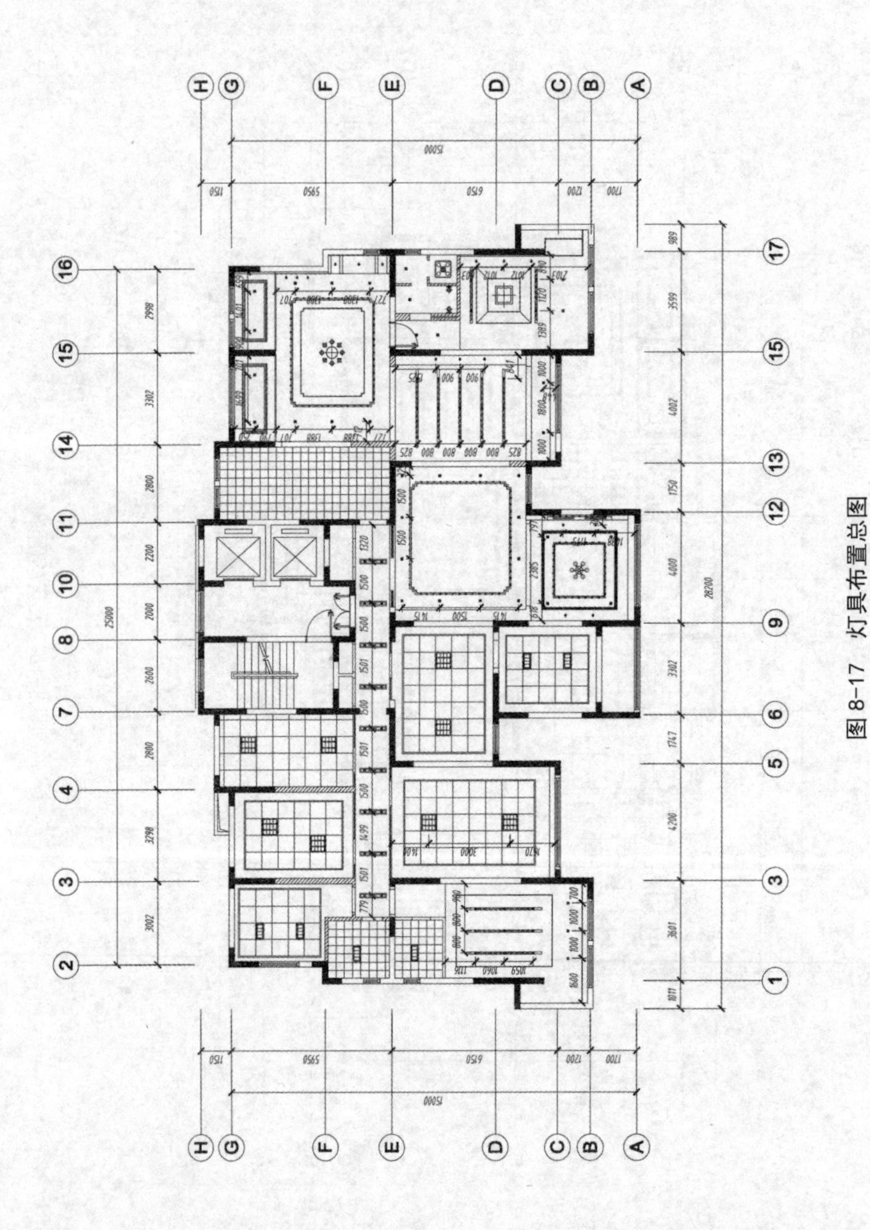

图 8-17　灯具布置总图

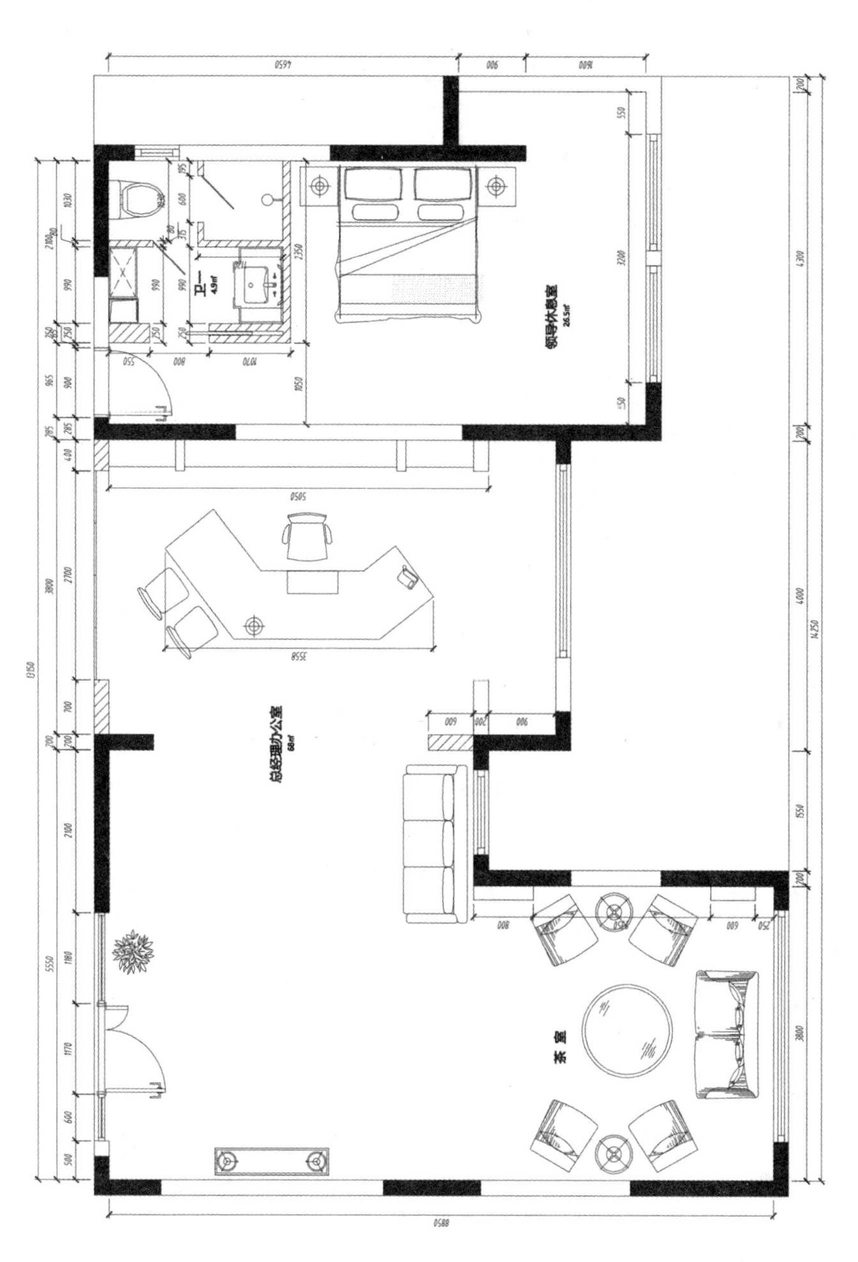

图 8-18　总经理办公室平面布置图

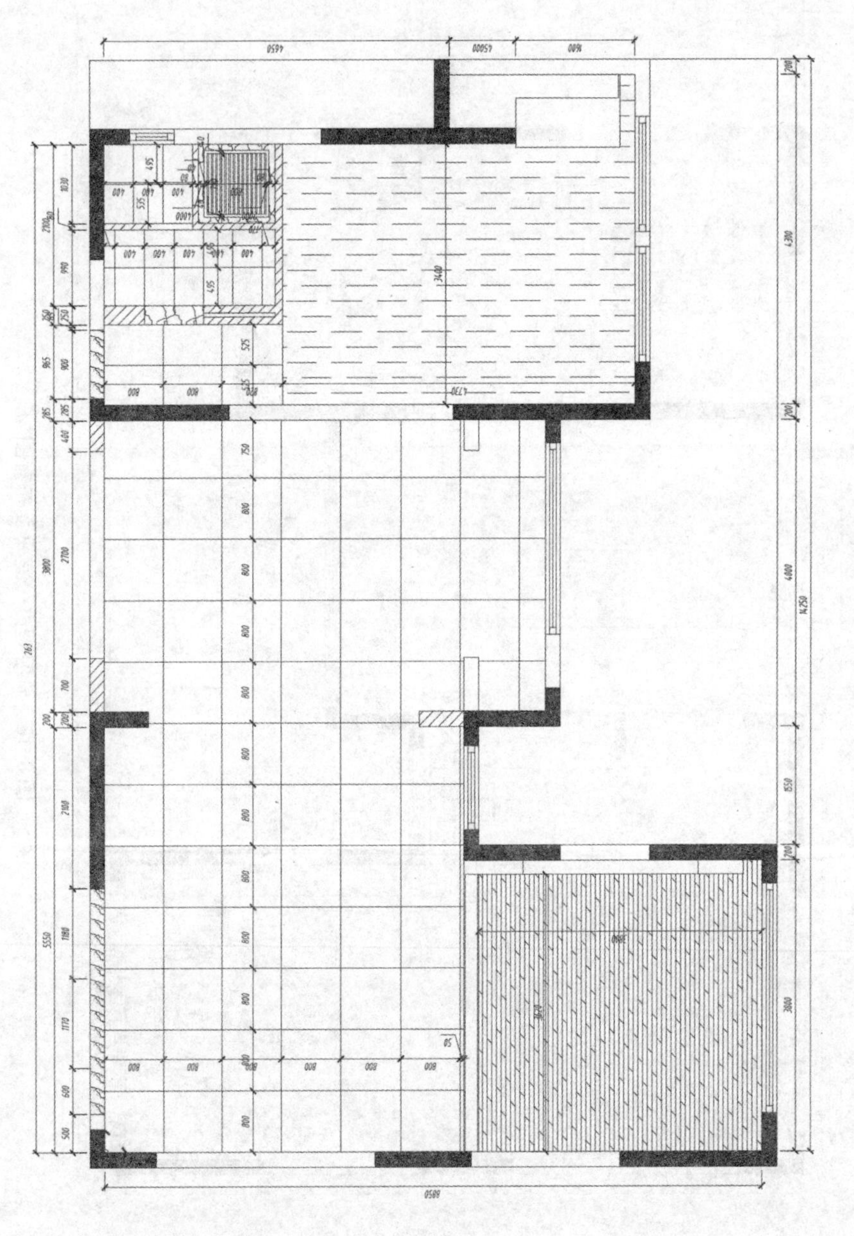

图 8-19 总经理办公室地面铺装图

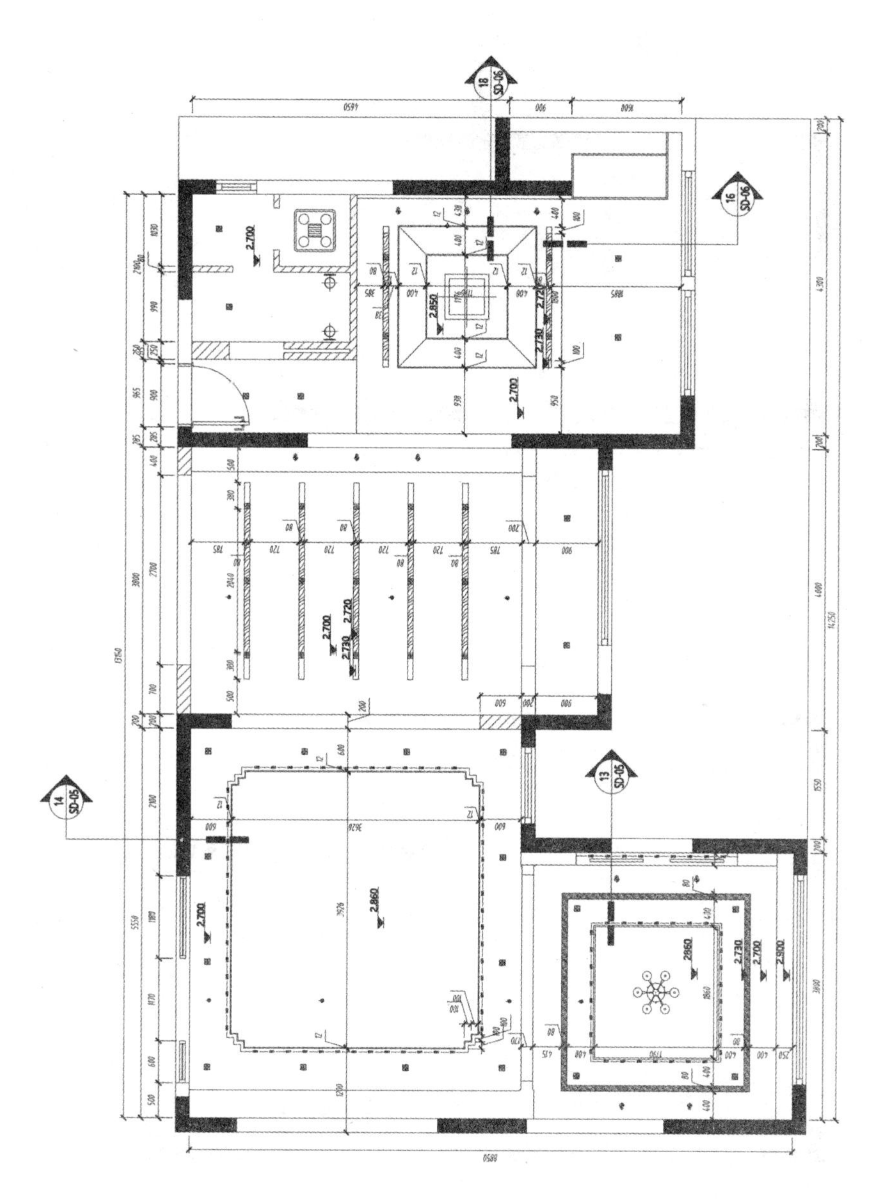

图 8-20　总经理办公室天花图

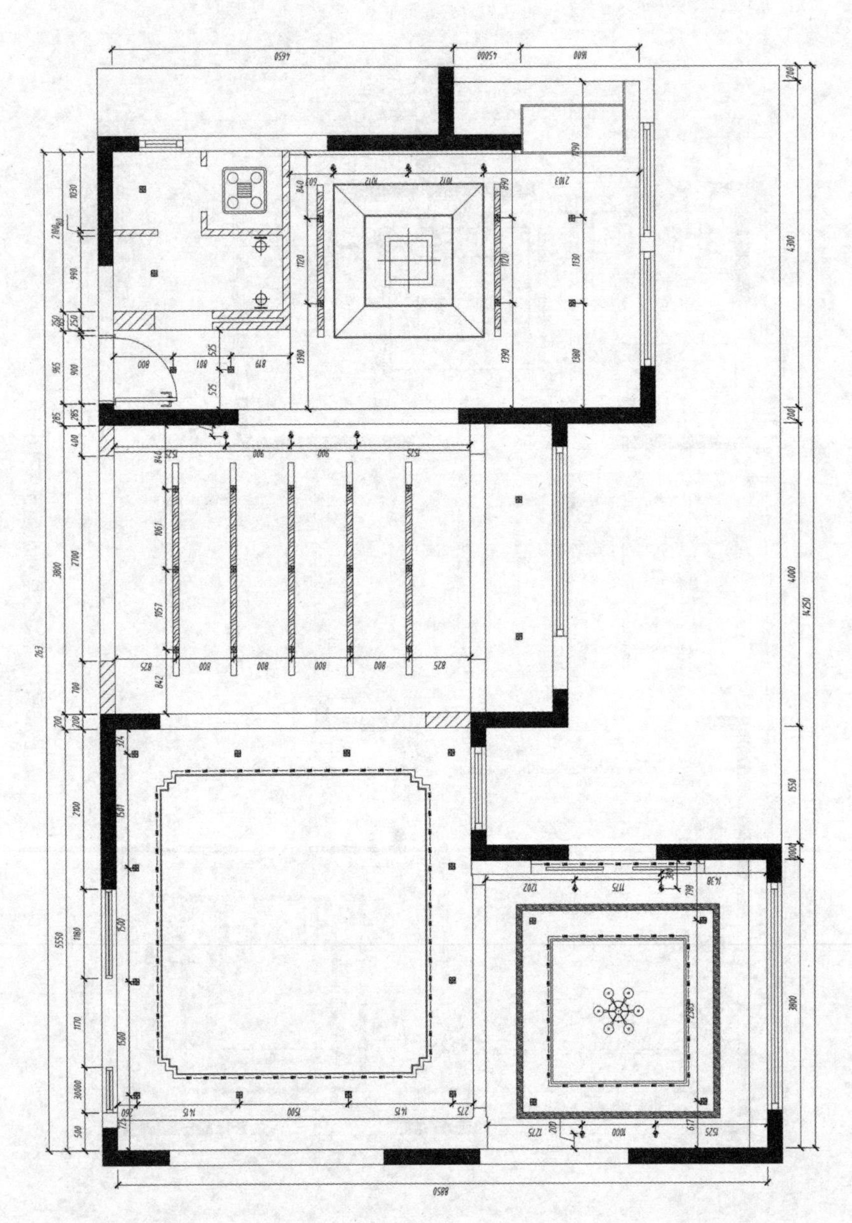

图 8-21　总经理办公室灯具布置图

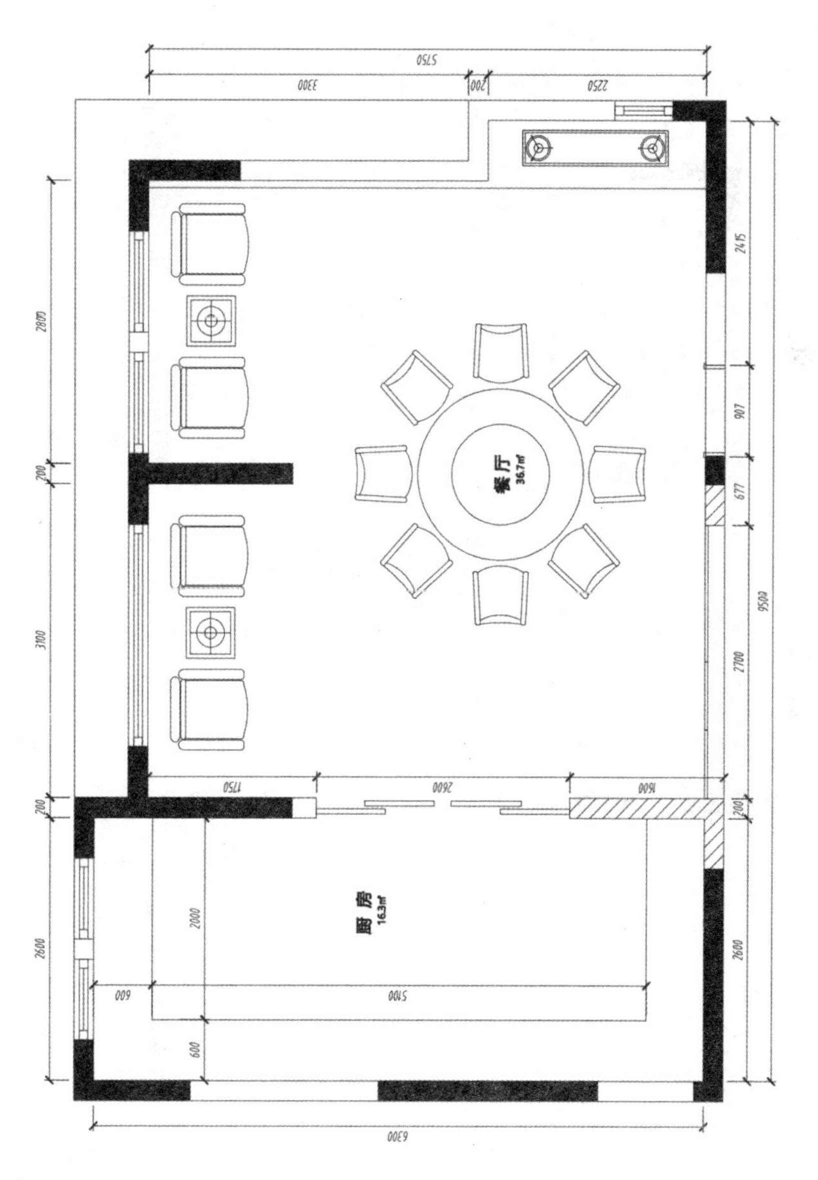

图 8-22　总经理餐厅平面布置图

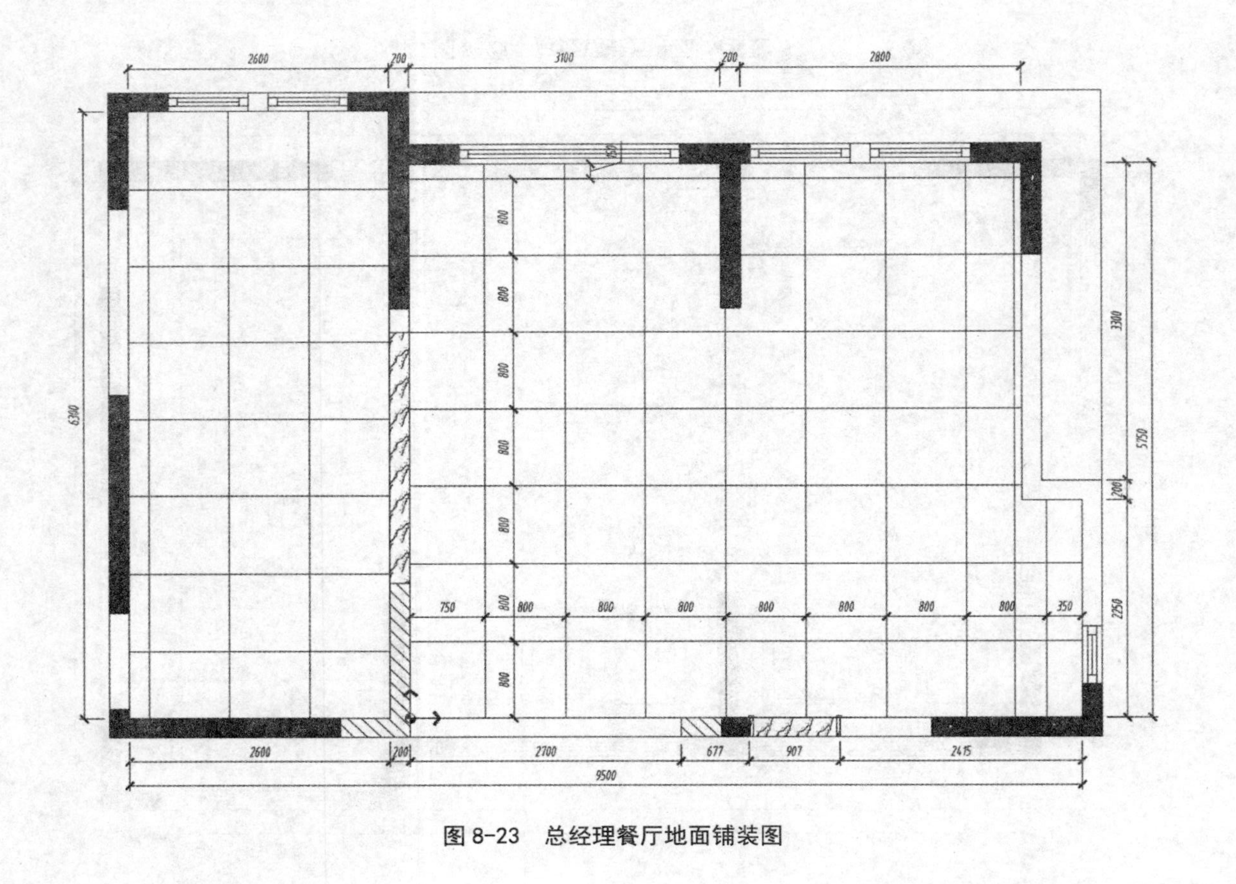

图 8-23 总经理餐厅地面铺装图

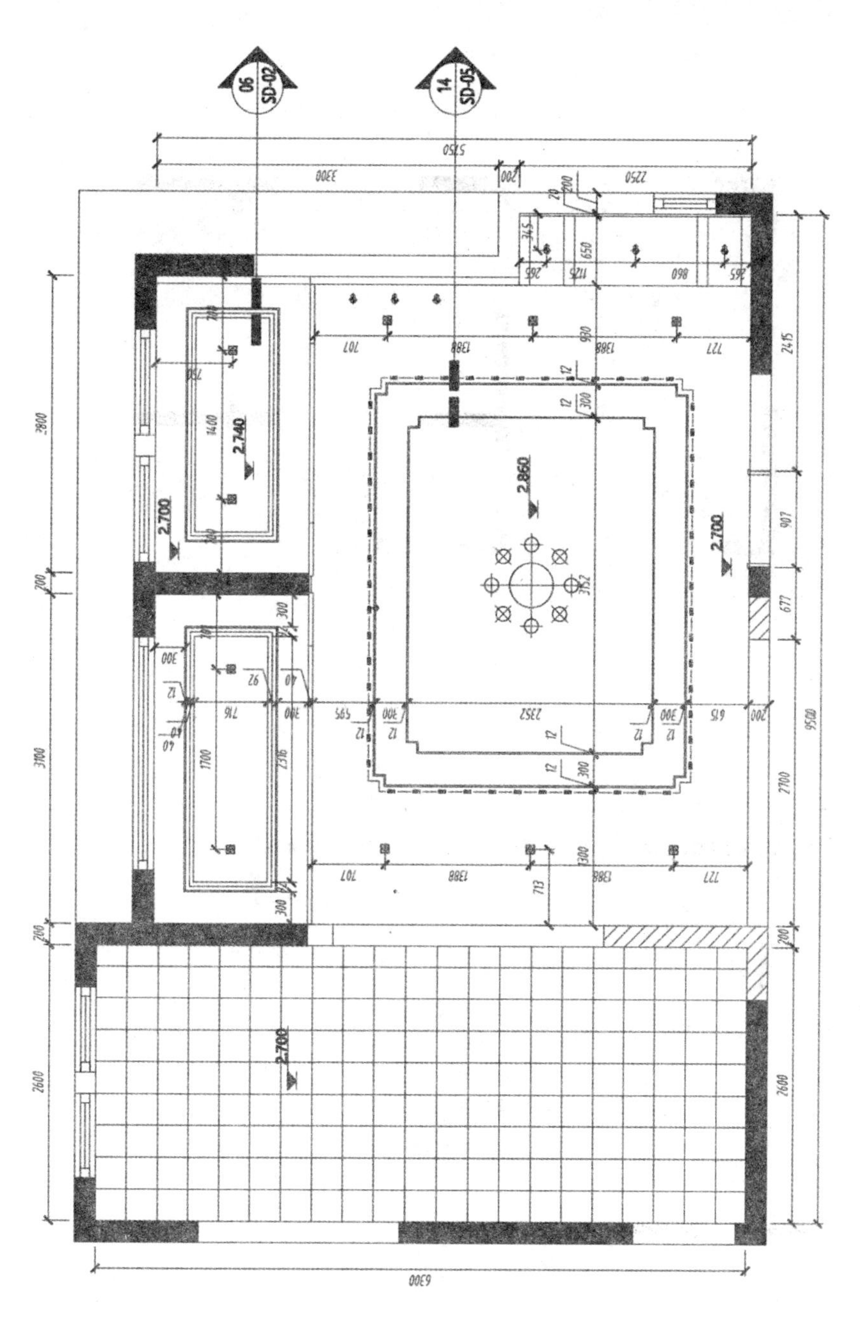

图 8-24　总经理餐厅天花图

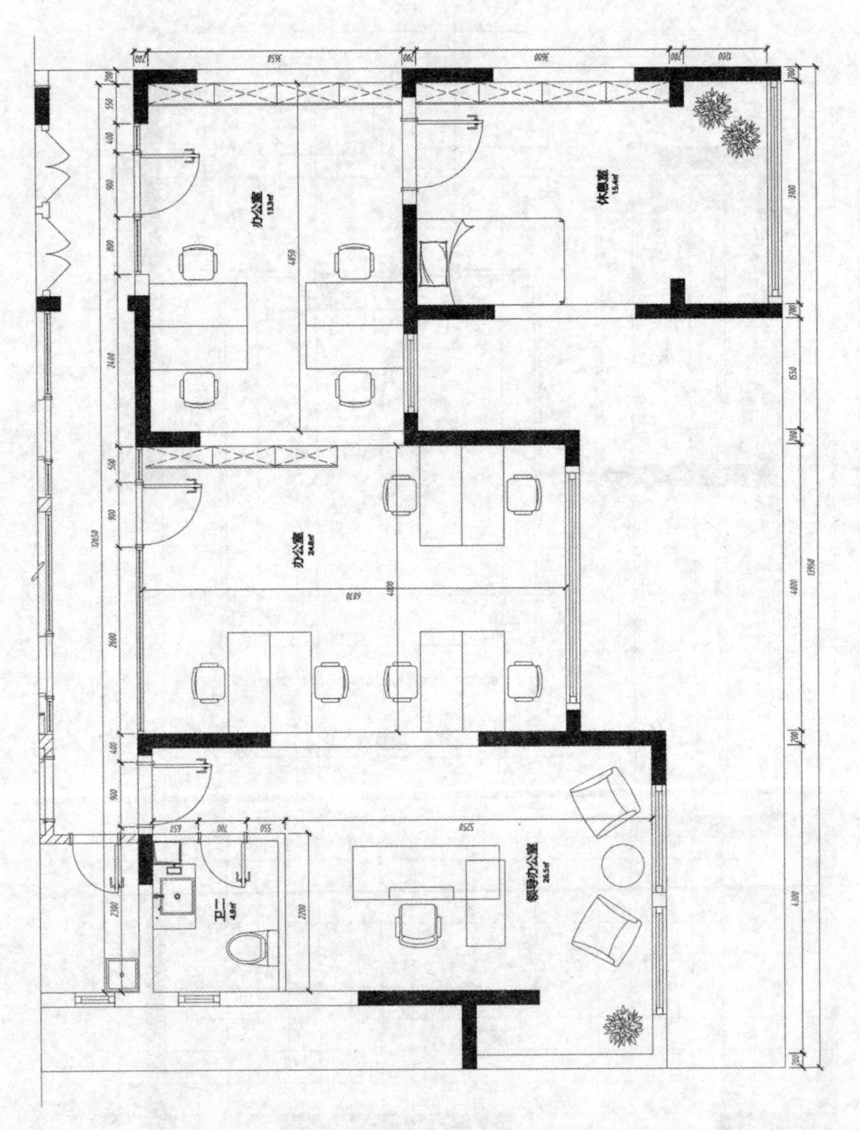

图 8-25 办公区平面布置图

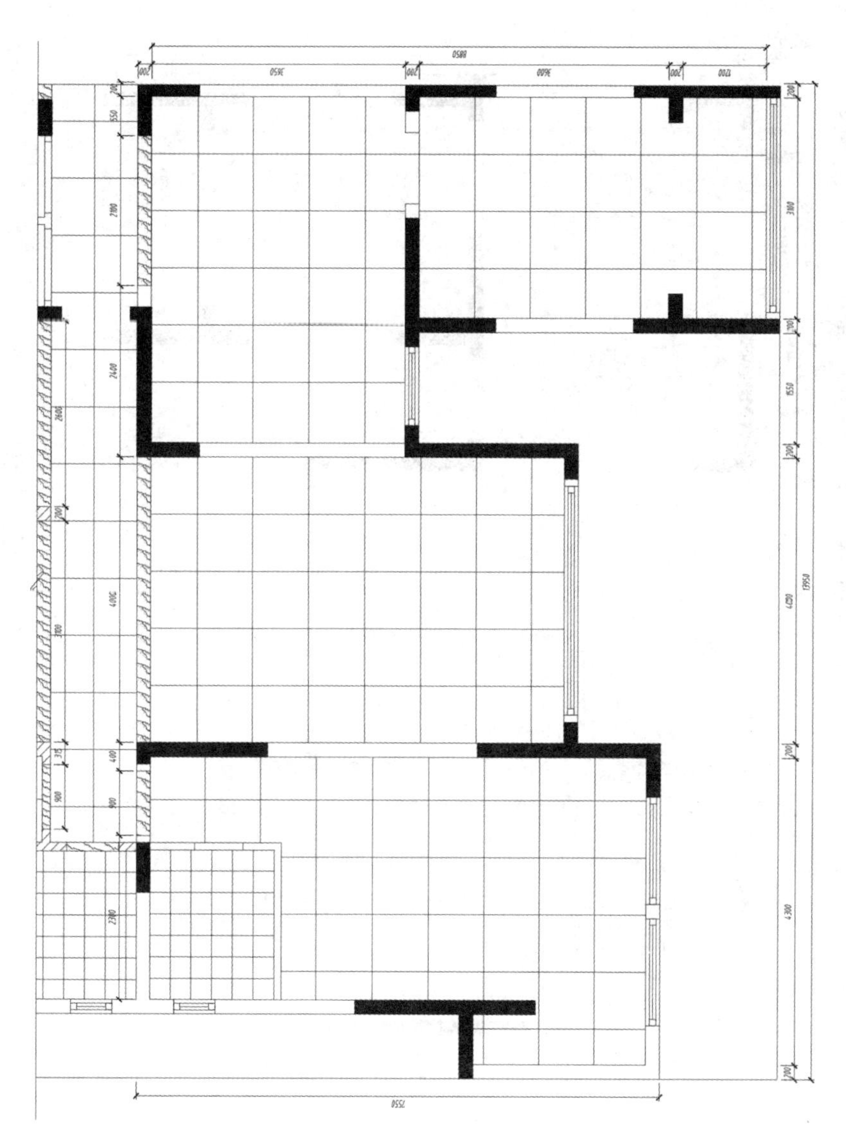

图 8-26　办公区地面铺装图

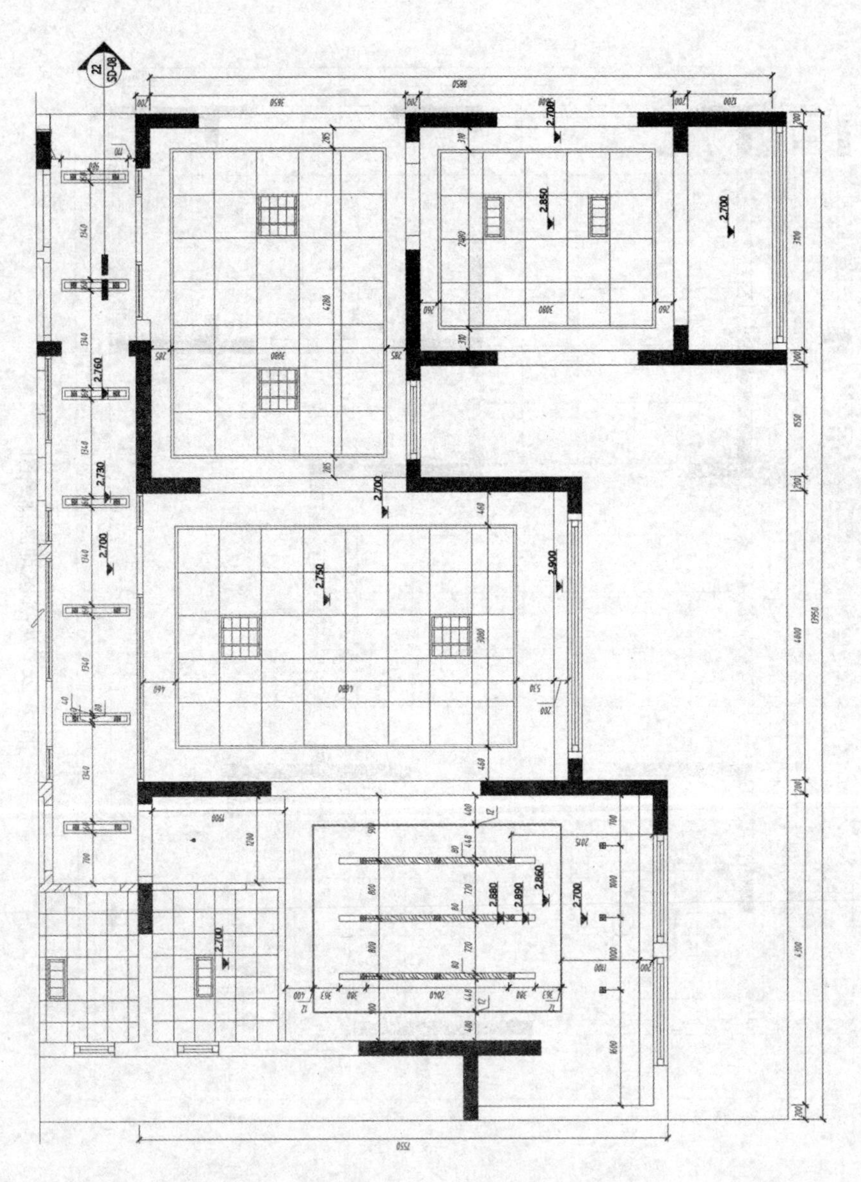

图 8-27　办公区天花图

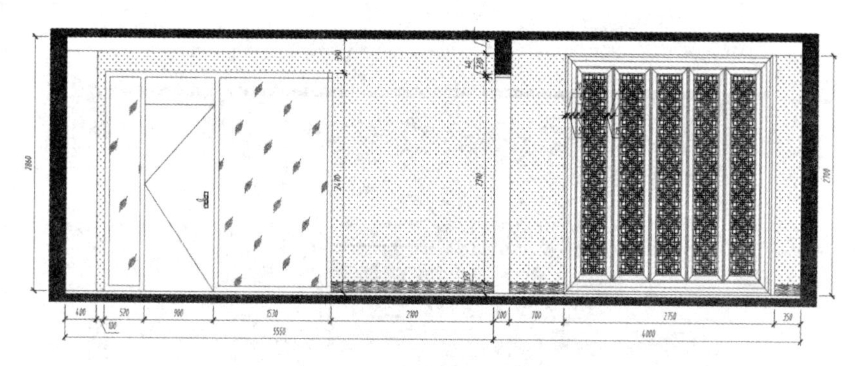

（a）总经理办公室 A 立面图

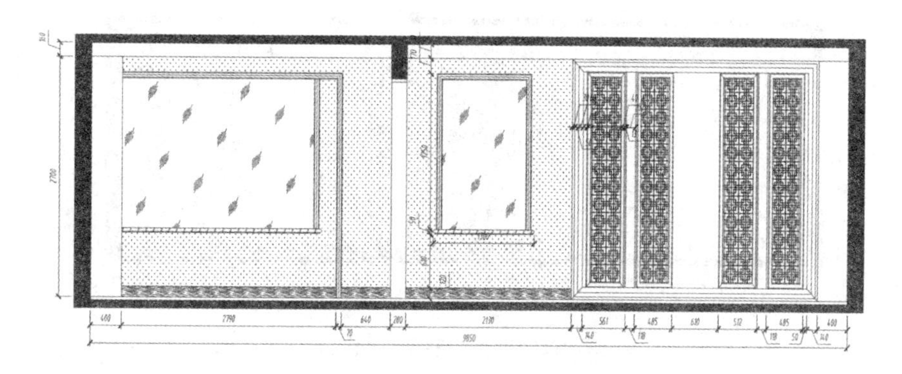

（b）总经理办公室 C 立面图

图 8-28　总经理办公室立面图 1

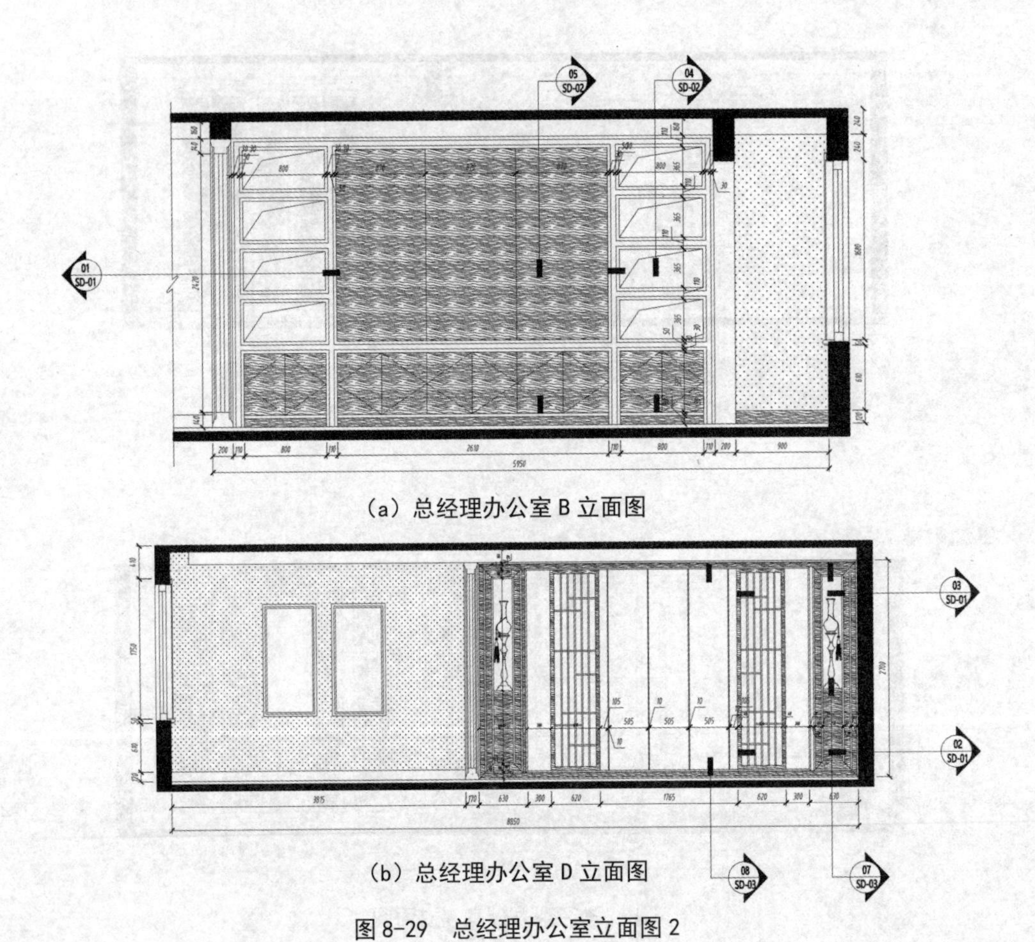

（a）总经理办公室 B 立面图

（b）总经理办公室 D 立面图

图 8-29　总经理办公室立面图 2

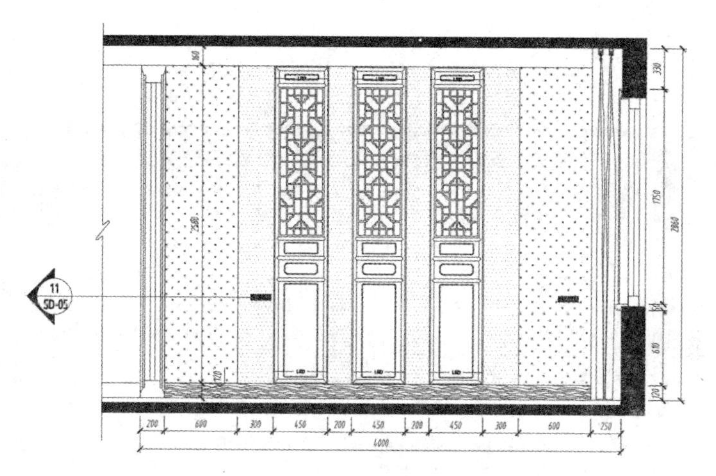

（a）总经理办公室 E 立面图

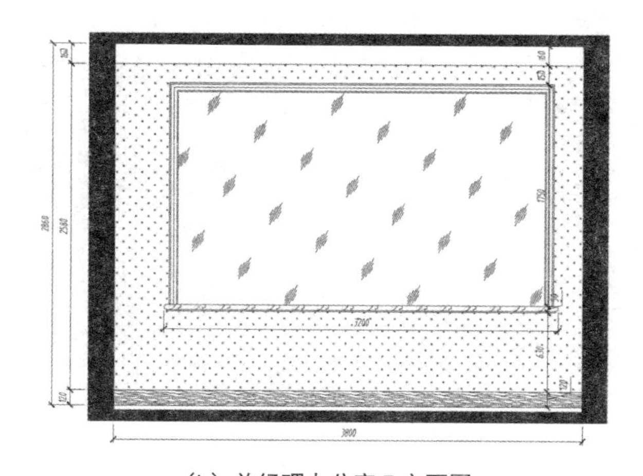

（b）总经理办公室 F 立面图

图 8-30　总经理办公室立面图 3

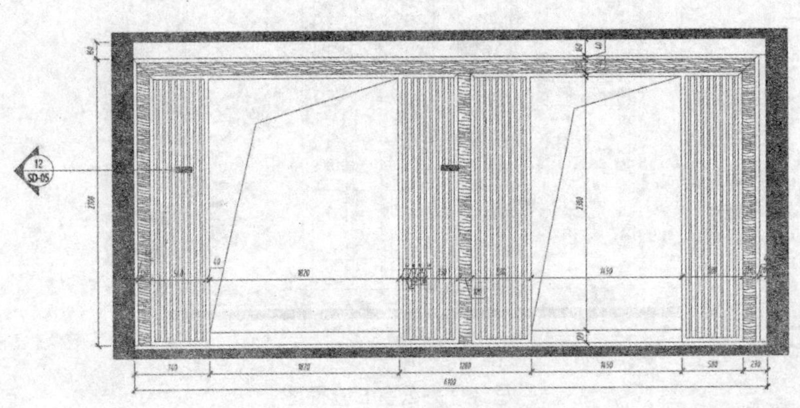

（a）餐厅 A 立面图

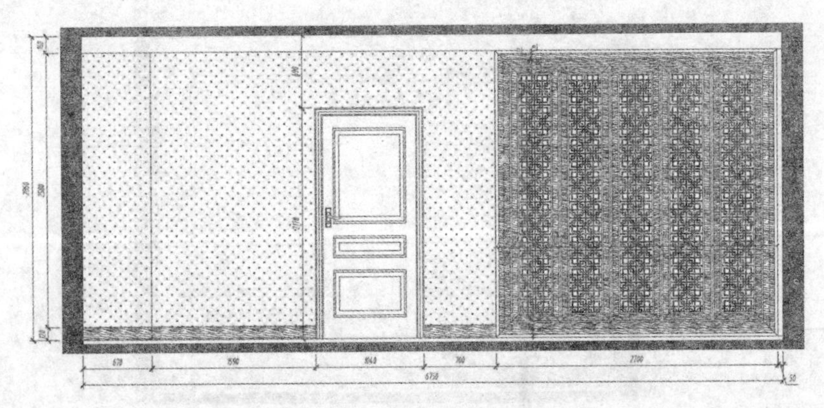

（b）餐厅 C 立面图

图 8-31　餐厅立面图 1

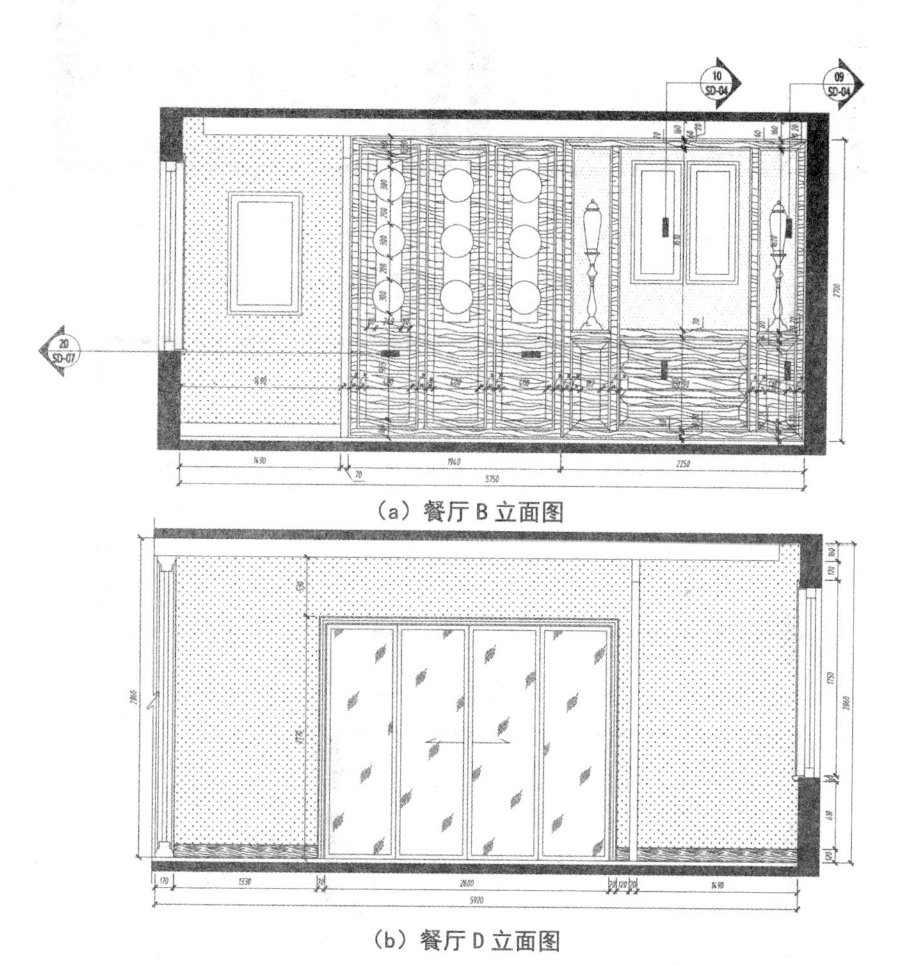

（a）餐厅 B 立面图

（b）餐厅 D 立面图

图 8-32　餐厅立面图 2

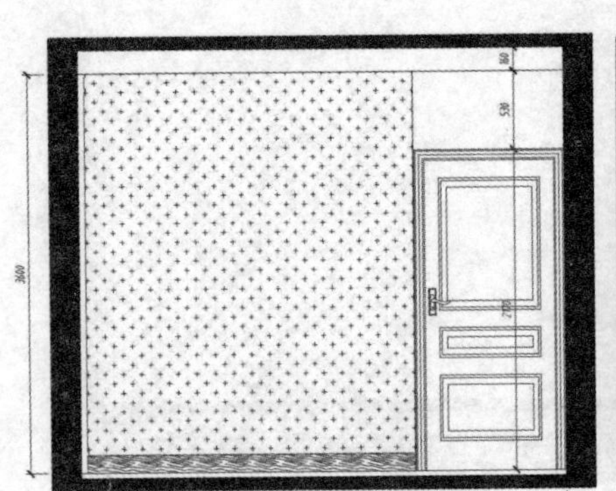

（a）领导休息室 A 立面图

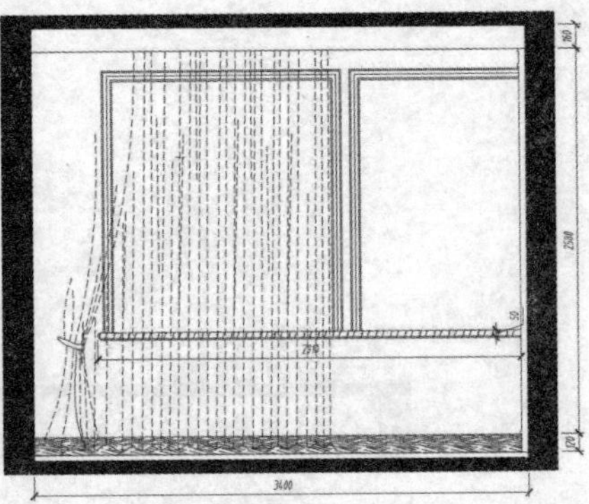

（b）领导休息室 C 立面图

图 8-33　领导休息室立面图 1

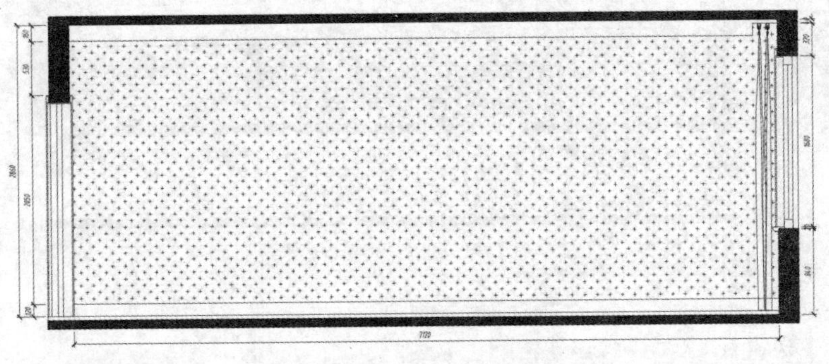

（a）领导休息室 B 立面图

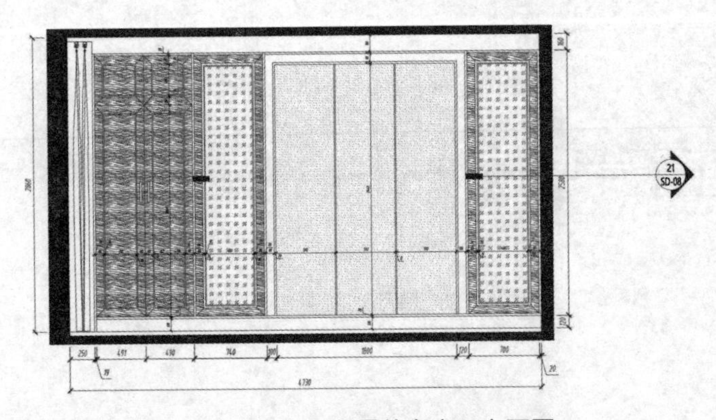

（b）领导休息室 D 立面图

图 8-34　领导休息室立面图 2

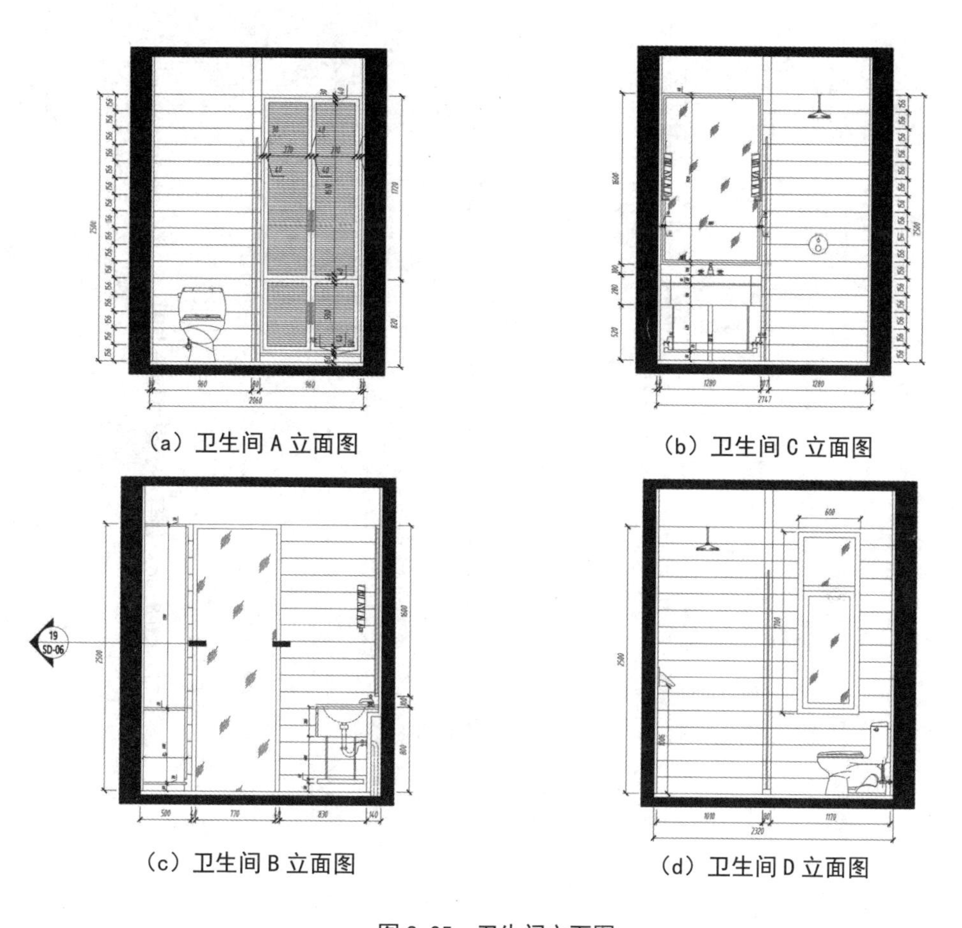

（a）卫生间 A 立面图

（b）卫生间 C 立面图

（c）卫生间 B 立面图

（d）卫生间 D 立面图

图 8-35　卫生间立面图

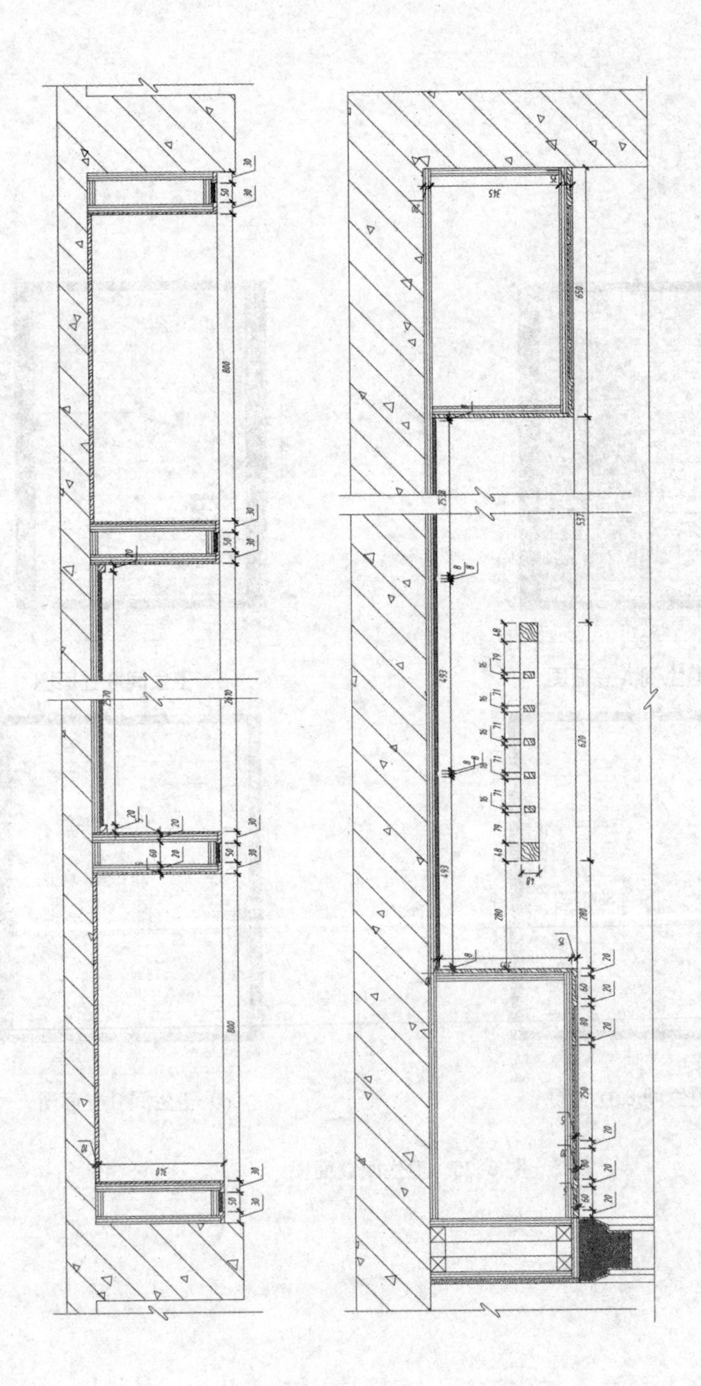

图 8-36　领导办公室书柜节点图 1

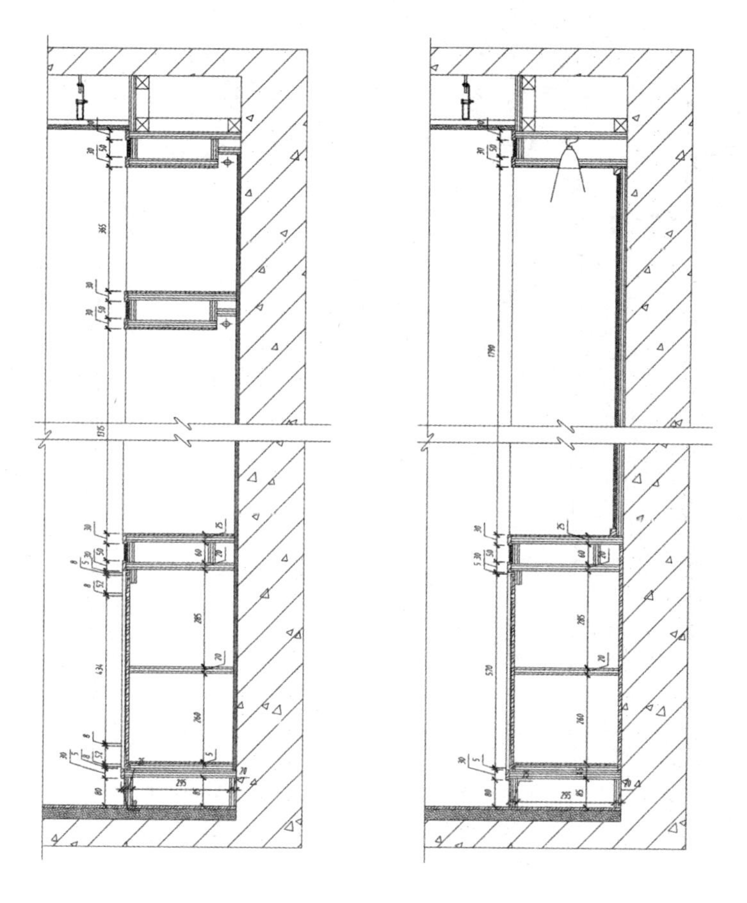

图 8-37　领导办公室书柜节点图 2

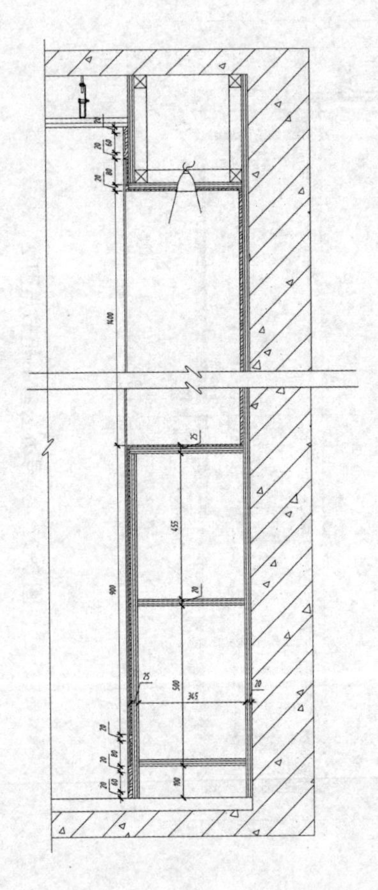

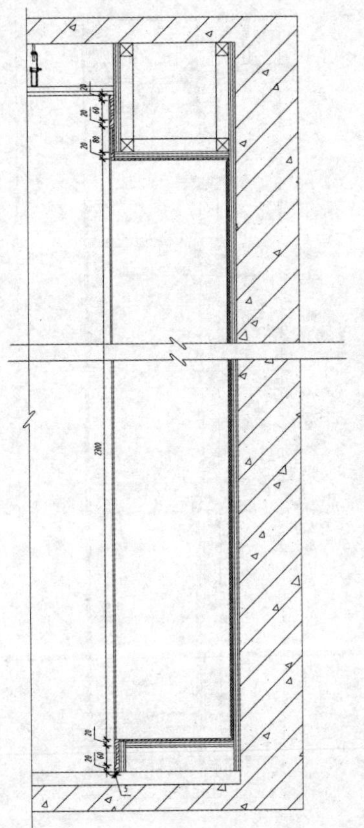

图 8-38 领导办公室书柜节点图 3

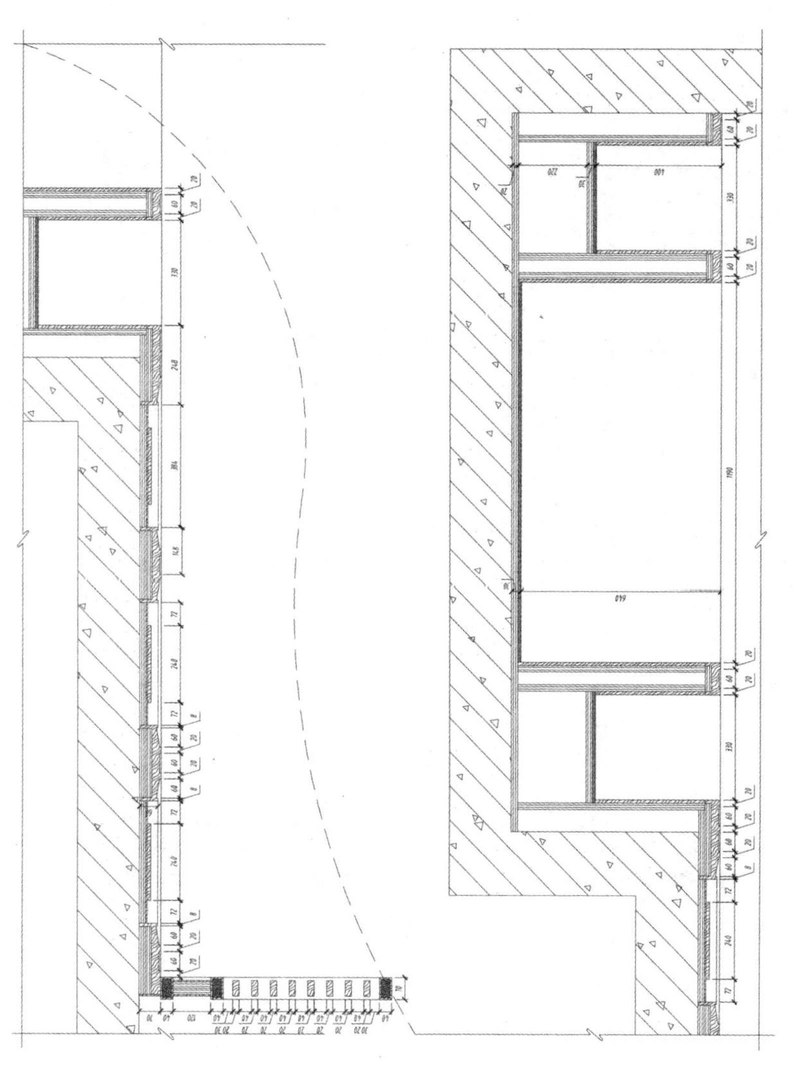

图 8-39　领导办公室书柜节点图 4

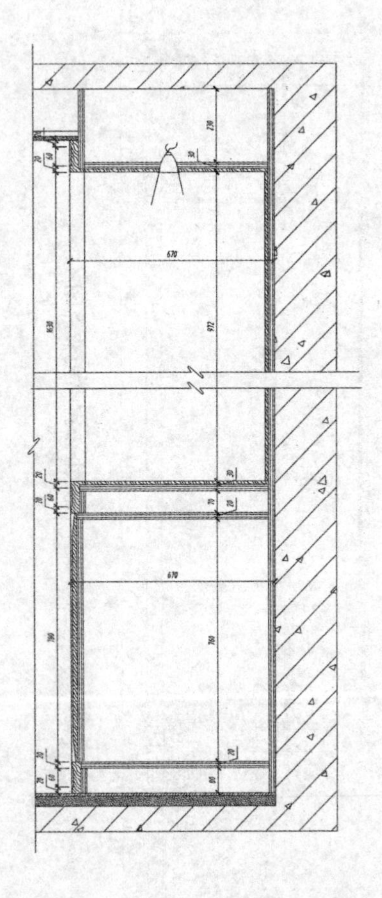

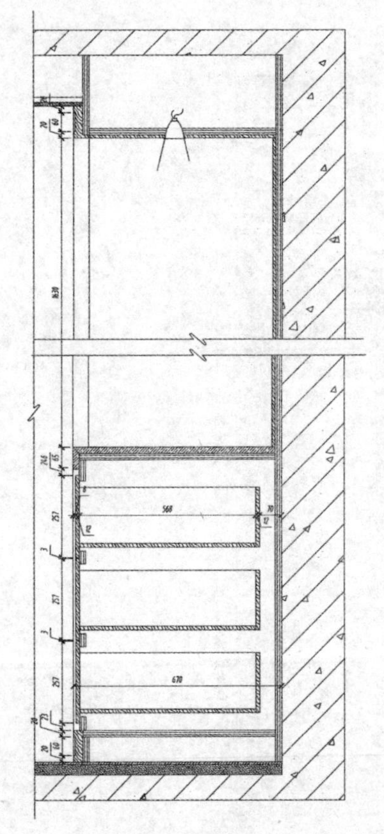

图 8-40 餐厅墙面节点图

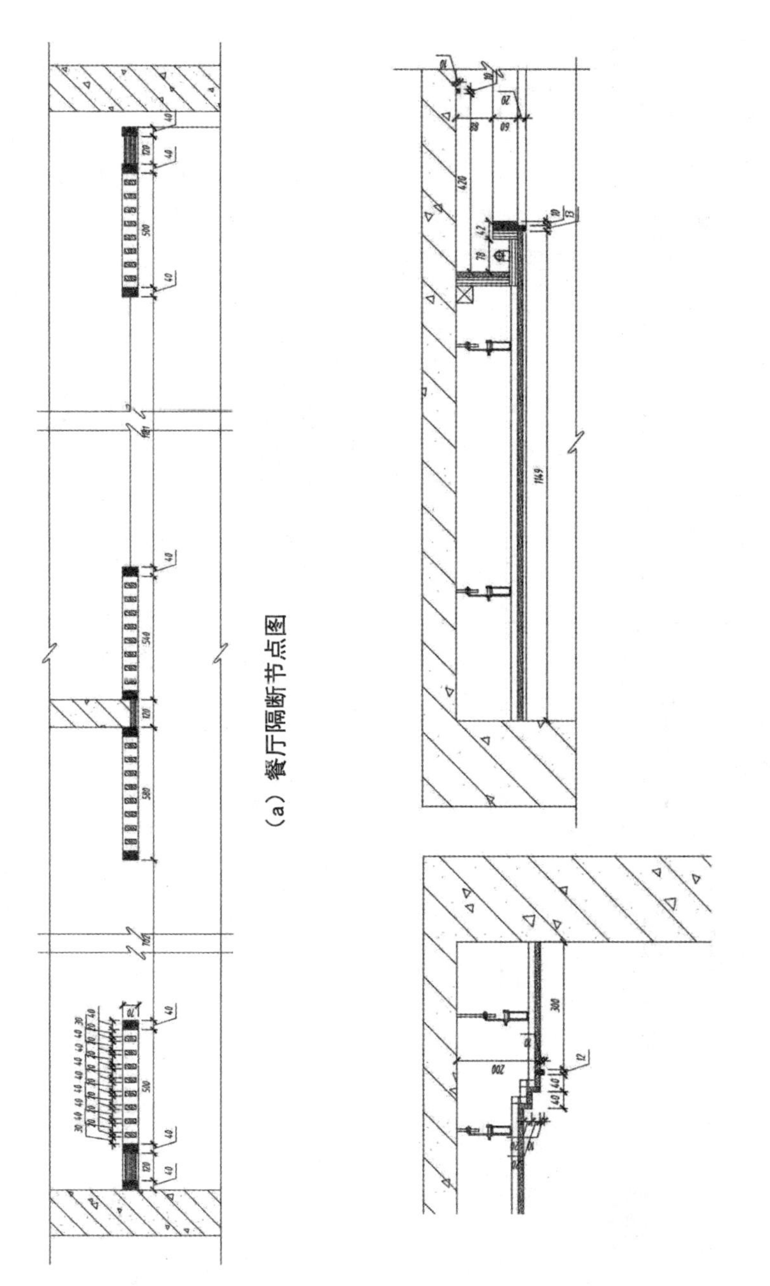

（a）餐厅隔断节点图

（b）餐厅吊顶节点图

图 8-41　餐厅隔断与吊顶节点图

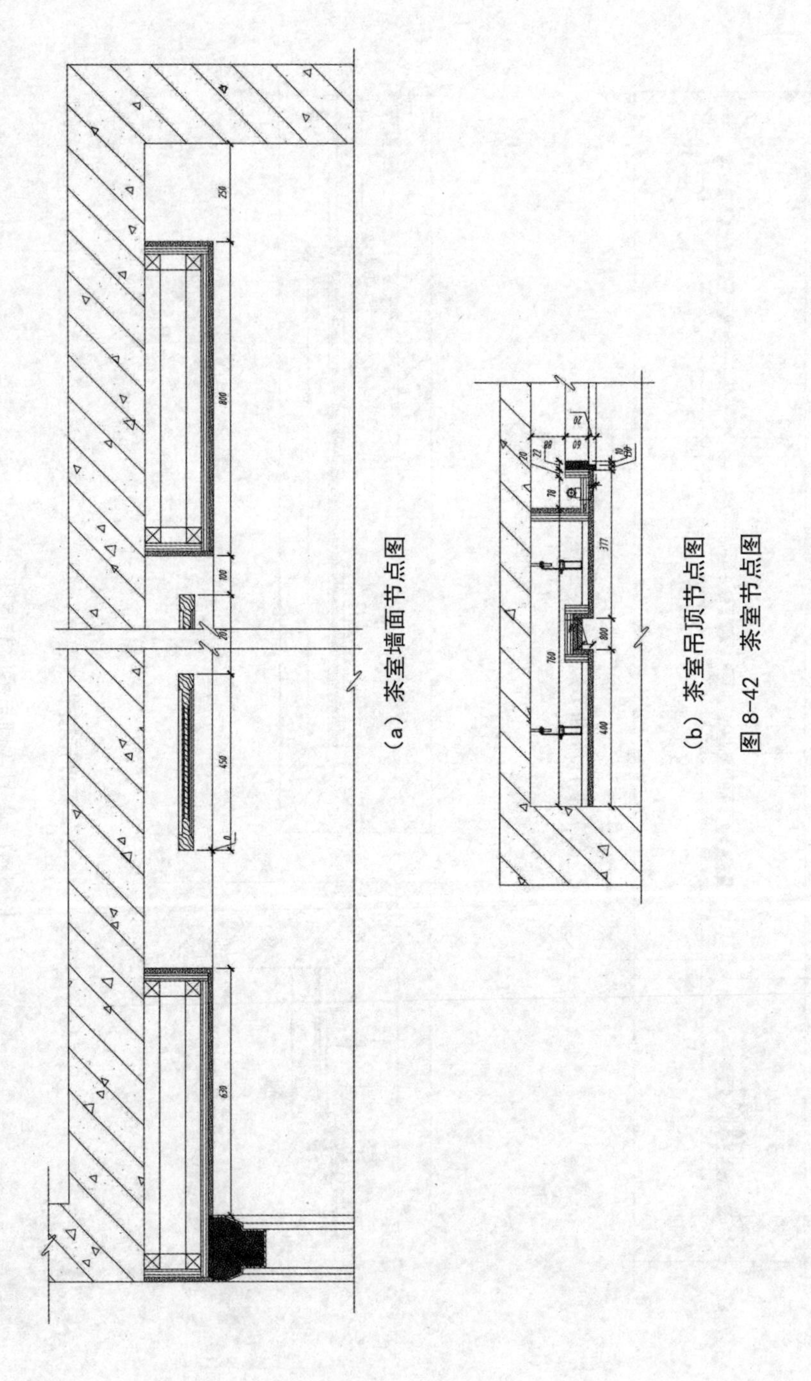

（a）茶室墙面节点图

（b）茶室吊顶节点图

图 8-42　茶室节点图

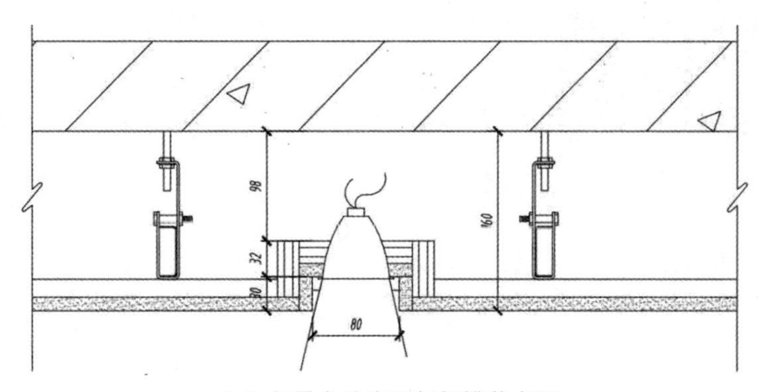

（a）领导办公室顶部灯槽节点图

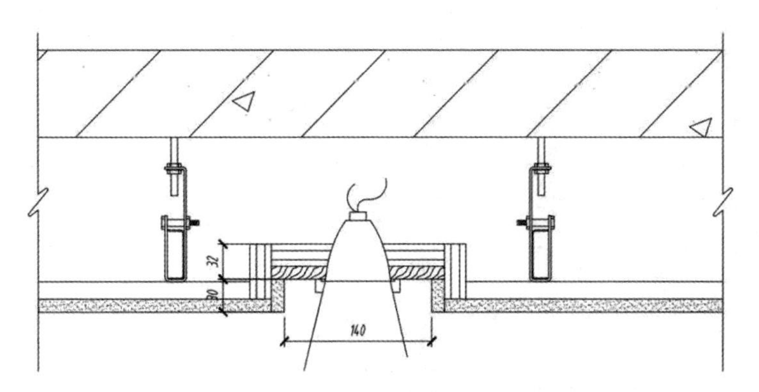

（b）领导办公室顶部木饰面节点图

图 8-43　领导办公室顶部节点图

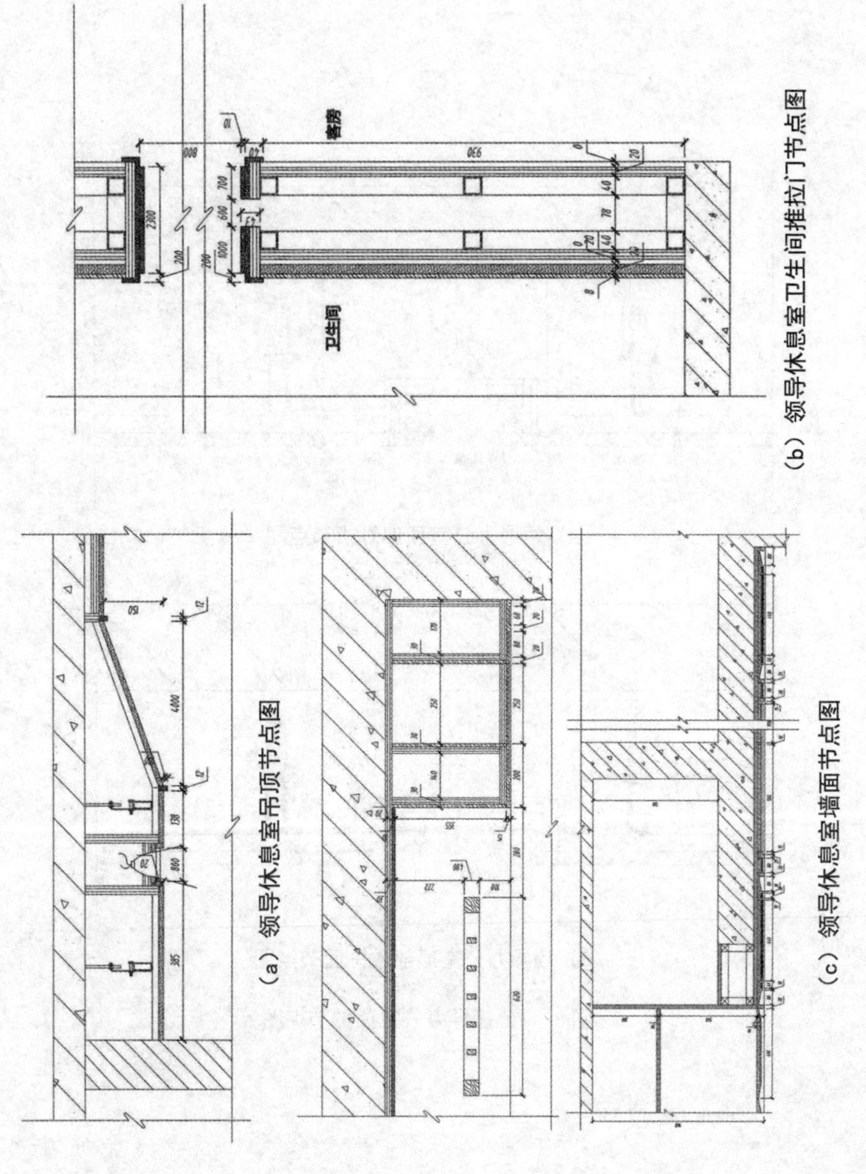

（a）领导休息室吊顶节点图

（b）领导休息室卫生间推拉门节点图

（c）领导休息室墙面节点图

图 8-44　领导休息室节点图

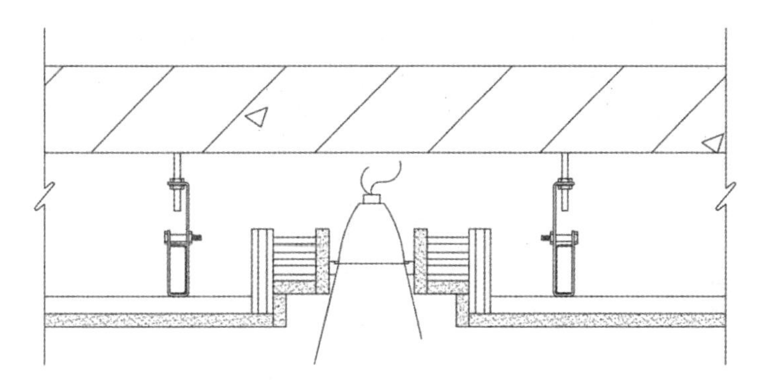

（a）走廊灯槽节点图

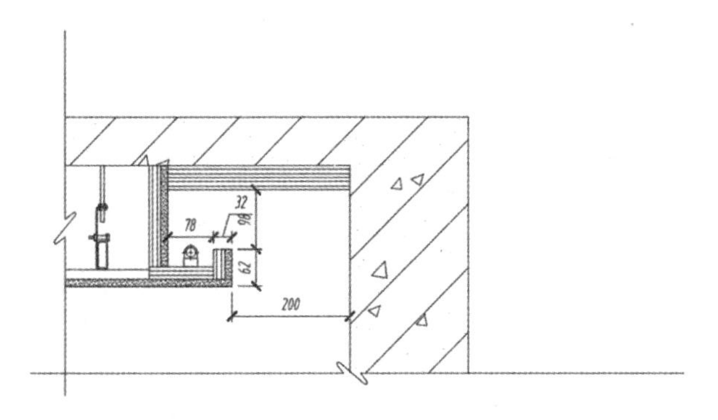

（b）灯带节点图

图 8-45　走廊灯槽及灯带节点图

参考文献

[1] 高祥生 .《房屋建筑室内装饰装修制图标准》实施指南 [M]. 北京：中国建筑工业出版社，2011.
[2] 陈世霖 . 当代建筑装修构造施工手册 [M]. 北京：中国建筑工业出版社，1999.
[3] 李文苑 . 现代建筑门窗与施工 [M]. 北京：中国建材工业出版社，2005.
[4] 陈顺安 . 室内细部设计资料集 [M]. 北京：中国建筑工业出版社，2000.
[5] 颜宏亮 . 建筑构造设计 [M]. 上海：同济大学出版社，1999.
[6] 韩建新 . 建筑装饰构造 [M]. 北京：中国建筑工业出版社，1996.
[7] 杜骏侯. 建筑装饰花格选 [M]. 哈尔滨：黑龙江科学技术出版社，1987.
[8] 胡敏，吕良玉. 建筑装饰构造 [M]. 合肥：合肥工业大学出版社，2009.
[9] 李蔚. 建筑装饰与装修构造 [M]. 北京：科学出版社，2006.
[10] 刘建荣，翁季 . 建筑构造：下 [M].4 版 . 北京：中国建筑工业出版社，2008.
[11] 孙勇. 建筑装饰构造与识图 [M]. 北京：化学工业出版社，2007.
[12] 万志华. 建筑装饰装修构造与施工技术 [M]. 北京：化学工业出版社，2006.
[13] 王旭光，王萱. 建筑装饰构造 [M].2 版 . 北京：化学工业出版社，2010.
[14] 王汉立. 建筑装饰构造 [M]. 武汉：武汉理工大学出版社，2004.
[15] 周英才 . 建筑装饰构造 [M]. 北京：科学出版社，2011.
[16] 贺剑平，贺爱武 . 室内建筑装饰构造与工艺 [M]. 北京：北京理工大学出版社，2016.

[17] 高祥生 . 室内装饰装修构造图集 [M]. 北京：中国建筑工业出版社，2011.

[18] 薛健 . 装修设计与施工手册 [M]. 北京：中国建筑工业出版社，2004.

[19] 中铁建设集团有限公司 . 装饰装修工程细部做法 [M]. 北京：中国建筑工业出版社，2017.